高等学校电子信息类系列教材

自动控制理论题库及详解

王艳秋　德湘轶　金亚玲　刘寅生　编著

清华大学出版社

北京交通大学出版社

·北京·

内 容 简 介

本书为《自动控制理论》课程的辅助教材。书中各章节结构与主教材基本相同，分为：题库、题解两部分。其中，题库分为填空题、单选题、多选题及各种类型的计算题，总计 1145 道题；题解给出了所有习题的详细解答。

本书可作为高等院校理工科学生《自动控制理论》课程的学习指导书，也可作为硕士研究生入学考试的参考书，还可作为各类工程技术人员和自学者的辅导书。

本书封面贴有清华大学出版社防伪标签，无标签者不得销售。

版权所有，侵权必究。侵权举报电话：010 - 62782989　13501256678　13801310933

图书在版编目（CIP）数据

自动控制理论题库及详解/王艳秋，德湘轶，金亚玲等编著. —北京：清华大学出版社；北京交通大学出版社，2013.1

（高等学校电子信息类系列教材）

ISBN 978 - 7 - 5121 - 1368 - 8

Ⅰ. ①自…　Ⅱ. ①王…　②德…　③金…　Ⅲ. ①自动控制理论-高等学校-题解

Ⅳ. ①TP13 - 44

中国版本图书馆 CIP 数据核字（2013）第 020544 号

责任编辑：郭东青

出版发行：清华大学出版社　　邮编：100084　　电话：010 - 62776969
　　　　　北京交通大学出版社　邮编：100044　　电话：010 - 51686414
印　刷　者：北京时代华都印刷有限公司
经　　　销：全国新华书店
开　　　本：185×260　　印张：19.75　　字数：493 千字
版　　　次：2013 年 2 月第 1 版　　2013 年 2 月第 1 次印刷
书　　　号：ISBN 978 - 7 - 5121 - 1368 - 8/TP · 725
印　　　数：1～3 000 册　　定价：33.00 元

本书如有质量问题，请向北京交通大学出版社质监组反映。对您的意见和批评，我们表示欢迎和感谢。

投诉电话：010 - 51686043，51686008；传真：010 - 62225406；E-mail：press@ bjtu. edu. cn。

前　言

　　由于自动控制技术在各个行业的广泛渗透，《自动控制理论》课程已成为高等学校许多学科的科学技术基础必修课，且占有愈来愈重要的位置。为帮助《自动控制理论》课程的初学者更好地掌握这门技术，也为适应报考研究生读者的需求、适应教学改革的需要和对应用型人才培养的需求，特精心编写了《自动控制理论题库及详解》。

　　本书是教材《自动控制理论》（王艳秋等编著）的辅助教学用书，书中各章节结构与主教材基本相同，分为：题库、习题详解两部分。其中，题库分为填空题、单选题、多选题及各种类型的计算题，总计 1145 道题；习题详解给出了所有习题的详细解答。

　　本书的主要特点是：题库所精选的习题，内容全面、覆盖面广，题解重点突出、分析透彻，可帮助学生理清思路、掌握重点、突破难点，从而提高分析问题和解决问题的能力，因此它是在校学生必读、考研必备的一本辅导书。

　　本书可作为自动化、电子、电气、信息与通信、计算机、机械等专业学生学习"自动控制原理"课程的辅助教材，也可作为报考电子信息类专业硕士研究生的复习资料，对于从事控制工程领域的工程技术人员也是一本极好的参考书。

　　本书由王艳秋、德湘轶、金亚玲、刘寅生编著。全书共 8 章，前言及第 1、2 章由王艳秋执笔，第 3、4 章由德湘轶执笔，第 5、6 章由金亚玲执笔，第 7、8 章由刘寅生执笔。全书由王艳秋统稿。

　　本书在编写过程中参考了很多优秀教材、习题集、习题详解和著作，在此向收录于参考文献中的各位作者表示真诚的谢意。

　　由于水平有限，书中不妥之处在所难免，敬请读者批评指正。

编　者

2013 年 2 月

目　　录

第1章 绪 论

1.1 绪论题库

1.1.1 填空题

1. 自动控制理论的三个发展阶段是（　　　）。

2. 经典控制理论主要是以传递函数为基础，研究（　　　）系统的分析和设计问题。

3. 经典控制理论主要是以（　　　）为基础，研究单输入单输出系统的分析和设计问题。

4. 现代控制理论主要是以状态空间法为基础，研究（　　　）等控制系统的分析和设计问题。

5. 现代控制理论主要是以（　　　）为基础，研究多输入、多输出、变参数、非线性、高精度等控制系统的分析和设计问题。

6. 智能控制理论主要包括（　　　）。

7. 智能控制理论研究的对象具有（　　　）。

8. 自动控制系统是由（　　　）和（　　　）组成，能够自动对被控对象的被控量进行控制的系统。

9. 被控对象指需要（　　　）的机械、装置或过程。

10. 被控量也称输出量，表示被控对象（　　　）的物理量。

11. 控制量也称给定量，表示对（　　　）的期望运行规律。

12. 扰动量也称干扰量，是引起（　　　）偏离预定运行规律的量。

13. 反馈量指被控量直接或经测量元件变换后送入（　　　）的量。

14. 偏差量指（　　　）与反馈量相减后的输出量。

15. 自动控制系统按其结构可分为（　　　）。

16. 自动控制是指在没有人直接参与的情况下，利用（　　　），使被控对象的被控制量自动地按预定规律变化。

17. 在开环控制系统中，只有输入量对输出量产生作用，输出量不参与系统的控制，因此开环控制系统没有（　　　）。

18. 闭环控制系统一般是由（　　　）等7个基本环节组成。

19. 负反馈是指将系统的（　　　）直接或经变换后引入输入端，与（　　　）相减，利用所得的（　　　）去控制被控对象，达到减小偏差或消除偏差的目的。

20. 线性系统是由（　　　）元件组成的、系统的运动方程式可以用线性微分方程描述。

21. 在组成系统的元器件中，只要有一个元器件不能用线性方程描述，即为（　　　）控制系统。

22. 按照系统传输信号对时间的关系可将系统分为（　　　）和（　　　）。

23. 连续控制系统是指系统中各部分的传输信号都是（　　　）的连续函数。

24. 离散控制系统是指控制系统在信号传输过程中存在着间歇采样和脉冲序列等（　　　）。

25. 按照输入量的变化规律可将系统分成（　　　）。

26. 恒值控制系统是指系统的给定量是（　　　）的。

27. 随动控制系统是指系统的给定量按照事先设定的规律或事先未知的规律变化，要求输出量能够迅速准确地跟随（　　　）的变化。

28. 按照系统参数是否随时间变化可将系统分为（　　　）控制系统。

29. 定常控制系统是指系统参数（　　　）时间变化的系统。

30. 定常控制系统的微分方程或差分方程的系数是（　　　）。

31. 时变控制系统是指系统参数（　　　）变化的系统。

32. 时变控制系统的微分方程或差分方程的系数是（　　　）的函数。

33. 被控对象也称调节对象是指要进行控制的（　　　）。

34. 执行机构一般由传动装置和调节机构组成。执行机构（　　　）被控对象，使被控制量达到所要求的数值。

35. 检测装置或传感器用来检测（　　　），并将其转换为与给定量相同的物理量。

36. 比较环节将所检测的被控制量与给定量进行（　　　），确定两者之间的偏差量。

37. 中间环节一般是放大元件，将（　　　）变换成适于控制执行机构工作的信号。

38. 对控制系统的基本要求有（　　　）。

39. 稳定性是系统正常工作的必要条件，要求系统稳态误差（　　　）。

40. 稳态误差为零称无差系统，否则称（　　　）。

41. 快速性要求系统快速平稳地完成暂态过程，超调量（　　　），调节时间（　　　）。

1.1.2　单项选择题

1. 自动控制理论的发展进程是（　　　）。
    A. 经典控制理论、现代控制理论、智能控制理论
    B. 经典控制理论、现代控制理论
    C. 经典控制理论、现代控制理论、模糊控制理论
    D. 经典控制理论、现代控制理论、模糊控制理论、神经网络控制、专家控制系统

2. 经典控制理论主要是以（　　　）为基础，研究单输入单输出系统的分析和设计问题。
    A. 传递函数　　　B. 微分方程　　　C. 状态方程　　　D. 差分方程

3. 经典控制理论主要是以传递函数为基础，研究（　　　）系统的分析和设计问题。
    A. 多输入多输出　　　　　　　　　B. 单输入单输出
    C. 复杂控制系统　　　　　　　　　D. 非线性控制系统

4. 现代控制理论主要是以状态空间法为基础，研究（　　　）控制系统的分析和设计问题。
    A. 单输入、单输出　　　　　　　　　　　　B. 非线性

C. 多输入、多输出、变参数、非线性、高精度　　　　D. 以上都对

5. 现代控制理论主要以（　　　）为基础，研究多输入、多输出、变参数、非线性、高精度等控制系统的分析和设计问题。

    A. 状态空间法　　　B. 时域分析法　　　C. 频域分析法　　　D. 根轨迹法

6. 智能控制理论主要包括（　　　）。

    A. 模糊控制　　　　　　　　　　　　　　　　　　B. 神经网络控制

    C. 模糊控制系统、神经网络控制系统、专家控制系统　　　D. 专家系统

7. 智能控制理论研究的对象具有（　　　）。

    A. 不能用精确的数学模型描述

    B. 模型的不确定性、高度的非线性、复杂的任务要求

    C. 不能用状态方程描述

    D. 不能用微分方程描述

8. 自动控制系统主要是由控制器和（　　　）组成，能够自动对被控对象的被控量进行控制。

    A. 被控对象　　　B. 放大环节　　　C. 检测装置　　　D. 调节装置

9. 被控对象指需要（　　　）的机械、装置或过程。

    A. 锅炉　　　　　B. 控制　　　　　C. 水箱　　　　　D. 电动机

10. 被控量也称输出量，表示被控对象（　　　）的物理量。

    A. 工作状态　　　B. 如何变化　　　C. 运动规律　　　D. A、B、C 都对

11. 控制量也称给定量，表示对（　　　）的期望运行规律。

    A. 被控对象　　　　　　　　　　　B. 被控量

    C. 控制系统　　　　　　　　　　　D. 控制系统的输出

12. 扰动量也称干扰量，是引起（　　　）偏离预定运行规律的量。

    A. 被控对象　　　　　　　　　　　B. 被控量

    C. 控制系统　　　　　　　　　　　D. 控制系统的输出

13. 反馈量指被控量直接或经测量元件变换后送入（　　　）的量。

    A. 放大器的输入端　　　　　　　　B. 调节器的输入端

    C. 比较器　　　　　　　　　　　　D. A、B、C 都对

14. 偏差量指（　　　）与反馈量相减后的输出量。

    A. 给定量　　　B. 放大器的输入量　　C. 比较器的输出　　D. A、B、C 都对

15. 自动控制系统按其结构可分为（　　　）。

    A. 开环控制系统和闭环控制系统　　B. 连续控制系统和离散控制系统

    C. 线性系统和非线性系统　　　　　D. A、B、C 都对

16. 自动控制是指在没有人直接参与的情况下，利用（　　　），使被控对象的被控制量自动地按预定规律变化。

    A. 检测装置　　　B. 控制装置　　　C. 调节装置　　　D. 放大装置

17. 在开环控制系统中，只有输入量对输出量产生作用，输出量不参与系统的控制，因此开环控制系统没有（　　　）。

    A. 对扰动量的调节能力　　　　　　B. 对输出量控制能力

C. 抗干扰作用　　　　　　　　　　D. A、B、C 都对

18. 闭环控制系统一般是由（　　）等各基本环节组成的。

A. 控制装置和被控对象

B. 给定环节、比较环节、校正环节、放大环节、执行机构、被控对象、检测装置

C. 前向通道和反馈通道

D. A、B、C 都对

19. 负反馈是指将系统的输出量直接或经变换后引入输入端，与输入量相减，利用所得的（　　）去控制被控对象，达到减小偏差或消除偏差的目的。

A. 偏差量　　　　　B. 控制量　　　　　C. 被控量　　　　　D. A、B、C 都对

20. 线性系统是由线性元件组成的、系统的运动方程式可以用（　　）。

A. 线性微分方程描述　　　　　　　B. 状态方程描述

C. 传递函数描述　　　　　　　　　D. A、B、C 都对

21. 在组成系统的元器件中，只要有一个元器件不能用线性方程描述，该控制系统即为（　　）控制系统。

A. 不稳定　　　　　B. 非线性　　　　　C. 复杂　　　　　D. A、B、C 都对

22. 按照系统传输信号对时间的关系可将系统分为（　　）。

A. 开环控制系统和闭环控制系统　　B. 连续控制系统和离散控制系统

C. 线性系统和非线性系统　　　　　D. A、B、C 都对

23. 连续控制系统是指系统中各部分的传输信号都是（　　）的连续函数。

A. 时间　　　　　B. 频率　　　　　C. 正弦曲线　　　　　D. A、B、C 都对

24. 离散控制系统的信号是指控制系统在信号传输过程中存在着间歇采样和脉冲序列的（　　）。

A. 离散信号　　　　　B. 连续信号　　　　　C. 非线性信号　　　　　D. A、B、C 都对

25. 按照输入量的变化规律可将系统分成（　　）。

A. 开环控制系统和闭环控制系统

B. 恒值控制系统、随动控制系统和程序控制系统

C. 线性系统和非线性系统

D. A、B、C 都对

26. 恒值控制系统是指系统的给定量是（　　）的。

A. 阶跃信号

B. 恒定不变

C. 恒定不变的，而且系统的输出量也是恒定不变

D. A、B、C 都对

27. 随动控制系统是指系统的给定量按照事先设定的规律或事先未知的规律变化，要求输出量能够迅速准确地跟随（　　）的变化。

A. 反馈量　　　　　B. 给定量　　　　　C. 偏差量　　　　　D. A、B、C 都对

28. 按照系统参数是否随时间变化可将系统分为（　　）。

A. 线性系统和非线性系统　　　　　B. 恒值控制系统、随动控制系统

C. 定常控制系统和时变控制系统　　D. A、B、C 都对

29. 线性定常控制系统是指系统参数（　　）时间变化的系统。
    A. 不随　　　　　　　　　　　　　B. 随
    C. A、B 都对　　　　　　　　　　D. A、B、C 都不对

30. 线性定常控制系统的微分方程或差分方程的系数是（　　）。
    A. 常数　　　　　　　　　　　　　B. 函数
    C. 随时间变化的函数　　　　　　　D. A、B、C 都对

31. 时变控制系统是指系统参数（　　）的系统。
    A. 随频率变化　　　　　　　　　　B. 随时间变化
    C. 随输入信号变化　　　　　　　　D. A、B、C 都不对

32. 时变控制系统的微分方程或差分方程的系数是（　　）的函数。
    A. 随频率变化　　　　　　　　　　B. 随时间变化
    C. 随输入信号变化　　　　　　　　D. A、B、C 都不对

33. 被控对象也称调节对象，是指要进行控制的（　　）。
    A. 装置　　　　　　　　　　　　　B. 设备
    C. 变量　　　　　　　　　　　　　D. A、B、C 都不对

34. 执行机构一般由传动装置和调节机构组成。执行机构（　　）被控对象，使被控制量达到所要求的数值。
    A. 直接作用于　　　　　　　　　　B. 经传动装置将输入信号作用于
    C. 经调节机构将输入信号作用于　　D. A、B、C 都对

35. 检测装置或传感器用来检测（　　），并将其转换为与给定量相同的物理量。
    A. 被控对象的输出　　　　　　　　B. 被控制量
    C. 调节机构的输出　　　　　　　　D. A、B、C 都不对

36. 比较环节将所检测的被控制量与给定量（　　），确定两者之间的偏差量。
    A. 求代数和　　　B. 相加　　　　C. 进行比较　　　D. 相减

37. 中间环节一般是放大元件，将（　　）变换成适于控制执行机构工作的信号。
    A. 偏差信号　　　　　　　　　　　B. 随时间变化偏差信号
    C. 输入信号　　　　　　　　　　　D. 反馈信号

38. 对控制系统的基本要求有（　　）。
    A. 稳定性、准确性
    B. 系统应是稳定的、系统达到稳态时，应满足稳态性能指标、系统在暂态过程中，应满足动态性能指标要求
    C. 系统在暂态过程中，应满足动态性能指标要求
    D. 系统达到稳态时，应满足稳态性能指标

39. 稳定性是系统正常工作的必要条件。稳定性的要求是：（　　）。
    A. 系统的稳态误差要足够小
    B. 系统的稳态误差为零
    C. 系统达到稳态时，应满足稳态性能指标
    D. A、B、C 都对

40. 准确性要求系统稳态误差（　　）。

    A. 要小

    B. 为零

    C. 系统达到稳态时，应满足稳态性能指标

    D. A、B、C 都对

41. 快速性要求系统快速平稳的完成暂态过程，即（　　　）。

    A. 超调量可以大一些，但调节时间要短

    B. 超调量要小，调节时间要长

    C. 超调量要小，调节时间要短

    D. 超调量要小，调节时间长一点没有关系

1.1.3　多项选择题

1. 自动控制理论的三个发展阶段是（　　　）。

    A. 经典控制理论　　　　　　　B. 现代控制理论

    C. 智能控制理论　　　　　　　D. 古典控制理论

2. 经典控制理论主要是以（　　　）为基础，研究单输入单输出系统的分析和设计问题。

    A. 传递函数

    B. 精确的数学模型

    C. 微分方程、传递函数、动态结构图、信号流图

    D. 由微分方程、动态结构图、信号流图都可以转换为传递函数，时域分析法、频域分析法和根轨迹法都是以传递函数为基础的，所以经典控制理论主要是以传递函数为基础

3. 经典控制理论主要是以传递函数为基础，研究（　　　）系统的分析和设计问题。

    A. 单输入、单输出　　　　　　B. 多输入、多输出

    C. 复杂控制系统　　　　　　　D. 线性系统

4. 现代控制理论主要以状态空间法为基础，研究（　　　）等控制系统的分析和设计问题。

    A. 多输入、多输出　　　　　　B. 变参数、非线性

    C. 高精度　　　　　　　　　　D. 非线性

5. 现代控制理论主要以（　　　）为基础，研究多输入、多输出、变参数、非线性、高精度等控制系统的分析和设计问题。

    A. 状态空间法　　B. 时域分析法　　C. 频域分析法　　D. 状态方程

6. 智能控制理论主要包括（　　　）等。

    A. 模糊控制　　　　　　　　B. 神经网络控制

    C. 专家控制　　　　　　　　D. 模糊控制、神经网络控制、专家控制系统的不同组合

7. 智能控制理论研究的对象具有（　　　）。

    A. 模型的不确定　　　　　　　B. 高度的非线性

    C. 复杂的任务要求　　　　　　D. 不能用精确的数学模型描述

8. 自动控制系统主要是由控制器和（　　　）组成，能够自动对被控对象的被控量进行控制。

    A. 被控对象　　B. 放大环节　　C. 检测装置　　D. 控制器、被控对象

9. 被控对象指需要（　　）的机械、装置或过程。
   A. 锅炉　　　　　　　　　　　　B. 控制
   C. 水箱　　　　　　　　　　　　D. 锅炉、水箱等需要控制的

10. 被控量也称输出量，表示被控对象（　　）的物理量。
    A. 工作状态　　B. 如何变化　　C. 运动规律　　D. 工作状态、运动规律

11. 控制量也称给定量，表示对（　　）的期望运行规律。
    A. 被控对象　　　　　　　　　　B. 被控量
    C. 控制系统　　　　　　　　　　D. 被控对象、被控量、控制系统

12. 扰动量也称干扰量，是引起（　　）偏离预定运行规律的量。
    A. 被控对象　　　　　　　　　　B. 被控对象的输出
    C. 控制系统的响应　　　　　　　D. 被控对象、被控对象的输出、控制系统的响应

13. 反馈量指被控量直接或经测量元件变换后送入（　　）的量。
    A. 输入端　　　　　　　　　　　B. 控制系统调节器的输入端
    C. 比较器　　　　　　　　　　　D. 输入端、控制系统调节器的输入端、比较器

14. 偏差量指（　　）与反馈量相减后的输出量。
    A. 输入量　　　　　　　　　　　B. 给定量
    C. 比较器的输出　　　　　　　　D. 输入量、给定量、比较器的输出

15. 自动控制系统按其结构可分为（　　）。
    A. 开环控制系统和闭环控制系统　　B. 连续控制系统和离散控制系统
    C. 线性系统和非线性系统　　　　　D. 开环控制系统和反馈控制系统

16. 自动控制是指在没有人直接参与的情况下，利用（　　）使被控对象的被控制量自动地按预定规律变化。
    A. 检测装置　　B. 控制装置　　C. 调节装置　　D. 控制器

17. 在开环控制系统中，只有输入量对输出量产生作用，输出量不参与系统的控制，因此开环控制系统没有（　　）。
    A. 对扰动量的调节能力
    B. 对输出量的控制能力
    C. 抗干扰作用
    D. 对扰动量的调节能力、对输出量控制能力、抗干扰作用

18. 闭环控制系统一般是由（　　）等各基本环节组成。
    A. 控制装置和被控对象
    B. 给定环节、比较环节、校正环节、放大环节、执行机构、被控对象、检测装置
    C. 前向通道和反馈通道
    D. 给定环节、比较环节、校正环节、放大环节、执行机构、被控对象、检测装置及前向通道和反馈通道

19. 负反馈是指将系统的输出量直接或经变换后引入输入端，与输入量相减，利用所得的（　　）去控制被控对象，达到减小偏差或消除偏差的目的。
    A. 偏差量　　　B. 控制量　　　　C. 被控量　　　　D. 代数和

20. 线性系统是由线性元件组成的、可以用（　　）。

　　A. 线性微分方程描述　　　　　　　　B. 状态方程描述

　　C. 传递函数描述　　　　　　　　　　D. 状态方程描述、传递函数描述

21. 在组成系统的元器件中，只要有一个元器件不能用线性方程描述，该控制系统即为
（　　）控制系统。

　　A. 不稳定　　　　　B. 非线性　　　　C. 复杂　　　　D. 不稳定的、非线性的

22. 按照系统传输信号对时间的关系可将系统分为（　　）。

　　A. 开环控制系统和闭环控制系统　　　B. 连续控制系统和离散控制系统

　　C. 线性系统和非线性系统　　　　　　D. 时变系统和时不变系统

23. 连续控制系统是指系统中各部分的传输信号都是（　　）的连续函数。

　　A. 时间　　　　　B. 频率　　　　　C. 正弦曲线　　　　D. 非频率、非正弦

24. 离散控制系统的信号是指控制系统在信号传输过程中存在着间歇采样和脉冲序列的
（　　）。

　　A. 离散信号　　　B. 连续信号　　　C. 非线性信号　　　D. 采样信号

25. 按照输入量的变化规律可将系统分成（　　）。

　　A. 开环控制系统和闭环控制系统

　　B. 恒值控制系统、随动控制系统和程序控制系统

　　C. 线性系统和非线性系统

　　D. 恒值控制系统、随动控制系统和程序控制系统

26. 恒值控制系统是指系统的给定量是（　　）的。

　　A. 阶跃信号

　　B. 恒定不变

　　C. 恒定不变的，而且系统的输出量也是恒定不变的

　　D. 阶跃信号、恒定不变、系统的输出量也是恒定不变的

27. 随动控制系统是指系统的给定量按照事先设定的规律或事先未知的规律变化，要求
输出量能够迅速准确地跟随（　　）的变化。

　　A. 反馈量　　　　　B. 给定量　　　　C. 偏差量　　　　D. 反馈量、偏差量

28. 按照系统参数是否随时间变化可将系统分为（　　）。

　　A. 线性系统和非线性系统

　　B. 恒值控制系统、随动控制系统

　　C. 定常控制系统和时变控制系统

　　D. 线性系统、非线性系统、恒值控制系统、随动控制系统

29. 线性定常控制系统是指系统参数（　　）时间变化的系统。

　　A. 不随　　　　　B. 随　　　　　C. 是常量　　　　D. 不确定

30. 线性定常控制系统的微分方程或差分方程的系数是（　　）。

　　A. 常数　　　　　　　　　　　　B. 函数

　　C. 不随时间变化的常数　　　　　D. 微分方程

31. 时变控制系统是指系统参数（　　）的系统。

　　A. 随频率变化　　　　　　　　　B. 随时间变化

　　C. 不是常数　　　　　　　　　　D. 是常数

32. 时变控制系统的微分方程或差分方程的系数是（ ）的函数。
    A. 随频率变化   B. 随时间变化
    C. 随时间变化的变量   D. 随时间变化，或者随时间变化的变量

33. 被控对象也称调节对象是指要进行控制的（ ）。
    A. 装置   B. 设备   C. 变量   D. 装置或设备

34. 执行机构一般由传动装置和调节机构组成。执行机构（ ）被控对象，使被控制量达到所要求的数值。
    A. 直接作用于
    B. 经传动装置、调节装置将控制信号作用于
    C. 经调节机构将输入信号作用于
    D. 直接作用于，或者经传动装置、调节装置将控制信号作用于，或者经调节机构将输入信号作用于

35. 检测装置或传感器用来检测（ ），并将其转换为与给定量相同的物理量。
    A. 被控对象的输出   B. 被控制量
    C. 调节机构的输出   D. 调节机构或放大环节的输出

36. 比较环节将所检测的被控制量与给定量（ ），确定两者之间的偏差量。
    A. 求代数和   B. 相减
    C. 进行比较   D. 求代数和、相减进行比较

37. 中间环节一般是放大元件，将（ ）变换成适于控制执行机构工作的信号。
    A. 偏差信号
    B. 随时间变化偏差信号
    C. 输入信号与反馈信号相比较得到的信号
    D. 偏差信号、随时间变化偏差信号、输入信号与反馈信号相比较得到的信号

38. 对控制系统的基本要求有（ ）。
    A. 稳定性、准确性、快速性
    B. 系统应是稳定的
    C. 系统达到稳态时，应满足稳态性能指标
    D. 系统在暂态过程中，应满足动态性能指标要求

39. 稳定性是系统正常工作的必要条件。稳定性的要求是：（ ）。
    A. 系统的稳态误差要小
    B. 系统的稳态误差为零
    C. 系统达到稳态时，应满足稳态性能指标
    D. 要小或者为零或者系统达到稳态时，应满足稳态性能指标的要求

40. 稳态误差为零称无差系统，否则称（ ）。
    A. 有差系统
    B. 为零
    C. 系统达到稳态时，应满足稳态性能指标
    D. $\lim\limits_{s \to 0} SE(s) \neq 0$

1.2　绪论标准答案

1.2.1　填空题标准答案

1. 经典控制理论、现代控制理论和智能控制理论
2. 单输入、单输出
3. 传递函数
4. 多输入、多输出、变参数、非线性、高精度
5. 状态空间法
6. 模糊控制、神经网络控制和专家控制
7. 不确定的模型、高度的非线性、复杂的任务要求
8. 控制器和被控对象
9. 控制
10. 工作状态
11. 被控量
12. 被控量
13. 输入端
14. 给定量
15. 开环控制系统和闭环控制系统
16. 控制装置
17. 抗干扰作用
18. 给定环节、比较环节、校正环节、放大环节、执行机构、被控对象、检测装置
19. 输出量　输入量　偏差量
20. 线性
21. 非线性
22. 连续控制系统　离散控制系统
23. 时间 t
24. 离散信号
25. 恒值控制系统、随动控制系统和程序控制系统
26. 恒定不变
27. 给定量
28. 定常和时变
29. 不随
30. 常数
31. 随时间
32. 时间
33. 设备
34. 直接作用于

35. 被控制量

36. 比较

37. 偏差信号

38. 稳定性、准确性、快速性

39. 要小

40. 有差系统

41. 要小 要短

1.2.2　单项选择题标准答案

1. A	2. A	3. B	4. C	5. A	6. C	7. B	8. A
9. B	10. A	11. B	12. B	13. C	14. A	15. A	16. B
17. C	18. B	19. A	20. A	21. B	22. B	23. A	24. A
25. B	26. C	27. B	28. C	29. A	30. A	31. B	32. B
33. B	34. A	35. A	36. A	37. A	38. B	39. C	40. A
41. A							

1.2.3　多项选择题标准答案

1. A、B、C、D	2. A、D	3. A、D	4. A、B、C、D
5. A、D	6. A、B、C、D	7. A、B、C、D	8. A、D
9. B、D	10. A、C、D	11. A、B、C、D	12. A、B、C、D
13. A、C	14. A、B	15. A、D	16. B、D
17. A、B、C、D	18. B、C、D	19. A、D	20. A、C、D
21. B、D	22. B、D	23. A、D	24. A、D
25. B、D	26. A、C	27. B、D	28. C、D
29. A、C	30. A、C	31. B、C	32. B、C、D
33. A、B、D	34. A、B	35. A、B	36. A、B、C、D
37. A、C	38. A、B、C、D	39. A、C	40. A、D

第2章 自动控制系统的数学模型

2.1 自动控制系统的数学模型题库

2.1.1 填空题

1. 数学模型是描述系统输入量、输出量及系统各变量之间关系的（　　　）。
2. 自动控制系统的数学模型有（　　　）。
3. 建立系统微分方程的一般步骤有（　　　）。
4. 在线性定常系统中，当初始条件为零时，系统输出的拉氏变换与输入的拉氏变换之比称作系统的（　　　）。
5. 传递函数表示系统传递、变换输入信号的能力，与系统的结构和参数有关，与（　　　）信号的形式无关。
6. 物理性质不同的系统可以有相同的传递函数，同一系统中，取不同的物理量作为系统的输入或输出时，传递函数（　　　）。
7. 传递函数与系统微分方程二者之间可以（　　　）。
8. 传递函数的分母多项式即为系统的特征多项式，令特征多项式为零，即为系统的特征方程式，特征方程式的根为传递函数的（　　　）；分子多项式的根是传递函数的（　　　）。
9. 自动控制系统的典型环节有（　　　）等8个环节。
10. 比例环节的输入量与输出量成正比，其微分方程为（　　　）。
11. 比例环节的传递函数为（　　　）。
12. 惯性环节的传递函数为（　　　）。
13. 惯性环节的微分方程为（　　　）。
14. 积分环节的传递函数为（　　　）。
15. 积分环节的微分方程为（　　　）。
16. 理想微分环节的输出量与输入量的变化率成正比，其微分方程为（　　　）。
17. 理想微分环节的传递函数为（　　　）。
18. 一阶微分环节微分方程为（　　　）。
19. 一阶微分环节的传递函数为（　　　）。
20. 振荡环节的传递函数为（　　　）。
21. 二阶微分环节的传递函数为（　　　）。
22. 二阶微分环节的微分方程为（　　　）。
23. 控制系统的动态结构图主要由（　　　）4个基本单元组成。

24. 绘制动态结构图的基本步骤为（　　）。

25. 当多个环节串联连接时，其传递函数为多个环节传递函数的（　　）。

26. 当多个环节并联连接时，其传递函数为多个环节传递函数的（　　）。

27. 相邻两个引出点（　　）互换位置。

28. 相邻两个综合点（　　）互换位置。

29. 综合点和引出点之间一般（　　）换位。

30. 系统的开环传递函数为前向通道的传递函数与反馈通道的传递函数的（　　）。

31. 信号流图主要由（　　）两部分组成。

32. 节点表示系统中的变量或信号，用（　　）表示。

33. 支路是连接两个节点的有向线段，支路上的箭头表示（　　）的方向，传递函数标在支路上。

34. 只有输出支路的节点称为（　　）。

35. 只有输入支路的节点称为（　　）。

36. 既有输入支路又有输出支路的节点称为（　　）。

37. 前向通道为从输入节点开始到输出节点终止，且每个节点通过（　　）的通道。

38. 前向通道增益等于前向通道中各个支路增益的（　　）。

39. 梅森公式的一般形式为（　　）。

40. 已知信号流图，应用（　　）可以很方便的求出系统传递函数。

41. 已知系统方框图，可以画出信号流图，再应用（　　）可求得系统传递函数。

42. 已知系统方框图，用（　　）可直接求得系统传递函数。

43. 已知系统方程组，可画出信号流图，然后用（　　）可求得系统传递函数。

44. 已知系统方程组，可画出动态结构图，然后利用（　　）可求得系统传递函数。

2.1.2　单项选择题

1. 自动控制系统的数学模型为（　　）。

　　A. 微分方程、传递函数、动态结构框图、信号流图

　　B. 梅森公式

　　C. 状态方程、差分方程

　　D. 热学方程

2. 数学模型是描述系统输入量、输出量及系统各变量之间关系的（　　）。

　　A. 数学表达式　　　　B. 传递函数　　　　C. 信号流图　　　D. 动态结构框图

3. 在线性定常系统中，当初始条件为零时，系统输出的拉氏变换与输入的拉氏变换之比称作系统的（　　）。

　　A. 信号流图　　　　　B. 传递函数　　　　C. 动态结构框图　　　D. 以上都对

4. 传递函数定义为（　　）。

　　A. 系统输出的拉氏变换与输入的拉氏变换之比

　　B. 在线性定常系统中，当初始条件为零时，系统输出的拉氏变换与输入的拉氏变换之比

　　C. $G(s) = \dfrac{C(s)}{R(s)}$

　　D. 以上三者都是

5. 建立系统微分方程的一般步骤有（　　　）。

　　A. 确定系统的输入量和输出量；将系统分成若干个环节，列写各个环节的微分方
程、消去中间变量，得系统输入输出的微分方程；将微分方程化成标准型

　　B. 确定系统的输入量和输出量、将系统分成若干个环节，列写各个环节的微分方程

　　C. 将微分方程化成标准型，即将与输入量有关的各项放在等号的右边，而与输出量
有关的各项放在等号的左边，各导数项按降阶排列

　　D. 消去中间变量，得系统输入输出的微分方程

6. 传递函数是经典控制理论的数学模型之一，它具有如下特点（　　　）。

　　A. 它可以反映出系统输入输出之间的动态性能，但不能反映系统结构参数对输出的
影响

　　B. 传递函数表示系统传递、变换输入信号的能力，只与系统的结构和参数有关，与
输入输出信号形式无关

　　C. 传递函数表示系统传递、变换输入信号的能力，不仅与系统的结构和参数有关，
而且与输入输出信号形式有关

　　D. 传递函数与系统微分方程式之间不可以相互转换

7. 传递函数与系统微分方程二者之间（　　　）互相转换。

　　A. 可以　　　　　　　　　　　　　　B. 不可以

　　C. 没有对应关系，不可以　　　　　　D. B 是对的

8. 自动控制系统的典型环节有（　　　）。

　　A. 比例环节、惯性环节、积分环节、微分环节、振荡环节

　　B. 比例环节、惯性环节、积分环节、微分环节、振荡环节、一阶微分环节、二阶微
分环节

　　C. 比例环节、惯性环节、积分环节、微分环节、振荡环节、一阶微分环节、二阶微
分环节、时滞环节

　　D. 比例环节、惯性环节、积分环节、微分环节、振荡环节、一阶微分环节、二阶微
分环节、时滞环节、正弦、余弦等

9. 自动控制系统的动态结构图由哪些基本单元组成（　　　）。

　　A. 信号线、引出点、综合点、方框、比较环节

　　B. 信号线、引出点、综合点、方框

　　C. 信号线、引出点、综合点、方框、前向通道、反馈通道

　　D. 信号线、引出点、综合点、方框、前向通道、反馈通道、给定信号 $R(s)$、输出
信号 $C(s)$

10. 自动控制系统的动态结构图表示了系统中信号的传递和变换关系，经过等效变换可
以求出系统输入与输出之间的关系，对于复杂系统，还有相互交错的局部反馈，必
须经过相应的变换才能求出系统的传递函数，等效变换方法有（　　　）。

　　A. 串联连接、并联连接、反馈连接

  B. 串联连接、并联连接、反馈连接、引出点的前移和后移、综合点的前移和后移、引出点合并、综合点的合并

  C. A、B 都不对

  D. A、B、C 都不对

11. 在复杂的闭环控制系统中，具有相互交错的局部反馈时，为了简化系统的动态结构图，通常需要将信号的引出点和综合点进行前移和后移，在将引出点和综合点进行前移和后移时（　　）。

  A. 相邻两个引出点和相邻两个综合点可以相互换位

  B. 相邻两个引出点和相邻两个综合点不可以相互换位

  C. 综合点和引出点之间可以相互换位

  D. A、C 对

12. 信号流图是自动控制系统的数学模型之一，根据信号流图求解传递函数的方法是（　　）。

  A. 已知信号流图，应用梅森公式可直接求得系统的传递函数

  B. 已知信号流图，应用梅森公式不可直接求系统的传递函数

  C. 已知系统动态结构图，应用梅森公式不可直接求系统的传递函数

  D. 以上都不对

13. 绘制信号流图的方法有（　　）。

  A. 已知代数方程和系统动态结构图可以绘制信号流图

  B. 已知代数方程和系统动态结构图不可以绘制信号流图

  C. 已知系统微分方程组，不可以绘制系统的信号流图

  D. A、B、C 都不对

14. 传递函数表示系统传递、变换输入信号的能力，与系统的结构和参数有关，与（　　）无关。

  A. 输入、输出信号的形式　　　　　　　　B. 输入信号的形式

  C. 输出信号的形式　　　　　　　　　　　D. 以上都不对

15. 物理性质不同的系统，取不同的物理量作为系统的输入或输出时，当系统的阶次相同时，传递函数（　　）。

  A. 相同　　　　　　　　　　　　　　　　B. 不同

  C. 传递函数相同，但微分方程不同　　　　D. 传递函数不同，但微分方程相同

16. 惯性环节的微分方程为（　　）。

  A. $T\dfrac{\mathrm{d}c(t)}{\mathrm{d}(t)}+c(t)=r(t)$　　　　　　　B. $\dfrac{1}{s}$

  C. $c(t)=\displaystyle\int r(t)\mathrm{d}t$　　　　　　　　　　D. $Ts+1$

17. 惯性环节的传递函数为（　　）。

  A. $T\dfrac{\mathrm{d}c(t)}{\mathrm{d}(t)}+c(t)=r(t)$　　　　　　　B. $\dfrac{1}{Ts+1}$

  C. $c(t)=\displaystyle\int r(t)\mathrm{d}t$　　　　　　　　　　D. $Ts+1$

18. 积分环节的输出量与输入量对时间的积分成正比，其微分方程为（　　）。

    A. $T\dfrac{dc(t)}{d(t)} + c(t) = r(t)$　　　　　　　　B. $\dfrac{1}{Ts+1}$

    C. $c(t) = \int r(t)dt$　　　　　　　　　　　D. $\dfrac{1}{s^2}$

19. 积分环节的传递函数为（　　）。

    A. $T\dfrac{dc(t)}{d(t)} + c(t) = r(t)$　　　　　　　　B. $\dfrac{1}{Ts+1}$

    C. $c(t) = \int r(t)dt$　　　　　　　　　　　D. $\dfrac{1}{s}$

20. 理想微分环节的输出量与输入量的变化率成正比，其微分方程为（　　）。

    A. $c(t) = \dfrac{dr(t)}{dt}$　　　　　　　　　　B. $\dfrac{1}{Ts+1}$

    C. $c(t) = \int r(t)dt$　　　　　　　　　　　D. $\dfrac{1}{s^2}$

21. 理想微分环节的输出量与输入量的变化率成正比，其传递函数为（　　）。

    A. $c(t) = \dfrac{dr(t)}{dt}$　　　　B. s　　　　C. $c(t) = \int r(t)dt$　　　　D. $\dfrac{1}{s^2}$

22. 一阶微分环节微分方程为（　　）。

    A. $c(t) = \dfrac{dr(t)}{dt}$　　　　B. $\dfrac{1}{Ts+1}$　　　C. $c(t) = T\dfrac{dr(t)}{dt} + r(t)$　　　D. $Ts+1$

23. 一阶微分环节的传递函数为（　　）。

    A. $c(t) = \dfrac{dr(t)}{dt}$　　　　B. $\dfrac{1}{Ts+1}$　　　C. $c(t) = T\dfrac{dr(t)}{dt} + r(t)$　　　D. $Ts+1$

24. 振荡环节的传递函数为（　　）。

    A. $G(s) = \dfrac{\omega_n^2}{s^2 + 2\xi\omega_n s + \omega_n^2}$　　　　　　B. $\dfrac{1}{Ts+1}$

    C. $\dfrac{1}{s}$　　　　　　　　　　　　　　　D. $Ts+1$

25. 当多个环节串联连接时，其传递函数为多个环节传递函数的（　　）。

    A. 代数和　　　　　B. 乘积　　　　　C. 相比较　　　　D. 以上都不对

26. 当多个环节并联连接时，其传递函数为多个环节传递函数的（　　）。

    A. 代数和　　　　　B. 乘积　　　　　C. 相比较　　　　D. 以上都不对

27. 下面的说法哪个是正确的（　　）。

    A. 相邻两个引出点可以互换位置　　B. 相邻两个引出点不可以互换位置

    C. 综合点和引出点之间可以换位　　D. 以上都对

28. 下面的说法哪个是正确的（　　）。

    A. 相邻两个综合点可以互换位置　　　　　　B. 相邻两个综合点不可以互换位置

    C. 综合点和引出点之间可以换位　　　　　　D. 以上都对

29. 下面的说法哪个是正确的（　　）。

    A. 相邻两个引出点不可以互换位置　　B. 相邻两个综合点不可以互换位置

    C. 综合点和引出点之间不可以换位　　D. 以上都对

30. 系统的开环传递函数为前向通道的传递函数与反馈通道的传递函数的（　　　）。

    A. 代数和

    B. 乘积

    C. 之比

    D. 前向通道的传递函数除以 1 加上前向通道的传递函数与反馈通道的传递函数的乘积

31. 系统的闭环传递函数为（　　　）。

    A. 代数和

    B. 乘积

    C. 之比

    D. 前向通道的传递函数除以 1 加上前向通道的传递函数与反馈通道的传递函数的乘积

32. 信号流图主要由（　　　）组成。

    A. 节点和支路

    B. 节点、支路、输入节点、输出节点、混合节点、回路、前向通道、自回环

    C. 输入节点、输出节点、混合节点

    D. 以上都不对

2.1.3　多项选择题

1. 数学模型是描述系统输入量、输出量及系统各变量之间关系的（　　　）。

    A. 数学表达式　　　　　　　　　　B. 传递函数

    C. 信号流图　　　　　　　　　　　D. 微分方程、传递函数、信号流图等数学表达式

2. 自动控制系统的数学模型有（　　　）。

    A. 传递函数、信号流图、动态结构框图

    B. 微分方程、传递函数、系统的动态结构图和信号流图

    C. 微分方程、传递函数、系统的动态结构图、信号流图、差分方程

    D. 微分方程、传递函数、信号流图

3. 建立系统微分方程的一般步骤有（　　　）。

    A. 确定系统的输入量和输出量

    B. 将系统分成若干个环节，列写各个环节的微分方程

    C. 消去中间变量，并整理得到描述系统输入量和输出量之间的微分方程

    D. 将微分方程化成标准型，即将与输入量有关的各项放在等号的右边，而与输出量有关的各项放在等号的左边，各导数项按降阶排列

4. 在线性定常系统中，当初始条件为零时，系统输出的拉氏变换与输入的拉氏变换之比称作系统的（　　　）。

    A. 传递函数　　　　B. 信号流图　　　　C. 动态结构框图　　　　D. $G(s) = \dfrac{C(s)}{R(s)}$

5. 传递函数表示系统传递、变换输入信号的能力，与系统的结构和参数有关，与
（　　　）无关。
    A. 输入、输出信号的形式　　　　　　　B. 输入信号的形式
    C. 输出信号的形式　　　　　　　　　　D. 信号的传递形式

6. 传递函数的定义为（　　　）。
    A. 系统输出的拉氏变换与输入的拉氏变换之比
    B. 在线性定常系统中，当初始条件为零时，系统输出的拉氏变换与输入的拉氏变换之比
    C. 在线性定常系统中，当初始条件为零时，传递函数定义为 $G(s) = \dfrac{C(s)}{R(s)}$
    D. $G(s) = \dfrac{C(s)}{R(s)}$

7. 传递函数是经典控制理论的数学模型之一，它具有如下特点（　　　）。
    A. 它可以反映出系统输入输出之间的动态性能，也可以反映出系统结构参数对输出的影响
    B. 传递函数表示系统传递、变换输入信号的能力，只与系统的结构和参数有关，与输入输出信号的形式无关
    C. 传递函数表示系统传递、变换输入信号的能力，不仅与系统的结构和参数有关，而且与输入输出信号的形式有关
    D. 传递函数与系统微分方程式之间可以相互转换

8. 自动控制系统的典型环节有（　　　）。
    A. 比例环节、惯性环节、积分环节、微分环节、振荡环节
    B. 比例环节、惯性环节、积分环节、微分环节、振荡环节、一阶微分环节、二阶微分环节
    C. 比例环节、惯性环节、积分环节、微分环节、振荡环节、一阶微分环节、二阶微分环节、时滞环节
    D. 比例环节、惯性环节、积分环节、微分环节、振荡环节、一阶微分环节、二阶微分环节、时滞环节、正弦、余弦等

9. 自动控制系统的动态结构图由哪些基本单元组成（　　　）。
    A. 信号线、引出点、综合点、方框、比较环节
    B. 信号线、引出点、综合点、方框
    C. 信号线、引出点、综合点
    D. 信号线、引出点、汇合点

10. 自动控制系统的动态结构图表示了系统中信号的传递和变换关系，经过等效变换可以求出系统输入与输出之间的关系，对于复杂系统，还有相互交错的局部反馈，必须经过相应的变换才能求出系统的传递函数，等效变换方法有（　　　）。
    A. 串联连接、并联连接、反馈连接的等效变换
    B. 引出点的前移和后移、综合点的前移和后移
    C. 引出点合并、综合点的合并

D. 串联连接、并联连接、反馈连接、引出点的前移和后移、综合点的前移和后移

11. 在复杂的闭环控制系统中，具有相互交错的局部反馈时，为了简化系统的动态结构图，通常需要将信号的引出点和综合点进行前移和后移，在将引出点和综合点进行前移和后移时（　　　）。

　　A. 相邻两个引出点和相邻两个综合点可以相互换位

　　B. 相邻两个引出点和相邻两个综合点不可以相互换位

　　C. 综合点和引出点之间一般不能换位

　　D. 综合点和引出点之间一般能换位

12. 信号流图是自动控制系统的数学模型之一，根据信号流图求解传递函数的方法有（　　　）。

　　A. 已知信号流图，应用梅森公式可直接求得系统的传递函数

　　B. 已知系统动态结构图，应用梅森公式可直接求得系统的传递函数

　　C. 已知系统动态结构图，可以画出系统的信号流图，然后应用梅森公式可求得系统的传递函数

　　D. 已知系统动态结构图，可以列写方程组，画出系统的信号流图，然后应用梅森公式可求得系统的传递函数

13. 绘制信号流图的方法有（　　　）。

　　A. 已知代数方程可以绘制信号流图

　　B. 系统动态结构图与信号流图存在一一对应关系，已知系统动态结构图，可绘制出信号流图

　　C. 已知系统微分方程组，通过求拉氏变换，可以绘制系统的信号流图

　　D. 已知系统动态结构图，可以列写微分方程组，然后通过求拉氏变换，可以绘制系统的信号流图

14. 下面有关信号流图的术语中，正确的是（　　　）。

　　A. 节点表示系统中的变量或信号

　　B. 支路是连接两个节点的有向线段，支路上的箭头表示信号传递的方向，传递函数标在支路上

　　C. 只有输出支路的节点称为输入节点，只有输入支路的节点称为输出节点，既有输入支路又有输出支路的节点称为混合节点

　　D. 前向通道为从输入节点开始到输出节点终止，且每个节点通过（一次）的通道，前向通道增益等于前向通道中各个支路增益的乘积

15. 物理性质不同的系统可以有相同的传递函数，同一系统中，取不同的物理量作为系统的输入或输出时，传递函数（　　　）。

　　A. 不同　　　　　　　　　　　　B. 相同

　　C. 传递函数相同，但微分方程不同　　D. 传递函数不同，但微分方程相同

16. 传递函数与系统微分方程二者之间（　　　）互相转换。

　　A. 可以　　　　　　　　　　　　B. 不可以

　　C. 具有一一对应关系，可以　　　　D. 没有对应关系，不可以

17. 输入量与输出量成正比的环节称为（　　　）。

A. 比例环节　　　　B. 微分环节　　　　C. 积分环节　　　　D. $\dfrac{C(t)}{r(t)} = K$

18. 惯性环节又称为非周期环节，该环节中具有一个储能元件，惯性环节的数学模型为（　　）。

A. $T\dfrac{dc(t)}{d(t)} + c(t) = r(t)$　　　　　　B. （ $\dfrac{1}{Ts+1}$ ）

C. $c(t) = \int r(t)dt$　　　　　　D. $Ts + 1$

19. 积分环节的输出量与输入量对时间的积分成正比，其数学模型为（　　）。

A. $T\dfrac{dc(t)}{d(t)} + c(t) = r(t)$　　　　　　B. （ $\dfrac{1}{Ts+1}$ ）

C. $c(t) = \int r(t)dt$　　　　　　D. $\dfrac{1}{s}$

20. 理想微分环节的输出量与输入量的变化率成正比，其数学模型为（　　）。

A. $c(t) = \dfrac{dr(t)}{dt}$　　B. （ $\dfrac{1}{Ts+1}$ ）　　C. $c(t) = \int r(t)dt$　　D. s

21. 一阶微分环节数学模型为（　　）。

A. $c(t) = \dfrac{dr(t)}{dt}$　　B. （ $\dfrac{1}{Ts+1}$ ）　　C. $c(t) = T\dfrac{dr(t)}{dt} + r(t)$　　D. $Ts + 1$

22. 振荡环节的传递函数为（　　）。

A. $G(s) = \dfrac{\omega_n^2}{s^2 + 2\xi\omega_n s + \omega_n^2}$　　　　　　B. （ $\dfrac{1}{Ts+1}$ ）

C. $G(s) = \dfrac{1}{T^2 s^2 + 2\xi Ts + 1}$　　　　　　D. $Ts + 1$

23. 绘制动态结构图的基本步骤为（　　）。

A. 将系统划分为几个基本组成部分，根据各部分所服从的定理或定律列写微分方程；将微分方程在零初始条件下求拉氏变换，并做出各部分的方框图；按系统中各变量之间的传递关系，将各部分的方框图连接起来，便得到系统的动态结构图

B. 将微分方程在零初始条件下求拉氏变换，并做出各部分的方框图

C. 按系统中各变量之间的传递关系，将各部分的方框图连接起来，便得到系统的动态结构图

D. 将系统划分为几个基本组成部分，并做出各部分的方框图；按系统中各变量之间的传递关系，将各部分的方框图连接起来，便得到系统的动态结构图

24. 当多个环节串联连接时，其传递函数为多个环节传递函数的（　　）。
A. 代数和　　　　B. 乘积　　　　C. 相比较　　　　D. 连乘

25. 当多个环节并联连接时，其传递函数为多个环节传递函数的（　　）。
A. 代数和　　　　B. 乘积　　　　C. 相加减　　　　D. 相比较

26. 下面的说法哪个是正确的（　　）。
A. 相邻两个引出点可以互换位置　　　　B. 相邻两个综合点可以互换位置
C. 综合点和引出点之间一般不能换位　　　　D. 综合点和引出点之间能换位

27. 系统的开环传递函数为前向通道的传递函数与反馈通道的传递函数的（　　）。

　　A. 代数和

　　B. 乘积

　　C. $G_K(s) = G(s)H(s)$

　　D. 前向通道的传递函数除以 1 加上前向通道的传递函数与反馈通道的传递函数的乘积

28. 单位负反馈系统的闭环传递函数为（　　）。

　　A. 前向通道的传递函数与反馈通道的传递函数的乘积

　　B. $G_B(s) = \dfrac{G_K(s)}{1 + G_K(s)}$

　　C. $G_K(s) = G(s)H(s)$

　　D. 前向通道的传递函数除以 1 加上前向通道的传递函数与反馈通道的传递函数的乘积，即 $G(s) = \dfrac{G(s)}{1 + G(s)H(s)}$。

29. 信号流图主要由（　　）两部分组成。

　　A. 节点和支路

　　B. 输入节点、输出节点、混合节点、支路、回路、前向通道、自回环

　　C. 相比较

　　D. 节点、支路、输入节点、输出节点

30. 信号流图主要由两部分组成：节点和支路，下面有关信号流图的术语中，哪些是正确的（　　）。

　　A. 节点表示系统中的变量或信号

　　B. 支路是连接两个节点的有向线段，支路上的箭头表示信号传递的方向，传递函数标在支路上

　　C. 只有输出支路的节点称为输入节点，只有输入支路的节点称为输出节点，既有输入支路又有输出支路的节点称为混合节点

　　D. 前向通道为从输入节点开始到输出节点终止，且每个节点通过一次的通道，前向通道增益等于前向通道中各个支路增益的乘积

2.1.4　建立自动控制系统的数学模型

2.1.4.1　建立无源网络的传递函数

1. 求图示 RC 无源网络的传递函数 $\dfrac{U_o(s)}{U_i(s)}$。

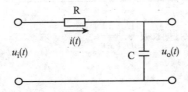

2. 求图示 RLC 无源网络的传递函数 $\dfrac{U_o(s)}{U_i(s)}$。

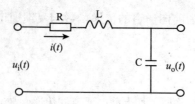

3. 求图示 RL 无源网络的传递函数 $\dfrac{U_o(s)}{U_i(s)}$。

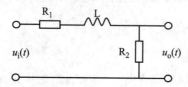

4. 求图示 RLC 无源网络的传递函数 $\dfrac{U_o(s)}{U_i(s)}$。

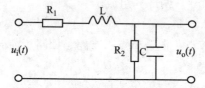

5. 求图示 RC 无源网络的传递函数 $\dfrac{U_o(s)}{U_i(s)}$。

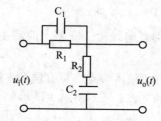

6. 求图示 RC 无源网络的传递函数 $\dfrac{U_o(s)}{U_i(s)}$。

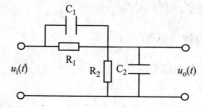

7. 求图示 RC 无源网络的传递函数 $\dfrac{U_o(s)}{U_i(s)}$。

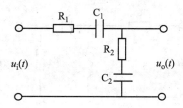

8. 求图示无源网络的传递函数 $\dfrac{U_o(s)}{U_i(s)}$。

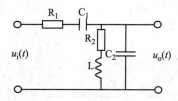

9. 求图示无源网络的传递函数 $\dfrac{U_o(s)}{U_i(s)}$。

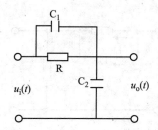

10. 求图示无源网络的传递函数 $\dfrac{U_o(s)}{U_i(s)}$。

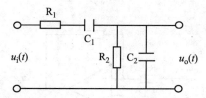

11. 求图示无源网络的传递函数 $\dfrac{U_o(s)}{U_i(s)}$。

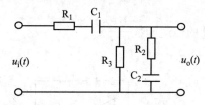

12. 求图示 RLC 无源网络的传递函数 $\dfrac{U_o(s)}{U_i(s)}$。

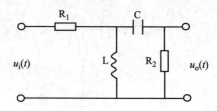

13. 求图示无源网络的传递函数 $\dfrac{U_o(s)}{U_i(s)}$。

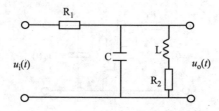

14. 求图示无源网络的传递函数 $\dfrac{U_o(s)}{U_i(s)}$。

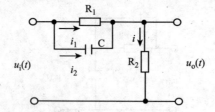

2.1.4.2　建立有源网络的传递函数

1. 求图示比例运算放大器的传递函数 $\dfrac{U_o(s)}{U_i(s)}$。

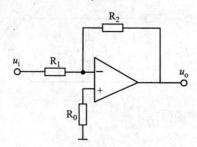

2. 求图示积分运算放大器的传递函数 $\dfrac{U_o(s)}{U_i(s)}$。

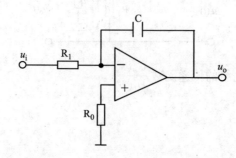

3. 求图示有源网络的传递函数 $\dfrac{U_o(s)}{U_i(s)}$。

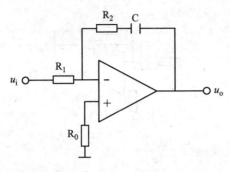

4. 求图示有源网络的传递函数 $\dfrac{U_o(s)}{U_i(s)}$。

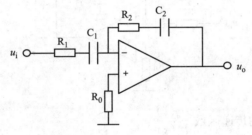

5. 求图示有源网络的传递函数 $\dfrac{U_o(s)}{U_i(s)}$。

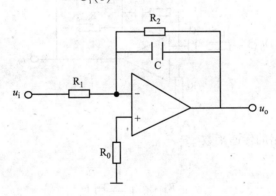

6. 求图示有源网络的传递函数 $\dfrac{U_o(s)}{U_i(s)}$。

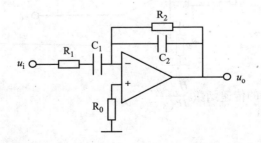

7. 求图示有源网络的传递函数 $\dfrac{U_o(s)}{U_i(s)}$。

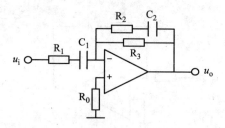

8. 求图示有源网络的传递函数 $\dfrac{U_o(s)}{U_i(s)}$。

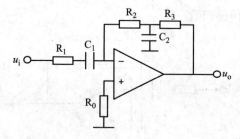

9. 求图示有源网络的传递函数 $\dfrac{U_o(s)}{U_i(s)}$。

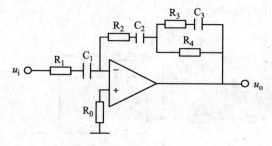

10. 求图示有源网络的传递函数 $\dfrac{U_o(s)}{U_i(s)}$。

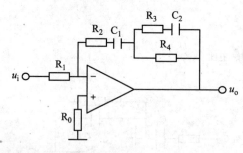

11. 求图示有源网络的传递函数 $\dfrac{U_o(s)}{U_i(s)}$。

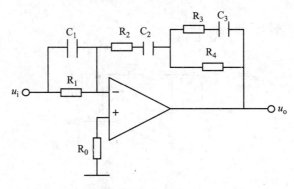

12. 求图示有源网络的传递函数 $\dfrac{U_o(s)}{U_i(s)}$。

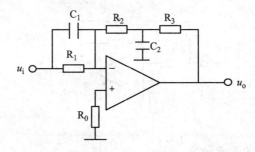

13. 求图示有源网络的传递函数 $\dfrac{U_o(s)}{U_i(s)}$。

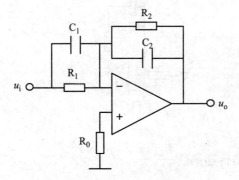

14. 求图示有源网络的传递函数 $\dfrac{U_o(s)}{U_i(s)}$。

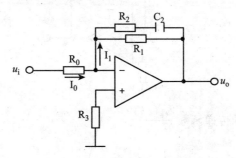

15. 求图示有源网络的传递函数 $\dfrac{U_o(s)}{U_i(s)}$。

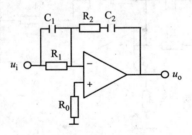

16. 求图示有源网络的传递函数 $\dfrac{U_o(s)}{U_i(s)}$。

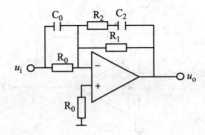

17. 求图示有源网络的传递函数 $\dfrac{U_o(s)}{U_i(s)}$。

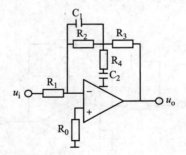

18. 求图示有源网络的传递函数 $\dfrac{U_o(s)}{U_i(s)}$。

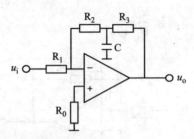

19. 求图示有源网络的传递函数 $\dfrac{U_o(s)}{U_i(s)}$。

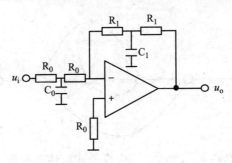

20. 求图示有源网络的传递函数 $\dfrac{U_o(s)}{U_i(s)}$。

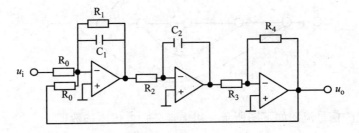

21. 求图示有源网络的传递函数 $\dfrac{U_o(s)}{U_i(s)}$。

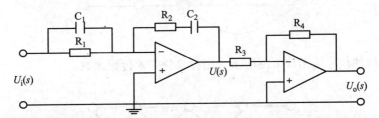

2.1.4.3　已知系统信号流图用梅森公式求传递函数

1. 已知系统信号流图如下图所示，用梅森公式求传递函数。

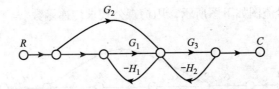

2. 已知系统信号流图如下图所示，用梅森公式求传递函数。

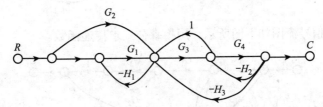

3. 已知系统的信号流图如下图所示，用梅森公式求传递函数。

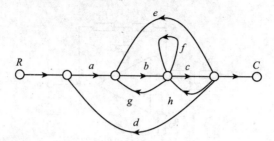

4. 已知系统的信号流图如下图所示，用梅森公式求传递函数。

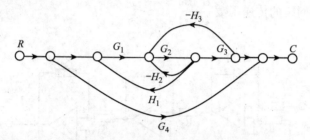

5. 已知系统的信号流图如下图所示，用梅森公式求传递函数。

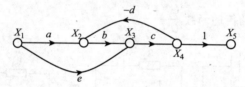

6. 已知系统的信号流图如下图所示，用梅森公式求传递函数。

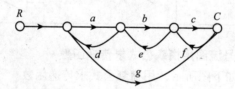

7. 已知系统的信号流图如下图所示，用梅森公式求传递函数。

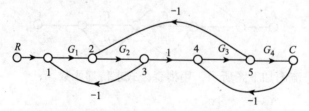

8. 已知系统的信号流图如下图所示，用梅森公式求传递函数。

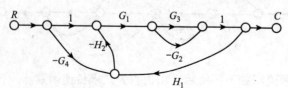

9. 已知系统的信号流图如下图所示，用梅森公式求传递函数。

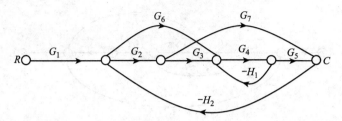

10. 已知系统的信号流图如下图所示，用梅森公式求传递函数 $\dfrac{x_o(s)}{x_i(s)}$、$\dfrac{x_o(s)}{y(s)}$。

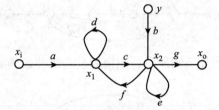

11. 已知系统的信号流图如下图所示，用梅森公式求传递函数。

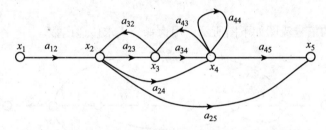

12. 已知系统的信号流图如下图所示，用梅森公式求传递函数。

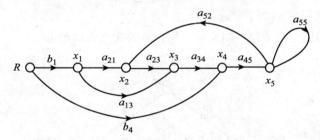

13. 已知系统的信号流图如下图所示，用梅森公式求传递函数。

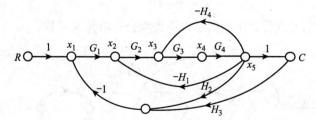

14. 已知系统的信号流图如下图所示，用梅森公式求传递函数。

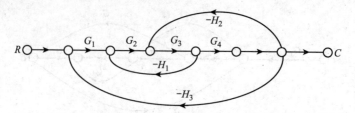

15. 已知系统的信号流图如下图所示，用梅森公式求传递函数。

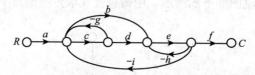

16. 已知系统的信号流图如下图所示，用梅森公式求传递函数。

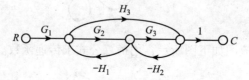

17. 已知系统的信号流图如下图所示，用梅森公式求传递函数。

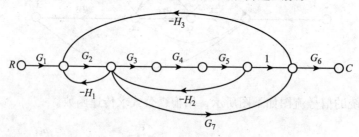

18. 已知系统的信号流图如下图所示，用梅森公式求传递函数。

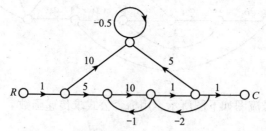

19. 已知系统的信号流图如下图所示，用梅森公式求传递函数。

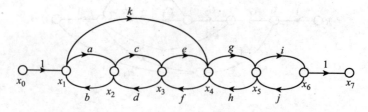

20. 已知系统的信号流图如下图所示，用梅森公式求传递函数。

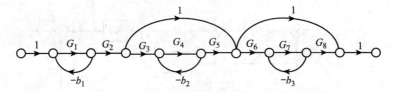

21. 已知系统的信号流图如下图所示，用梅森公式求传递函数。

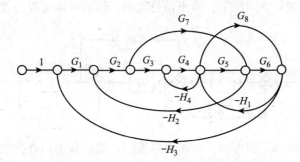

22. 已知系统的信号流图如下图所示，用梅森公式求传递函数。

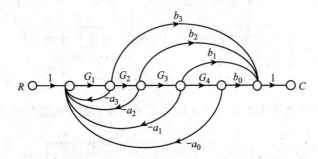

23. 已知系统的信号流图如下图所示，用梅森公式求传递函数。

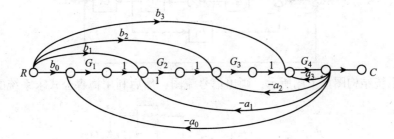

2.1.5　综合题

1. 已知系统结构图如下图所示，画出信号流图，然后利用梅森公式求系统的传递函数。

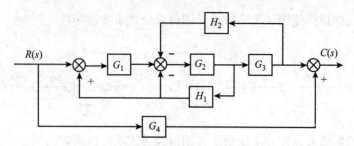

2. 已知系统结构图如下图所示，画出信号流图，然后利用梅森公式求系统的传递函数。

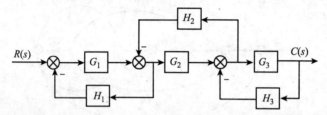

3. 已知系统结构图如下图所示，画出信号流图，然后利用梅森公式求系统的传递函数。

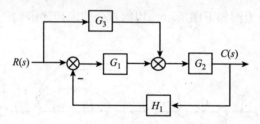

4. 已知系统结构图如下图所示，画出信号流图，然后利用梅森公式求系统的传递函数。

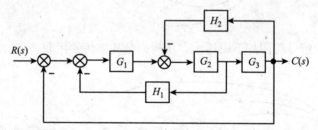

5. 已知系统结构图如下图所示，画出信号流图，然后利用梅森公式求系统的传递函数。

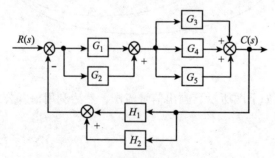

6. 已知系统结构图如下图所示，画出信号流图，然后利用梅森公式求系统的传递函数。

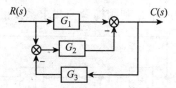

7. 已知系统结构图如下图所示，画出信号流图，然后利用梅森公式求系统的传递函数。

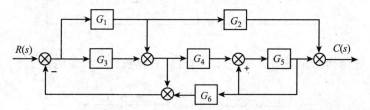

8. 已知系统结构图如下图所示，画出信号流图，然后利用梅森公式求系统的传递函数。

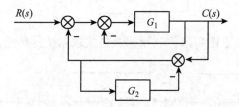

9. 已知系统结构图如下图所示，利用梅森公式求系统的传递函数。

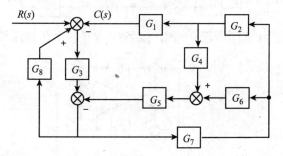

10. 已知系统结构图如下图所示，利用梅森公式求系统的传递函数。

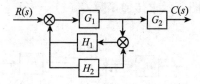

11. 已知系统结构图如下图所示，画出信号流图，然后利用梅森公式求系统的传递函数。

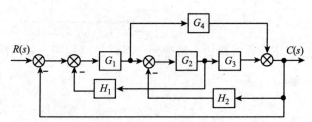

12. 已知系统结构图如下图所示，利用梅森公式求系统的传递函数。

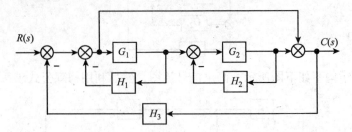

13. 已知系统结构图如下图所示，利用梅森公式求系统的传递函数 $\dfrac{C(s)}{R(s)}$。

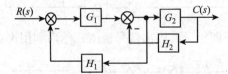

14. 已知系统结构图如下图所示，利用梅森公式求系统的传递函数。

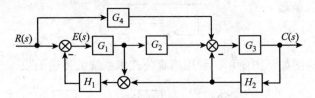

15. 已知系统结构图如下图所示，利用梅森公式求系统的传递函数。

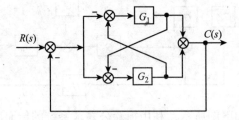

16. 已知系统结构图如下图所示求传递函数 $G_R(s) = \dfrac{C(s)}{R(s)}$ 和 $G_N(s) = \dfrac{C(s)}{N(s)}$。

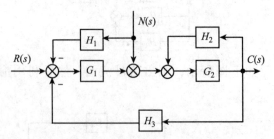

　　17. 已知某系统由以下方程式组成，试绘制出系统的结构图，并画出信号流图，然后求传递函数 $\dfrac{C(s)}{R(s)}$。

$$X_1(s) = G_1(s)R(s) - G_1(s)[G_7(s) - G_8(s)]C(s)$$

$$X_2(s) = G_2(s)[X_1(s) - G_6(s)X_3(s)]$$

$$X_3(s) = [X_2(s) - G_5(s)C(s)]G_3(s)$$

$$C(s) = G_4(s)X_3(s)$$

18. 已知某系统动态结构图，试列写方程组，并画出信号流图，然后求出闭环传递函数 $\dfrac{C(s)}{R(s)}$。

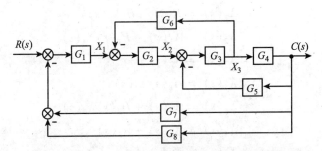

19. 已知某系统由下列方程组组成，画出信号流图，然后求出闭环传递函数 $\dfrac{C(s)}{R(s)}$。

$$X_1(s) = R(s) - X_4(s)$$

$$X_2(s) = G_1(s)X_1(s)$$

$$X_3(s) = X_2(s) - H(s)C(s)$$

$$X_4(s) = G_2(s)X_3(s)$$

$$C(s) = G_3(s)X_4(s)$$

20. 已知某系统由下列方程组组成，画出信号流图，然后求出闭环传递函数 $\dfrac{C(s)}{R(s)}$。

$$x_1 = b_1 u$$

$$x_2 = a_{21}x_1 + a_{24}x_4 + a_{25}x_5$$

$$x_3 = a_{31}x_1 + a_{32}x_2$$

$$x_4 = a_{43}x_3 + b_4 u$$

$$x_5 = a_{54}x_4 + a_{55}x_5$$

21. 已知某系统动态结构图，试列写方程组，并画出信号流图，然后求出闭环传递函数 $\dfrac{C(s)}{R(s)}$。

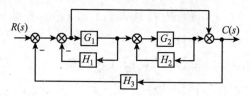

22. 已知某系统由下列方程组组成，试绘制系统结构图，并画出信号流图，然后求出闭环传递函数 $\dfrac{C(s)}{R(s)}$。

$$X_1(s) = R(s) - H_3X_8(s)$$
$$X_2(s) = X_1(s) - H_1(s)X_4(s)$$
$$X_3(s) = X_2(s)$$
$$X_4(s) = G_1(s)X_3(s)$$
$$X_5(s) = X_4(s) + H_2(s)X_6(s)$$
$$X_7(s) = X_6(s) + X_3(s)$$
$$X_8(s) = X_7(s)$$

23. 已知某系统动态结构图，试列写方程组，并画出信号流图，然后求出闭环传递函数 $\dfrac{C(s)}{R(s)}$。

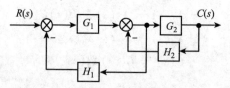

24. 已知某系统由下列方程组组成，试绘制系统结构图，并画出信号流图，然后求出闭环传递函数 $\dfrac{C(s)}{R(s)}$。

$$X_1(s) = R(s) - H_1X_3(s)$$
$$X_2(s) = G_1(s)X_1(s) - H_2X_4(s)$$
$$X_3(s) = X_2(s)$$
$$X_4(s) = G_2(s)X_3(s)$$

25. 已知某系统动态结构图，试列写方程组，并画出信号流图，然后求出闭环传递函数 $\dfrac{C(s)}{R(s)}$。

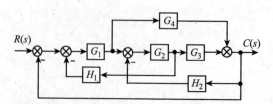

26. 已知某系统由下列方程组组成，试绘制系统结构图，并画出信号流图，然后求出闭环传递函数 $\dfrac{C(s)}{R(s)}$。

$$X_1(s) = R(s) - C(s)$$
$$X_2(s) = X_1(s) - H_1 X_5(s)$$
$$X_3(s) = G_1 X_2(s)$$
$$X_4(s) = X_3(s) - H_2 X_7(s)$$
$$X_5(s) = G_2 X_4(s)$$
$$X_6(s) = G_3 X_5(s) + G_4 X_3(s)$$
$$X_7(s) = X_6(s)$$

27. 已知某系统由下列方程组组成，试绘制系统结构图，并画出信号流图，然后求出闭环传递函数 $\dfrac{C(s)}{R(s)}$。

$$X_1(s) = R(s) - (H_1 + H_2) C(s)$$
$$X_2(s) = X_1(s)$$
$$X_3(s) = (G_1 + G_2) X_2(s)$$
$$X_4(s) = X_3(s)$$
$$X_5(s) = (G_3 + G_4 + G_5) X_4(s)$$
$$X_6(s) = X_5(s)$$

28. 已知某系统动态结构图，试列写方程组，并画出信号流图，然后求出闭环传递函数 $\dfrac{C(s)}{R(s)}$。

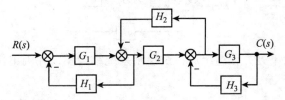

29. 已知某系统由下列方程组组成，试绘制系统结构图，并画出信号流图，然后求出闭环传递函数 $\dfrac{C(s)}{R(s)}$。

$$X_1(s) = R(s) - H_1 X_3(s)$$
$$X_2(s) = G_1 X_1(s) - H_2 X_5(s)$$
$$X_3(s) = X_4(s)$$
$$X_4(s) = G_2 X_3(s) - H_3 C(s)$$
$$X_5(s) = X_4(s)$$
$$X_6(s) = G_3 X_5(s)$$

30. 已知某系统动态结构图，试列写方程组，并画出信号流图，然后求出闭环传递函数 $\dfrac{C(s)}{R(s)}$。

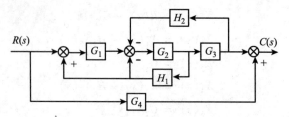

31. 已知某系统由下列方程组组成，试绘制系统结构图，并画出信号流图，然后求出闭环传递函数 $\dfrac{C(s)}{R(s)}$。

$$X_1(s) = R(s)$$
$$X_2(s) = R(s) - H_1 X_4(s)$$
$$X_3(s) = G_1 X_2(s) - H_1 X_4(s) - H_2 X_5(s)$$
$$X_4(s) = G_2 X_3(s)$$
$$X_5(s) = G_3 X_4(s)$$
$$X_6(s) = X_5(s) + G_4 X_1(s)$$

32. 已知某系统动态结构图，试列写方程组，并画出信号流图，然后求出闭环传递函数 $\dfrac{C(s)}{R(s)}$。

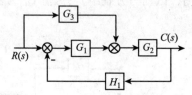

33. 已知某系统由下列方程组组成，试绘制系统结构图，并画出信号流图，然后求出闭环传递函数 $\dfrac{C(s)}{R(s)}$。

$$X_1(s) = R(s)$$
$$X_2(s) = R(s) - H_1 X_4(s)$$
$$X_3(s) = G_1 X_2(s) + G_3 X_1(s)$$
$$X_4(s) = G_2 X_3(s)$$

34. 已知某系统动态结构图，试列写方程组，并画出信号流图，然后求出闭环传递函数 $\dfrac{C(s)}{R(s)}$。

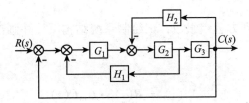

35. 已知某系统由下列方程组组成，试绘制系统结构图，并画出信号流图，然后求出闭环传递函数 $\dfrac{C(s)}{R(s)}$。

$$X_1(s) = R(s) - C(s)$$
$$X_2(s) = X_1(s) - H_1 X_4(s)$$
$$X_3(s) = G_1 X_2(s) - H_2 C(s)$$
$$X_4(s) = G_2 X_3(s)$$
$$X_5(s) = G_3 X_4(s)$$

36. 已知某系统动态结构图，试列写方程组，并画出信号流图，然后求出闭环传递函数 $\dfrac{C(s)}{R(s)}$。

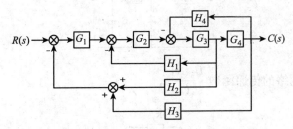

37. 已知某系统由下列方程组组成，试绘制系统结构图，并画出信号流图，然后求出闭环传递函数 $\dfrac{C(s)}{R(s)}$。

$$X_1(s) = R(s) - [H_2 X_4(s) + H_3 C(s)]$$
$$X_2(s) = G_1 X_1(s) - H_1 X_4(s)$$
$$X_3(s) = G_2 X_2(s) - H_4 C(s)$$
$$X_4(s) = G_3 X_3(s)$$
$$X_5(s) = G_4 X_4(s)$$

38. 已知某系统动态结构图，试列写方程组，并画出信号流图，然后求出闭环传递函数 $\dfrac{C(s)}{R(s)}$。

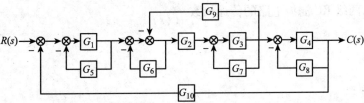

39. 已知某系统由下列方程组组成，试绘制系统结构图，并画出信号流图，然后求出闭环传递函数 $\frac{C(s)}{R(s)}$。

$$X_1(s) = R(s) - G_{10}C(s)$$
$$X_2(s) = X_1(s) - G_5X_3(s)$$
$$X_3(s) = G_1X_2(s)$$
$$X_4(s) = X_3(s) - G_6X_6(s)$$
$$X_5(s) = X_4(s) - G_9X_8(s)$$
$$X_6(s) = X_5(s)$$
$$X_7(s) = G_2X_6(s) - G_7X_8(s)$$
$$X_8(s) = G_3X_7(s)$$
$$X_9(s) = X_8(s) - G_8C(s)$$

40. 绘制图示系统结构图，并求传递函数。

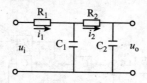

41. 求图示无源网络的传递函数 $\frac{U_o(s)}{U_i(s)}$。

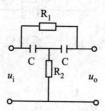

42. 列写图示系统方程组。

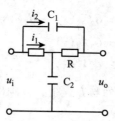

43. 求图示两级 RC 滤波电路的传递函数 $\frac{U_o(s)}{U_i(s)}$。

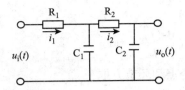

2.2　自动控制系统的数学模型标准答案及习题详解

2.2.1　填空题标准答案

1. 数学表达式
2. 微分方程、传递函数、系统的动态结构图和信号流图
3. （1）确定系统的输入量和输出量；（2）将系统分成若干个环节，列写各个环节的微分方程；（3）消去中间变量，并整理得到描述系统输入量和输出量之间的微分方程；（4）将微分方程化成标准型，即将与输入量有关的各项放在等号的右边，而与输出量有关的各项放在等号的左边，各导数项按降阶排列。
4. 传递函数
5. 输入、输出
6. 不同
7. 互相转换
8. 极点　零点
9. 比例环节、积分环节、惯性环节、微分环节、振荡环节、滞后环节、一阶微分环节和二阶微分环节
10. $c(t) = Kr(t)$
11. K
12. $\dfrac{1}{Ts + 1}$
13. $T\dfrac{\mathrm{d}c(t)}{\mathrm{d}(t)} + c(t) = r(t)$
14. $\dfrac{1}{s}$
15. $c(t) = \int r(t)\mathrm{d}t$
16. $c(t) = \dfrac{\mathrm{d}r(t)}{\mathrm{d}t}$
17. s
18. $c(t) = T\dfrac{\mathrm{d}r(t)}{\mathrm{d}t} + r(t)$
19. $Ts + 1$
20. $G(s) = \dfrac{\omega_n^2}{s^2 + 2\xi\omega_n s + \omega_n^2}$

21. $G(s) = T^2 s^2 + 2\xi Ts + 1$

22. $c(t) = T^2 \dfrac{\mathrm{d}^2 r(t)}{\mathrm{d}t^2} + 2\xi T \dfrac{\mathrm{d}r(t)}{\mathrm{d}t} + r(t)$

23. 信号线、引出点、综合点和环节方框

24. （1）将系统划分为几个基本组成部分，根据各部分所服从的定理或定律列写微分方程；（2）将微分方程在零初始条件下求拉氏变换，并做出各部分的方框图；（3）按系统中各变量之间的传递关系，将各部分的方框图连接起来，便得到系统的动态结构图。

25. 乘积

26. 代数和

27. 可以

28. 可以

29. 不能

30. 乘积

31. 节点和支路

32. 小圆圈

33. 信号传递

34. 输入节点

35. 输出节点

36. 混合节点

37. 一次

38. 乘积

39. $G(s) = \dfrac{1}{\Delta} \displaystyle\sum_{k=1}^{n} P_k \Delta_k$

40. 梅森公式

41. 梅森公式

42. 梅森公式

43. 梅森公式

44. 梅森公式

2.2.2　单项选择题标准答案

1. A　　2. A　　3. B　　4. B　　5. A　　6. B　　7. A　　8. C　　9. B　　10. B

11. A　　12. A　　13. A　　14. A　　15. B　　16. A　　17. B　　18. C　　19. D　　20. A

21. B　　22. C　　23. D　　24. A　　25. B　　26. A　　27. A　　28. A　　29. C　　30. B

31. D　　32. A

2.2.3　多项选择题标准答案

1. A、D　　　　2. A、B、C、D　　　　3. A、B、C、D　　　　4. A、D

5. A、D　　　　6. B、C　　　　7. A、B、D　　　　8. A、B、C

9. B、D　　　　10. A、B、C、D　　　　11. A、C　　　　12. A、B、C、D

13. A、B、C　　14. A、B、C、D　　15. B、C　　　　16. A、C
17. A、D　　　18. A、B　　　　19. C、D　　　　20. A、D
21. C、D　　　22. A、C　　　　23. A、D　　　　24. B、D
25. A、C　　　26. A、B、C、D　　27. B、C　　　　28. B、D
29. A、B　　　30. A、B、C、D

2.2.4　建立自动控制系统的数学模型习题详解

2.2.4.1　建立无源网络的传递函数

1. 解：根据电压之比等于阻抗之比，可得网络的传递函数为

$$\frac{U_o(s)}{U_i(s)} = \frac{\dfrac{1}{Cs}}{R + \dfrac{1}{Cs}} = \frac{1}{RCs + 1}$$

2. 解：根据电压之比等于阻抗之比，可得网络的传递函数为

$$\frac{U_o(s)}{U_i(s)} = \frac{\dfrac{1}{Cs}}{R + Ls + \dfrac{1}{Cs}} = \frac{1}{CLs^2 + RCs + 1} = \frac{1}{T_c T_L s^2 + T_c s + 1}$$

3. 解：根据电压之比等于阻抗之比，可得网络的传递函数为

$$\frac{U_o(s)}{U_i(s)} = \frac{R_2}{R_1 + R_2 + Ls} = \frac{R_2}{R_1 + R_2} \times \frac{1}{\dfrac{Ls}{R_1 + R_2} + 1} = \frac{K}{T_L s + 1}$$

4. 解：根据电压之比等于阻抗之比，可得网络的传递函数为

$$\frac{U_o(s)}{U_i(s)} = \frac{R_2 /\!/ \dfrac{1}{Cs}}{R_1 + Ls + R_2 /\!/ \dfrac{1}{Cs}} = \frac{\dfrac{R_2 \times \dfrac{1}{Cs}}{R_2 + \dfrac{1}{Cs}}}{R_1 + Ls + \dfrac{R_2 \times \dfrac{1}{Cs}}{R_2 + \dfrac{1}{Cs}}}$$

$$= \frac{\dfrac{R_2}{R_2 Cs + 1}}{R_1 + Ls + \dfrac{R_2}{R_2 Cs + 1}} = \frac{R_2}{(R_1 + Ls)(R_2 Cs + 1) + R_2}$$

$$= \frac{R_2}{R_2 LCs^2 + R_1 R_2 Cs + R_1 + R_2} = \frac{R_2}{R_1 + R_2} \times \frac{1}{\dfrac{R_2}{R_1 + R_2} \times \dfrac{R_2}{R_2} LCs^2 + R_1 \dfrac{R_2}{R_1 + R_2} Cs + 1}$$

$$= \frac{K}{KT_L T_2 s^2 + KT_1 s + 1}$$

其中：$K = \dfrac{R_2}{R_1 + R_2}$；$T_L = \dfrac{L}{R_2}$；$T_1 = R_1 C$；$T_2 = R_2 C$。

5. 解：根据电压之比等于阻抗之比，可得网络的传递函数为

$$\frac{U_o(s)}{U_i(s)} = \frac{R_2 + \dfrac{1}{C_2 s}}{R_1 \, /\!/ \, \dfrac{1}{C_1 s} + R_2 + \dfrac{1}{C_2 s}} = \frac{R_2 + \dfrac{1}{C_2 s}}{\dfrac{R_1 \times \dfrac{1}{C_1 s}}{R_1 + \dfrac{1}{C_1 s}} + R_2 + \dfrac{1}{C_2 s}}$$

$$= \frac{\dfrac{R_2 C_2 s + 1}{C_2 s}}{\dfrac{R_1}{R_1 C_1 s + 1} + \dfrac{R_2 C_2 s + 1}{C_2 s}} = \frac{(R_1 C_1 s + 1)(R_2 C_2 s + 1)}{(R_1 C_1 s + 1)(R_2 C_2 s + 1) + R_1 C_2 s}$$

$$= \frac{R_1 C_1 R_2 C_2 s^2 + R_1 C_1 s + R_2 C_2 s + 1}{R_1 C_1 R_2 C_2 s^2 + (R_1 C_1 + R_2 C_2 + R_1 C_2) s + 1}$$

6. 解：根据电压之比等于阻抗之比，可得网络的传递函数为

$$\frac{U_o(s)}{U_i(s)} = \frac{R_2 \, /\!/ \, \dfrac{1}{C_2 s}}{R_1 \, /\!/ \, \dfrac{1}{C_1 s} + R_2 \, /\!/ \, \dfrac{1}{C_2 s}} = \frac{\dfrac{R_2 \times \dfrac{1}{C_2 s}}{R_2 + \dfrac{1}{C_2 s}}}{\dfrac{R_1 \times \dfrac{1}{C_1 s}}{R_1 + \dfrac{1}{C_1 s}} + \dfrac{R_2 \times \dfrac{1}{C_2 s}}{R_2 + \dfrac{1}{C_2 s}}}$$

$$= \frac{\dfrac{R_2}{R_2 C_2 s + 1}}{\dfrac{R_1}{R_1 C_1 s + 1} + \dfrac{R_2}{R_2 C_2 s + 1}} = \frac{R_2(R_1 C_1 s + 1)}{R_1(R_2 C_2 s + 1) + R_2(R_1 C_1 s + 1)}$$

7. 解：根据电压之比等于阻抗之比，可得网络的传递函数为

$$\frac{U_o(s)}{U_i(s)} = \frac{R_2 + \dfrac{1}{C_2 s}}{R_1 + \dfrac{1}{C_1 s} + R_2 + \dfrac{1}{C_2 s}} = \frac{\dfrac{R_2 C_2 s + 1}{C_2 s}}{\dfrac{R_1 C_1 s + 1}{C_1 s} + \dfrac{R_2 C_2 s + 1}{C_2 s}}$$

$$= \frac{\dfrac{R_2 C_2 s + 1}{C_2 s}}{\dfrac{C_2 s(R_1 C_1 s + 1) + C_1 s(R_2 C_2 s + 1)}{C_1 s C_2 s}} = \frac{C_1 s(R_2 C_2 s + 1)}{C_2 s(R_1 C_1 s + 1) + C_1 s(R_2 C_2 s + 1)}$$

$$= \frac{C_1(R_2 C_2 s + 1)}{(R_1 C_1 C_2 s + R_2 C_1 C_2 s + C_1 + C_2)} = \frac{C_1}{C_1 + C_2} \times \frac{R_2 C_2 s + 1}{(R_1 \dfrac{C_1 C_2}{C_1 + C_2} s + R_2 \dfrac{C_1 C_2}{C_1 + C_2} s + 1)}$$

$$= \frac{K_c(T_2 s + 1)}{K_c(T_1 + T_2)s + 1}$$

其中：$K_c = \dfrac{C_1}{C_1 + C_2}$；$T_1 = R_1 C_2$；$T_2 = R_2 C_2$。

8. 解：根据电压之比等于阻抗之比，可得网络的传递函数为

$$\frac{U_o(s)}{U_i(s)} = \frac{(R_2 + Ls) \;/\!/\; \dfrac{1}{C_2 s}}{R_1 + \dfrac{1}{C_1 s} + (R_2 + Ls) \;/\!/\; \dfrac{1}{C_2 s}} = \frac{\dfrac{(R_2 + Ls) \times \dfrac{1}{C_2 s}}{R_2 + Ls + \dfrac{1}{C_2 s}}}{R_1 + \dfrac{1}{C_1 s} + \dfrac{(R_2 + Ls) \times \dfrac{1}{C_2 s}}{R_2 + Ls + \dfrac{1}{C_2 s}}}$$

$$= \frac{\dfrac{R_2 + Ls}{C_2 s(R_2 + Ls) + 1}}{\dfrac{R_1 C_1 s + 1}{C_1 s} + \dfrac{R_2 + Ls}{C_2 s(R_2 + Ls) + 1}} = \frac{C_1 C_2 s^2 (R_2 + Ls)}{(R_1 C_1 s + 1)\left[C_2 s(R_2 + Ls) + 1\right] + C_1 s(R_2 + Ls)}$$

$$= \frac{C_1 C_2 s^2 (R_2 + Ls)}{C_2 s\left[(R_1 C_1 s + 1)(R_2 + Ls) + (R_2 + Ls)\right] + (R_1 C_1 s + 1)}$$

9. 解：根据电压之比等于阻抗之比，可得网络的传递函数为

$$\frac{U_o(s)}{U_i(s)} = \frac{\dfrac{1}{C_2 s}}{R \;/\!/\; \dfrac{1}{C_1 s} + \dfrac{1}{C_2 s}} = \frac{\dfrac{1}{C_2 s}}{\dfrac{R \times \dfrac{1}{C_1 s}}{R + \dfrac{1}{C_1 s}} + \dfrac{1}{C_2 s}}$$

$$= \frac{RC_1 s + 1}{R(C_1 + C_2)s + 1}$$

10. 解：根据电压之比等于阻抗之比，可得网络的传递函数为

$$\frac{U_o(s)}{U_i(s)} = \frac{R_2 \;/\!/\; \dfrac{1}{C_2 s}}{R_1 + \dfrac{1}{C_1 s} + R_2 \;/\!/\; \dfrac{1}{C_2 s}} = \frac{\dfrac{R_2 \times \dfrac{1}{C_2 s}}{R_2 + \dfrac{1}{C_2 s}}}{R_1 + \dfrac{1}{C_1 s} + \dfrac{R_2 \times \dfrac{1}{C_2 s}}{R_2 + \dfrac{1}{C_2 s}}}$$

$$= \frac{\dfrac{R_2}{R_2 C_2 s + 1}}{\dfrac{R_1 C_1 s + 1}{C_1 s} + \dfrac{R_2}{R_2 C_2 s + 1}}$$

$$= \frac{R_2 C_1 s}{R_1 R_2 C_1 C_2 s^2 + (R_1 C_1 + R_2 C_2 + R_2 C_1)s + 1}$$

11. 解：根据电压之比等于阻抗之比，可得网络的传递函数为

$$\frac{U_o(s)}{U_i(s)} = \frac{(R_2 + \dfrac{1}{C_2 s}) /\!/ R_3}{R_1 + \dfrac{1}{C_1 s} + (R_2 + \dfrac{1}{C_2 s}) /\!/ R_3} = \frac{\dfrac{(R_2 + \dfrac{1}{C_2 s}) \times R_3}{R_2 + \dfrac{1}{C_2 s} + R_3}}{R_1 + \dfrac{1}{C_1 s} + \dfrac{(R_2 + \dfrac{1}{C_2 s}) \times R_3}{R_2 + \dfrac{1}{C_2 s} + R_3}}$$

$$= \frac{\dfrac{R_3 (R_2 C_2 s + 1)}{(R_2 + R_3) C_2 s + 1}}{\dfrac{R_1 C_1 s + 1}{C_1 s} + \dfrac{R_3 (R_2 C_2 s + 1)}{(R_2 + R_3) C_2 s + 1}}$$

$$= \frac{R_3 C_1 s (R_2 C_2 s + 1)}{(R_1 C_1 s + 1)\left[(R_2 C_2 + R_3 C_2)s + 1\right] + R_3 C_1 s (R_2 C_2 s + 1)}$$

$$= \frac{R_3 C_1 s (R_2 C_2 s + 1)}{(R_1 C_1 s + 1)(R_2 C_2 + R_3 C_2)s + (R_1 C_1 s + 1) + R_3 C_1 s (R_2 C_2 s + 1)}$$

$$= \frac{T_{31} s (T_2 s + 1)}{\left[(T_1 s + 1)(T_2 + T_{32}) + T_{31}(T_2 s + 1)\right]s + T_1 s + 1}$$

$$= \frac{T_{31} s (T_2 s + 1)}{(T_2 T_{31} + T_1 T_2 + T_1 T_{32})s^2 + (T_1 + T_{31} + T_{32} + T_2)s + 1}$$

其中：$T_1 = R_1 C_1$；$T_{31} = R_3 C_1$；$T_{32} = R_3 C_2$；$T_2 = R_2 C_2$。

12. 解：根据电压之比等于阻抗之比，可得网络的传递函数为

$$\frac{U_o(s)}{U_i(s)} = \frac{Ls /\!/ (R_2 + \dfrac{1}{Cs})}{Ls /\!/ (R_2 + \dfrac{1}{Cs}) + R_1} \times \frac{R_2}{R_2 + \dfrac{1}{Cs}} = \frac{\dfrac{Ls \times \dfrac{R_2 Cs + 1}{Cs}}{Ls + \dfrac{R_2 Cs + 1}{Cs}}}{\dfrac{Ls \times \dfrac{R_2 Cs + 1}{Cs}}{Ls + \dfrac{R_2 Cs + 1}{Cs}} + R_1} \times \frac{R_2 Cs}{R_2 Cs + 1}$$

$$= \frac{\dfrac{Ls (R_2 Cs + 1)}{CLs^2 + R_2 Cs + 1}}{\dfrac{Ls (R_2 Cs + 1)}{LCs^2 + R_2 Cs + 1} + R_1} \times \frac{R_2 Cs}{R_2 Cs + 1} = \frac{Ls (R_2 Cs + 1)}{Ls (R_2 Cs + 1) + R_1 (CLs^2 + R_2 Cs + 1)} \times \frac{R_2 Cs}{R_2 Cs + 1}$$

$$= \frac{R_2 CLs^2}{R_2 Cs^2 + Ls + R_1 CLs^2 + R_1 R_2 Cs + R_1}$$

$$= \frac{R_2 CLs^2}{(R_1 + R_2)CLs^2 + (R_1 R_2 C + L)s + R_1}$$

13. 解：根据电压之比等于阻抗之比，可得网络的传递函数为

$$\frac{U_o(s)}{U_i(s)} = \frac{(R_2 + Ls) \mathbin{/\!/} \dfrac{1}{Cs}}{R_1 + (R_2 + Ls) \mathbin{/\!/} \dfrac{1}{Cs}} = \frac{\dfrac{(R_2 + Ls) \times \dfrac{1}{Cs}}{R_2 + Ls + \dfrac{1}{Cs}}}{R_1 + \dfrac{(R_2 + Ls) \times \dfrac{1}{Cs}}{R_2 + Ls + \dfrac{1}{Cs}}}$$

$$= \frac{\dfrac{R_2 + Ls}{LCs^2 + R_2 Cs + 1}}{R_1 + \dfrac{R_2 + Ls}{LCs^2 + R_2 Cs + 1}} = \frac{R_2 + Ls}{R_1(LCs^2 + R_2 Cs + 1) + R_2 + Ls}$$

$$= \frac{R_2 + Ls}{R_1 LCs^2 + (R_1 R_2 C + L)s + R_1 + R_2}$$

14. 解：解法一：根据基尔霍夫定律列写微分方程

$$i = i_1 + i_2$$
$$u_i = i_1 R_1 + i R_2$$
$$i_1 R_1 = \frac{1}{C} \int i_2 \mathrm{d}t$$
$$u_o = i R_2$$

对上式取拉氏变换得

$$I(s) = I_1(s) + I_2(s)$$
$$U_i(s) = I_1(s)R_1 + I(s)R_2$$
$$I_1(s)R_1 = \frac{1}{Cs}I_2(s)$$
$$U_o(s) = I(s)R_2$$

解得

$$U_o(s) = I(s)R_2 = [I_1(s) + I_2(s)R_2] = [I_1(s) + CR_1 sI_1(s)]R_2$$
$$U_i(s) = I_1(s)R_1 + I(s)R_2 = I_1(s)R_1 + [I_1(s) + CR_1 sI_1(s)]R_2$$

所以电路的传递函数为

$$G(s) = \frac{U_o(s)}{U_i(s)} = \frac{R_2 + CR_1 R_2 s}{R_1 + R_2 + CR_1 R_2 s}$$

解法二：对于由电阻、电感、电容元件组成的电气网络，一般采用阻抗法求传递函数。因此可直接写出下列结果：

$$G(s) = \frac{U_o(s)}{U_i(s)} = \frac{R_2}{R_2 + \dfrac{R_1 \times 1/Cs}{R_1 + 1/Cs}} = \frac{R_2 + CR_1R_2s}{R_1 + R_2 + CR_1R_2s}$$

由此可见，采用阻抗法非常简单，方便。

2.2.4.2 建立有源网络的传递函数

1. 解：根据电压之比等于阻抗之比，可得网络的传递函数为

$$\frac{U_o(s)}{U_i(s)} = -\frac{R_2}{R_1}$$

2. 解：由阻抗法可得

$$\frac{U_o(s)}{U_i(s)} = -\frac{\dfrac{1}{Cs}}{R_1} = -\frac{1}{R_1Cs}$$

3. 解：由于运算放大器的输入阻抗大，可认为流进输入端的电流为零，且由"虚地"的概念可得网络的传递函数为

$$\frac{U_o(s)}{U_i(s)} = -\frac{R_2 + \dfrac{1}{Cs}}{R_1} = -\frac{R_2Cs + 1}{R_1Cs} = -\frac{T_2s + 1}{T_1s}$$

其中：$T_1 = R_1C$；$T_2 = R_2C$。

4. 解：根据电压之比等于阻抗之比，可得网络的传递函数为

$$\frac{U_o(s)}{U_i(s)} = -\frac{R_2 + \dfrac{1}{C_2s}}{R_1 + \dfrac{1}{C_1s}} = -\frac{\dfrac{R_2C_2s + 1}{C_2s}}{\dfrac{R_1C_1s + 1}{C_1s}}$$

$$= -\frac{C_1}{C_2} \times \frac{R_2C_2s + 1}{R_1C_1s + 1} = -K_c\frac{T_2s + 1}{T_1S + 1}$$

其中：$K_c = \dfrac{C_1}{C_2}$；$T_1 = R_1C_1$；$T_2 = R_2C_2$。

5. 解：用阻抗法可得

$$\frac{U_o(s)}{U_i(s)} = -\frac{R_2 /\!/ \dfrac{1}{Cs}}{R_1} = -\frac{\dfrac{R_2 \times \dfrac{1}{Cs}}{R_2 + \dfrac{1}{Cs}}}{R_1} = -\frac{\dfrac{R_2}{R_2Cs + 1}}{R_1} = -\frac{R_2}{R_1(R_2Cs + 1)}$$

6. 解：根据电压之比等于阻抗之比，可得网络的传递函数为

$$\frac{U_o(s)}{U_i(s)} = -\frac{R_2 \;/\!/\; \dfrac{1}{C_2 s}}{R_1 + \dfrac{1}{C_1 s}} = -\frac{\dfrac{R_2 \times \dfrac{1}{C_2 s}}{R_2 + \dfrac{1}{C_2 s}}}{R_1 + \dfrac{1}{C_1 s}}$$

$$= -\frac{\dfrac{R_2}{R_2 C_2 s + 1}}{\dfrac{R_1 C_1 s + 1}{C_1 s}} = -\frac{R_2 C_1 s}{(R_1 C_1 s + 1)(R_2 C_2 s + 1)}$$

$$= -\frac{Ks}{(T_1 s + 1)(T_2 s + 1)}$$

其中：$K = R_2 C_1$ ；$T_1 = R_1 C_1$ ；$T_2 = R_2 C_2$。

7. 解：根据电压之比等于阻抗之比，可得网络的传递函数为

$$\frac{U_o(s)}{U_i(s)} = -\frac{(R_2 + \dfrac{1}{C_2 s}) \;/\!/\; R_3}{R_1 + \dfrac{1}{C_1 s}} = -\frac{\dfrac{(R_2 + \dfrac{1}{C_2 s}) \times R_3}{R_2 + \dfrac{1}{C_2 s} + R_3}}{R_1 + \dfrac{1}{C_1 s}}$$

$$= -\frac{\dfrac{R_3(R_2 C_2 s + 1)}{(R_2 + R_3)C_2 s + 1}}{\dfrac{R_1 C_1 s + 1}{C_1 s}} = -\frac{R_3 C_1 s(R_2 C_2 s + 1)}{(R_1 C_1 s + 1)\left[(R_2 + R_3)C_2 s + 1\right]}$$

$$= -\frac{R_3 C_1 s(R_2 C_2 s + 1)}{(R_1 R_2 C_1 C_2 + R_1 R_3 C_1 C_2)s^2 + (R_2 C_2 + R_3 C_2)s + 1}$$

$$= -\frac{T_{31} s(T_2 s + 1)}{(T_1 T_2 + T_1 T_{32})s^2 + (T_2 + T_{32})s + 1}$$

$$= -\frac{T_3 s(T_2 s + 1)}{T_2 T_3 s^2 + (T_1 + T_3)s + 1}$$

其中：$T_1 = R_1 C_1$ ；$T_2 = R_2 C_2$ ；$T_{31} = R_3 C_1$ ；$T_{32} = R_3 C_2$ 。

8. 解：流过 R_1 的电流为

$$I_0(s) = \frac{U_i(s)}{R_1 + \dfrac{1}{C_1 s}} = \frac{U_i(s)}{\dfrac{R_1 C_1 s + 1}{C_1 s}}$$

流过 R_2 的电流为

$$I_1(s) = -\frac{\dfrac{U_o(s)}{R_2 \times \dfrac{1}{C_2 s}}}{\dfrac{R_2 \times \dfrac{1}{C_2 s}}{R_2 + \dfrac{1}{C_2 s}} + R_3} \times \frac{\dfrac{1}{C_2 s}}{R_2 + \dfrac{1}{C_2 s}} = -\frac{\dfrac{U_o(s)}{\dfrac{R_2}{R_2 C_2 s + 1}} + R_3}{} \times \frac{1}{R_2 C_2 s + 1}$$

$$= -\frac{U_o(s)}{R_2 + R_3(R_2 C_2 s + 1)} = -\frac{U_o(s)}{R_2 R_3 C_2 s + R_2 + R_3}$$

令 $I_0(s) = I_1(s)$，得网络的传递函数为

$$\frac{U_o(s)}{U_i(s)} = -\frac{\dfrac{R_2 R_3 C_2 s + R_2 + R_3}{\dfrac{R_1 C_1 s + 1}{C_1 s}}}{} = -\frac{R_2 R_3 C_1 C_2 s^2 + C_1(R_2 + R_3)s}{R_1 C_1 s + 1}$$

9. 解：由阻抗法可得

$$\frac{U_o(s)}{U_i(s)} = -\frac{R_2 + \dfrac{1}{C_2 s} + R_4 /\!/ (R_3 + \dfrac{1}{C_3 s})}{R_1 + \dfrac{1}{C_1 s}} = -\frac{R_2 + \dfrac{1}{C_2 s} + \dfrac{R_4(R_3 + \dfrac{1}{C_3 s})}{R_4 + R_3 + \dfrac{1}{C_3 s}}}{R_1 + \dfrac{1}{C_1 s}}$$

$$= \frac{\dfrac{R_2 C_2 s + 1}{C_2 s} + \dfrac{R_4(R_3 C_3 s + 1)}{(R_3 + R_4)C_3 s + 1}}{\dfrac{R_1 C_1 s + 1}{C_1 s}}$$

$$= -\frac{\dfrac{(R_2 C_2 s + 1)\big[(R_3 + R_4)C_3 s + 1\big] + R_4 C_2 s(R_3 C_3 s + 1)}{C_2 s\big[(R_3 + R_4)C_3 s + 1\big]}}{\dfrac{R_1 C_1 s + 1}{C_1 s}}$$

$$= -\frac{C_1}{C_2} \times \frac{(R_2 C_2 s + 1)(R_3 C_3 s + R_4 C_3 s + 1) + R_4 C_2 s(R_3 C_3 s + 1)}{(R_1 C_1 s + 1)(R_3 C_3 s + R_4 C_3 s + 1)}$$

10. 解：由阻抗法可得

$$\frac{U_o(s)}{U_i(s)} = -\frac{R_2 + \dfrac{1}{C_1 s} + R_4 /\!/ (R_3 + \dfrac{1}{C_2 s})}{R_1} = -\frac{R_2 + \dfrac{1}{C_1 s} + \dfrac{R_4(R_3 + \dfrac{1}{C_2 s})}{R_4 + R_3 + \dfrac{1}{C_2 s}}}{R_1}$$

$$= -\frac{\dfrac{R_2 C_1 s + 1}{C_1 s} + \dfrac{R_4(R_3 C_2 s + 1)}{(R_3 + R_4)C_2 s + 1}}{R_1}$$

$$= -\frac{(R_2 C_1 s + 1)(R_3 C_2 s + R_4 C_2 s + 1) + R_4 C_1 s(R_3 C_2 s + 1)}{R_1 C_1 s(R_3 C_2 s + R_4 C_2 s + 1)}$$

11. 解：由阻抗法可得

$$\frac{U_o(s)}{U_i(s)} = -\frac{R_2 + \dfrac{1}{C_2 s} + R_4 /\!/ \left(R_3 + \dfrac{1}{C_3 s}\right)}{R_1 /\!/ \dfrac{1}{C_1 s}} = -\frac{R_2 + \dfrac{1}{C_2 s} + \dfrac{R_4\left(R_3 + \dfrac{1}{C_3 s}\right)}{R_4 + R_3 + \dfrac{1}{C_3 s}}}{\dfrac{R_1 \times \dfrac{1}{C_1 s}}{R_1 + \dfrac{1}{C_1 s}}}$$

$$= -\frac{\dfrac{R_2 C_2 s + 1}{C_2 s} + \dfrac{R_4(R_3 C_3 s + 1)}{(R_3 + R_4) C_3 s + 1}}{\dfrac{R_1}{R_1 C_1 s + 1}}$$

$$= -\frac{(R_1 C_1 s + 1)(R_2 C_2 s + 1)(R_3 C_3 s + R_4 C_3 s + 1) + R_4 C_2 s(R_3 C_3 s + 1)(R_1 C_1 s + 1)}{R_1 C_2 s(R_3 C_3 s + R_4 C_3 s + 1)}$$

$$= -\frac{(T_1 s + 1)(T_2 s + 1)(T_3 s + T_{43} s + 1) + T_{42} s(T_3 s + 1)(T_1 s + 1)}{T_{12} s(T_3 s + T_{43} s + 1)}$$

其中：$T_1 = R_1 C_1$；$T_2 = R_2 C_2$；$T_3 = R_3 C_3$；$T_{43} = R_4 C_3$；$T_{42} = R_4 C_2$；$T_{12} = R_1 C_2$。

12. 解：流过 $R_1 C_1$ 并联电路的电流为

$$I_0(s) = \frac{U_i(s)}{R_1 /\!/ \dfrac{1}{C_1 s}} = \frac{U_i(s)}{\dfrac{R_1 \times \dfrac{1}{C_1 s}}{R_1 + \dfrac{1}{C_1 s}}} = \frac{U_i(s)}{\dfrac{R_1}{R_1 C_1 s + 1}}$$

流过 R_2 的电流为

$$I_1(s) = -\frac{U_o(s)}{\dfrac{R_2 \times \dfrac{1}{C_2 s}}{R_2 + \dfrac{1}{C_2 s}} + R_3} \times \frac{\dfrac{1}{C_2 s}}{R_2 + \dfrac{1}{C_2 s}} = -\frac{U_o(s)}{\dfrac{R_2}{R_2 C_2 s + 1} + R_3} \times \frac{1}{R_2 C_2 s + 1}$$

$$= -\frac{U_o(s)}{R_2 + R_3(R_2 C_2 s + 1)} = -\frac{U_o(s)}{R_2 R_3 C_2 s + R_2 + R_3}$$

令 $I_0(s) = I_1(s)$，得网络的传递函数为

$$\frac{U_o(s)}{U_i(s)} = -\frac{R_2 R_3 C_2 s + R_2 + R_3}{\dfrac{R_1}{R_1 C_1 s + 1}} = -\frac{R_2 R_3 C_2 s(R_1 C_1 s + 1) + (R_2 + R_3)(R_1 C_1 s + 1)}{R_1}$$

$$= \frac{R_1 R_2 R_3 C_1 C_2 s^2 + (R_2 R_3 C_2 + R_1 R_2 C_1 + R_1 R_3 C_1)s + R_2 + R_3}{R_1}$$

13. 解：由阻抗法可得

$$\frac{U_o(s)}{U_i(s)} = -\frac{R_2 /\!/ \dfrac{1}{C_2 s}}{R_1 /\!/ \dfrac{1}{C_1 s}} = -\frac{\dfrac{R_2 \times \dfrac{1}{C_2 s}}{R_2 + \dfrac{1}{C_2 s}}}{\dfrac{R_1 \times \dfrac{1}{C_1 s}}{R_1 + \dfrac{1}{C_1 s}}} = -\frac{\dfrac{R_2}{R_2 C_2 s + 1}}{\dfrac{R_1}{R_1 C_1 s + 1}} = -\frac{R_2(R_1 C_1 s + 1)}{R_1(R_2 C_2 s + 1)}$$

14. 解1：

$$I_0(s) = \frac{U_i(s)}{R_0}$$

$$I_1(s) = -\frac{U_o(s)}{\dfrac{(R_2 + \dfrac{1}{C_2 s}) \times R_1}{R_2 + \dfrac{1}{C_2 s} + R_1}} = -\frac{U_o(s)}{\dfrac{R_1 R_2 C_2 s + R_1}{R_1 C_2 s + R_2 C_2 s + 1}}$$

因为　　　$I_0(s) = I_1(s)$

所以传递函数为

$$\frac{U_o(s)}{U_i(s)} = -\frac{R_1 R_2 C_2 s + R_1}{(R_0 R_1 C_2 + R_0 R_2 C_2)s + R_0}$$

解2：用阻抗法得网络的传递函数为

$$\frac{U_o(s)}{U_i(s)} = -\frac{\dfrac{R_1(R_2 + \dfrac{1}{Cs})}{R_1 + R_2 + \dfrac{1}{Cs}}}{R_0} = -\frac{\dfrac{R_1(R_2 C_s + 1)}{(R_1 + R_2)C_s + 1}}{R_0} = -\frac{R_1(R_2 Cs + 1)}{R_0(R_1 Cs + R_2 Cs + 1)}$$

15. 解：由阻抗法可得网络的传递函数为

$$\frac{U_o(s)}{U_i(s)} = -\frac{R_2 + \dfrac{1}{C_2 s}}{R_1 /\!/ \dfrac{1}{C_1 s}} = -\frac{\dfrac{R_2 C_2 s + 1}{C_2 s}}{\dfrac{R_1 \times \dfrac{1}{C_1 s}}{R_1 + \dfrac{1}{C_1 s}}} = -\frac{R_1 R_2 C_1 C_2 s^2 + (R_1 C_1 + R_2 C_2)s + 1}{R_1 C_2 s}$$

16. 解：用阻抗法可得

$$\frac{U_o(s)}{U_i(s)} = - \frac{(R_2 + \frac{1}{Cs}) \mathbin{/\mkern-5mu/} R_1}{R_0 \mathbin{/\mkern-5mu/} \frac{1}{C_0 s}} = - \frac{\dfrac{R_1(R_2 + \frac{1}{Cs})}{R_1 + R_2 + \frac{1}{Cs}}}{\dfrac{R_o \times \frac{1}{C_o s}}{R_o + \frac{1}{C_o s}}}$$

$$= - \frac{\dfrac{R_1(R_2 Cs + 1)}{(R_1 + R_2)Cs + 1}}{\dfrac{R_o}{R_o C_o S + 1}} = - \frac{R_1(R_2 Cs + 1)(R_0 C_0 s + 1)}{R_0(R_1 Cs + R_2 Cs + 1)}$$

17. 解：R_2 与 C_1 并联阻抗为 $R_2/(R_2 C_1 s + 1)$，C_2 与 R_4 串联阻抗为 $(R_4 C_2 s + 1)/C_2 s$。由

$$\frac{U_i(s)}{R_1} = - \frac{U_o(s)}{\dfrac{R_2}{R_2 C_1 s + 1} \mathbin{/\mkern-5mu/} \dfrac{R_4 C_2 s + 1}{C_2 s} + R_3} \times \frac{\dfrac{R_4 C_2 s + 1}{C_2 s}}{\dfrac{R_2}{R_2 C_1 s + 1} + \dfrac{R_4 C_2 s + 1}{C_2 s}}$$

得网络的传递函数为

$$\frac{U_o(s)}{U_i(s)} = - \frac{R_2 + R_3}{R_1} \cdot \frac{\dfrac{R_2 R_3 R_4 C_1 C_2}{R_2 + R_3} s^2 + \left[R_4 C_2 + \dfrac{R_2 R_3(C_1 + C_2)}{R_2 + R_3} \right] s + 1}{(R_2 C_1 s + 1)(R_4 C_2 s + 1)}$$

18. 解：流过 R_1 的电流为

$$I_0(s) = \frac{U_i(s)}{R_1}$$

流过 R_2 的电流为

$$I_1(s) = - \frac{U_o(s)}{\dfrac{R_2 \times \frac{1}{Cs}}{R_2 + \frac{1}{Cs}} + R_3} \times \frac{\frac{1}{Cs}}{R_2 + \frac{1}{Cs}} = - \frac{U_o(s)}{\dfrac{R_2}{R_2 Cs + 1} + R_3} \times \frac{1}{R_2 Cs + 1} = - \frac{U_o(s)}{R_2 R_3 Cs + R_2 + R_3}$$

令 $I_0(s) = I_1(s)$，得网络的传递函数为

$$\frac{U_o(s)}{U_i(s)} = - \frac{R_2 R_3 Cs + R_2 + R_3}{R_1}$$

19. 解：如右图所示，因为

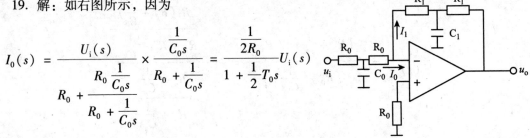

$$I_0(s) = \cfrac{U_i(s)}{R_0 + \cfrac{R_0 \cfrac{1}{C_0 s}}{R_0 + \cfrac{1}{C_0 s}}} \times \cfrac{\cfrac{1}{C_0 s}}{R_0 + \cfrac{1}{C_0 s}} = \cfrac{\cfrac{1}{2R_0}}{1 + \cfrac{1}{2}T_0 s} U_i(s)$$

同理

$$I_1(s) = -\cfrac{\cfrac{1}{2R_1}}{1 + \cfrac{1}{2}T_1 s} U_o(s)$$

显然 $I_0(s) = I_1(s)$，所以网络的传递函数为

$$\frac{U_o(s)}{U_i(s)} = -\frac{R_1\left(1 + \cfrac{1}{2}T_1 s\right)}{R_0\left(1 + \cfrac{1}{2}T_0 s\right)}$$

其中：$T_0 = R_0 C_0$，$T_1 = R_1 C_1$。

20. 解：设第一级和第二级运算放大器的输出端电压分别为 u_1 和 u_2，根据运放电路的"虚地"概念，可以列出如下方程组

$$\frac{U_i(s)}{R_0} + \frac{U_o(s)}{R_0} = -\frac{U_1(s)}{R_1 \mathbin{/\!/} \cfrac{1}{C_1 s}}$$

$$\frac{U_1(s)}{R_2} = -\frac{U_2(s)}{\cfrac{1}{C_2 s}}$$

$$\frac{U_2(s)}{R_3} = -\frac{U_o(s)}{R_4}$$

消去中间变量 $U_1(s)$ 和 $U_2(s)$，整理得系统的闭环传递函数为

$$\frac{U_o(s)}{U_i(s)} = -\frac{R_1 R_4}{R_1 R_4 + R_0 R_2 R_3 C_2 s(R_1 C_1 s + 1)}$$

21. 解：设第一级运算放大器的输出端电压为 u_1，根据运放电路的"虚地"概念，可以列写如下方程组

$$\frac{U_i(s)}{R_1 \mathbin{/\!/} \cfrac{1}{C_1 s}} = -\frac{U_1(s)}{R_2 + \cfrac{1}{C_2 s}}$$

$$\frac{U_1(s)}{R_3} = -\frac{U_0(s)}{R_4}$$

$$\frac{U_1(s)}{U_i(s)} = -\frac{\dfrac{R_1 \times \dfrac{1}{C_1 s}}{R_1 + \dfrac{1}{C_1 s}}}{R_2 + \dfrac{1}{C_2 s}} = -\frac{R_1 C_2 s}{(R_1 C_1 s + 1)(R_2 C_2 s + 1)}$$

$$\frac{U_0(s)}{U_1(s)} = -\frac{R_4}{R_3}$$

消去中间变量 $U_1(s)$，整理得系统的闭环传递函数为

$$\frac{U_o(s)}{U_i(s)} = \frac{R_1 R_4 C_2 s}{R_3(R_1 C_1 s + 1)(R_2 C_2 s + 1)} = \frac{R_1 R_4}{R_2 R_3} \times \frac{R_2 C_2 s}{(T_1 s + 1)(T_2 s + 1)}$$

$$= K \frac{T_2 s}{(T_1 s + 1)(T_2 s + 1)}$$

其中：$K = \dfrac{R_1 R_4}{R_2 R_3}$；$T_1 = R_1 C_1$；$T_2 = R_2 C_2$。

2. 2. 4. 3　已知系统的信号流图用梅森公式求传递函数

1. 解：有两条前向通道，其增益分别为

$$P_1 = G_1 G_3$$
$$P_2 = G_2 G_3$$

有两个回路，增益分别为

$$L_1 = -G_1 H_1$$
$$L_2 = -G_3 H_2$$

则特征式为

$$\Delta = 1 + G_1 H_1 + G_3 H_2$$

因为两条前向通道与所有回路均接触，所以余因式

$$\Delta_1 = \Delta_2 = 1$$

由梅森公式得系统的传递函数为

$$G(s) = \frac{C(s)}{R(s)} = \frac{G_1 G_3 + G_2 G_3}{1 + G_1 H_1 + G_3 H_2}$$

2. 解：有两条前向通道

$$P_1 = G_1 G_3 G_4$$
$$P_2 = G_2 G_3 G_4$$

有 4 个回路

$$L_1 = - G_1 H_1$$
$$L_2 = - G_4 H_2$$
$$L_3 = - G_3 G_4 H_3$$
$$L_4 = G_3$$

其中：L_1 和 L_2 互不接触，则特征式为

$$\Delta = 1 + G_1 H_1 + G_4 H_2 + G_3 G_4 H_3 - G_3 + G_1 G_4 H_1 H_2$$

因为两条前向通道与所有回路均接触，所以余因式 $\Delta_1 = \Delta_2 = 1$，由梅森公式得传递函数为

$$G(s) = \frac{C(s)}{R(s)} = \frac{G_1 G_3 G_4 + G_2 G_3 G_4}{1 + G_1 H_1 + G_4 H_2 + G_3 G_4 H_3 - G_3 + G_1 G_4 H_1 H_2}$$

3. 解：前向通道传递函数及其余因式为

$$P_1 = abc , \Delta_1 = 1$$

回路增益分别为

$$L_1 = f , L_2 = bg , L_3 = ch , L_4 = bce , L_5 = abcd$$

由梅森公式得系统的传递函数为

$$\frac{C(s)}{R(s)} = \frac{abc}{1 - (f + bg + ch + bce + abcd)}$$

4. 解：前向通道及其余因式为

$$P_1 = G_1 G_2 G_3 , P_2 = G_4$$
$$L_1 = - G_2 H_2 , L_2 = G_1 G_2 H_1 , L_3 = - G_2 G_3 H_3$$

没有互不接触的回路，所以特征式为

$$\Delta = 1 - (L_1 + L_2 + L_3)$$
$$= 1 + G_2 H_2 - G_1 G_2 H_1 + G_2 G_3 H_3$$

由于前向通道 P_1 与所有回路均接触，所以余因式 $\Delta_1 = 1$；前向通道 P_2 与所有回路均不接触，所以余因式 $\Delta_2 = \Delta$。

由梅森公式得系统的传递函数为

$$\frac{C(s)}{R(s)} = \frac{G_1 G_2 G_3}{1 + G_2 H_2 - G_1 G_2 H_1 + G_2 G_3 H_3} + G_4$$

5. 解：有两条前向通道：$P_1 = abc$；$P_2 = ec$；
其余因式为：$\Delta_1 = 1$；$\Delta_2 = 1$
有一个回路：$L_1 = - bcd$
没有互不接触的回路，所以特征式为

$$\Delta = 1 + bcd$$

由梅森公式得系统的传递函数为

$$\frac{C(s)}{R(s)} = \frac{abc + ec}{1 + bcd}$$

6. 解：由图可知，系统有 2 条前向通道，分别为：

$$P_1 = abc \ , \ P_2 = g$$

对应的余因式为：

$$\Delta_1 = 1 \ , \ \Delta_2 = 1 - be$$

有 4 个单回路：

$$L_1 = ad \ , \ L_2 = be \ , \ L_3 = cf \ , \ L_4 = gfed$$

有一个两两互不接触的回路：

$$L_1 L_3 = adcf$$

则系统的特征式为

$$\Delta = 1 - (L_1 + L_2 + L_3) + L_1 L_3$$
$$= 1 - (ad + be + cf + gfed) + adcf$$

由梅森公式得系统的传递函数为

$$\frac{C(s)}{R(s)} = \frac{1}{\Delta} \sum_{k=1}^{2} P_k \Delta_k = \frac{abc + g(1 - be)}{1 - (ad + be + cf + gfed) + adcf}$$

7. 解：前向通道传递函数及其余因式为：

$$P_1 = G_1 G_2 G_3 G_4 \ ; \ \Delta = 1$$

有 3 个单回路：

$$L_1 = - G_1 G_2 \ , \ L_2 = - G_2 G_3 \ , \ L_3 = - G_3 G_4$$

则系统的特征式为

$$\Delta = 1 - (L_1 + L_2 + L_3)$$
$$= 1 + G_1 G_2 + G_2 G_3 + G_3 G_4$$

由梅森公式得系统的传递函数为

$$\frac{C(s)}{R(s)} = \frac{1}{\Delta} P_1 \Delta_1 = \frac{G_1 G_2 G_3 G_4}{1 + G_1 G_2 + G_2 G_3 + G_3 G_4}$$

8. 解：由图可知，系统有 4 条前向通道，分别为

$$P_1 = G_1 G_3 \ , \ P_2 = - G_1 G_2 \ , \ P_3 = G_4 H_2 G_1 G_3 \ , \ P_4 = - G_4 H_2 G_1 G_2$$

有两个单回路，与前向通道都接触，其回路增益为

$$L_1 = - G_1 G_3 H_1 H_2 \ , \ L_2 = G_1 G_2 H_1 H_2$$

没有互不接触的回路，所以余因式为

$$\Delta_1 = \Delta_2 = \Delta_3 = \Delta_4 = 1$$

系统的特征式为

$$\Delta = 1 - (L_1 + L_2)$$
$$= 1 + G_1 G_3 H_1 H_2 - G_1 G_2 H_1 H_2$$

系统的传递函数为

$$\frac{C(s)}{R(s)} = \frac{G_1 G_3 - G_1 G_2 + G_1 G_3 G_4 H_2 - G_1 G_2 G_4 H_2}{1 + G_1 G_3 H_1 H_2 - G_1 G_2 H_1 H_2}$$

9. 解：有三条前向通道：

$$P_1 = G_1 G_2 G_3 G_4 G_5$$
$$P_2 = G_1 G_4 G_5 G_6$$
$$P_3 = G_1 G_2 G_7$$

其余因式分别为：$\Delta_1 = 1$ ；$\Delta_2 = 1$ ；$\Delta_3 = 1 - G_4 H_1$

有 4 个回路：

$$L_1 = - G_2 G_3 G_4 G_5 H_2$$
$$L_2 = - G_4 G_5 G_6 H_2$$
$$L_3 = - G_2 G_7 H_2$$
$$L_4 = - G_4 H_1$$

有一个两两互不接触的回路：$L_3 L_4 = G_2 G_4 G_7 H_1 H_2$

则系统的特征式为

$$\Delta = 1 - (L_1 + L_2 + L_3) + L_3 L_4$$
$$= 1 + G_2 G_3 G_4 G_5 H_2 + G_4 G_5 G_6 H_2 + G_2 G_7 H_2 + G_4 H_1 + G_2 G_4 G_7 H_1 H_2$$

由梅森公式得系统的传递函数为

$$\frac{C(s)}{R(s)} = \frac{1}{\Delta} \sum_{k=1}^{3} P_k \Delta_k = \frac{G_1 G_2 G_3 G_4 G_5 + G_1 G_4 G_5 G_6 + G_1 G_2 G_7 (1 + G_4 H_1)}{1 + G_2 G_3 G_4 G_5 H_2 + G_4 G_5 G_6 H_2 + G_2 G_7 H_2 + G_4 H_1 + G_2 G_4 G_7 H_1 H_2}$$

10. 解：（1）求 $\frac{x_o(s)}{x_i(s)}$。

该系统有一条前向通道：

$$P_1 = acg$$

有 3 个回环：

$$L_a = d$$
$$L_b = cf$$
$$L_c = e$$

因此：

$$\sum L_1 = d + cf + e$$

有一对互不接触回环：

$$L_d = d$$
$$L_e = e$$

所以：

$$\sum L_2 = de$$

其余因式为：

$$\Delta_1 = 1$$

其特征式为：

$$\Delta = 1 - \sum L_1 + \sum L_2 = 1 - (d + cf + e) + de$$

由梅森公式得系统的传递函数为：

$$\frac{C(s)}{R(s)} = \frac{1}{\Delta}P_1\Delta_1 = \frac{acg}{1 - (d + cf + e) + de}$$

（2）求 $\dfrac{x_o(s)}{y(s)}$。

该系统有一条前向通道：

$$P_1 = bg$$

有 3 个回环：

$$L_a = d$$
$$L_b = cf$$
$$L_c = e$$

因此：

$$\sum L_1 = d + cf + e$$

有一对互不接触回环：

$$L_d = d$$
$$L_e = e$$

所以：

$$\sum L_2 = de$$

其余因式为：

$$\Delta_1 = 1 - d$$

其特征式为：

$$\Delta = 1 - \sum L_1 + \sum L_2 = 1 - (d + cf + e) + de$$

由梅森公式得系统的传递函数为：

$$\frac{C(s)}{R(s)} = \frac{1}{\Delta} P_1 \Delta_1 = \frac{bg(1 - d)}{1 - (d + cf + e) + de}$$

11. 解：该系统有 3 条前向通道：

$$P_1 = a_{12} a_{23} a_{34} a_{45}$$
$$P_2 = a_{12} a_{25}$$
$$P_3 = a_{12} a_{24} a_{45}$$

有 4 个回环：

$$L_a = a_{23} a_{32}$$
$$L_b = a_{34} a_{43}$$
$$L_c = a_{44}$$
$$L_d = a_{24} a_{43} a_{32}$$

因此：

$$\sum L_1 = - (a_{23} a_{32} + a_{34} a_{43} + a_{44} + a_{24} a_{43} a_{32})$$

有一对互不接触回环：

$$L_e = a_{23} a_{32}$$
$$L_f = a_{44}$$

所以：

$$\sum L_2 = a_{23} a_{32} a_{44}$$

其余因式为：

$$\Delta_1 = \Delta_2 = \Delta_3 = 1$$

其特征式为：

$$\Delta = 1 - \sum L_1 + \sum L_2 = 1 - (a_{23} a_{32} + a_{34} a_{43} + a_{44} + a_{24} a_{43} a_{32}) + a_{23} a_{32} a_{44}$$

由梅森公式得系统的传递函数为：

$$\frac{C(s)}{R(s)} = \frac{1}{\Delta}\sum_{k=1}^{3} P_k\Delta_k = \frac{a_{12}a_{23}a_{34}a_{45} + a_{12}a_{25} + a_{12}a_{24}a_{45}}{1 - (a_{23}a_{32} + a_{34}a_{43} + a_{44} + a_{24}a_{43}a_{32}) + a_{23}a_{32}a_{44}}$$

12. 解：该系统有 3 条前向通道：

$$P_1 = b_1 a_{21} a_{32} a_{43} a_{54}$$
$$P_2 = b_1 a_{31} a_{43} a_{54}$$
$$P_3 = b_4 a_{54}$$

有两个回环：

$$L_a = a_{32} a_{43} a_{54} a_{25}$$
$$L_b = a_{55}$$

因此：

$$\sum L_1 = a_{32} a_{43} a_{54} a_{25} + a_{55}$$

无互不接触回环，其余因式为：

$$\Delta_1 = \Delta_2 = \Delta_3 = 1$$

其特征式为：

$$\Delta = 1 - \sum L_1 = 1 - a_{32} a_{43} a_{54} a_{25} - a_{55}$$

由梅森公式得系统的传递函数为：

$$\frac{C(s)}{R(s)} = \frac{1}{\Delta}\sum_{k=1}^{3} P_1\Delta_1 = \frac{b_1 a_{21} a_{32} a_{43} a_{54} + b_1 a_{31} a_{43} a_{54} + b_4 a_{54}}{1 - a_{32} a_{43} a_{54} a_{25} - a_{55}}$$

13. 解：该系统有一条前向通道：

$$P_1 = G_1 G_2 G_3 G_4$$

有 4 个回环：

$$L_a = -G_2 G_3 G_4 H_1$$
$$L_b = -G_1 G_2 G_3 G_4 H_2$$
$$L_C = -G_1 G_2 G_3 G_4 H_3$$

因此：

$$\sum L_1 = -(G_2 G_3 G_4 H_1 + G_1 G_2 G_3 G_4 H_2 + G_1 G_2 G_3 G_4 H_3)$$

无互不接触回环，其余因式为：

$$\Delta_1 = 1$$

其特征式为：

$$\Delta = 1 - \sum L_1 = 1 + G_2 G_3 G_4 H_1 + G_1 G_2 G_3 G_4 H_2 + G_1 G_2 G_3 G_4 H_3$$

由梅森公式得系统的传递函数为：

$$\frac{C(s)}{R(s)} = \frac{1}{\Delta} P_1 \Delta_1 = \frac{G_1 G_2 G_3 G_4}{1 + G_2 G_3 G_4 H_1 + G_1 G_2 G_3 G_4 H_2 + G_1 G_2 G_3 G_4 H_3}$$

14. 解：该系统有一条前向通道：

$$P_1 = G_1 G_2 G_3 G_4$$

有 3 个回环：

$$L_a = -G_2 G_3 H_1$$
$$L_b = -G_3 G_4 H_2$$
$$L_C = -G_1 G_2 G_3 G_4 H_3$$

因此：

$$\sum L_1 = -(G_2 G_3 H_1 + G_3 G_4 H_2 + G_1 G_2 G_3 G_4 H_3)$$

无互不接触回环，其余因式为：

$$\Delta_1 = 1$$

其特征式为：

$$\Delta = 1 - \sum L_1 = 1 + G_2 G_3 H_1 + G_3 G_4 H_2 + G_1 G_2 G_3 G_4 H_3$$

由梅森公式得系统的传递函数为：

$$\frac{C(s)}{R(s)} = \frac{1}{\Delta} P_1 \Delta_1 = \frac{G_1 G_2 G_3 G_4}{1 + G_2 G_3 H_1 + G_3 G_4 H_2 + G_1 G_2 G_3 G_4 H_3}$$

15. 解：该系统有两条前向通道：

$$P_1 = acdef$$
$$P_2 = abef$$

有 4 个回环：

$$L_a = -cg$$
$$L_b = -eh$$
$$L_c = -cdei$$
$$L_d = -bei$$

因此：

$$\sum L_1 = -(cg + eh + cdei + bei)$$

有一对互不接触回环：

$$L_e = -cg$$

$$L_f = -eh$$

所以：

$$\sum L_2 = (L_e L_f) = cgeh$$

其特征式为：

$$\Delta = 1 - \sum L_1 + \sum L_2 = 1 + cg + eh + cdei + bei + cegh$$

由梅森公式得系统的传递函数为：

$$\frac{C(s)}{R(s)} = \frac{1}{\Delta} \sum_{k=1}^{2} P_k \Delta_k = \frac{acdef + abef}{1 + cg + eh + cdei + bei + cegh}$$

16. 解：该系统有两条前向通道：

$$P_1 = G_1 G_2 G_3$$

$$P_2 = G_1 H_3$$

有 3 个回环：

$$L_a = -G_2 H_1$$

$$L_b = -G_3 H_2$$

$$L_c = H_1 H_2 H_3$$

因此：

$$\sum L_1 = -(G_2 H_1 + G_3 H_2 - H_1 H_2 H_3)$$

无互不接触回环，其余因式为：

$$\Delta_1 = \Delta_2 = 1$$

其特征式为：

$$\Delta = 1 - \sum L_1 = 1 + G_2 H_1 + G_3 H_2 - H_1 H_2 H_3$$

由梅森公式得系统的传递函数为：

$$\frac{C(s)}{R(s)} = \frac{1}{\Delta} \sum_{k=1}^{2} P_k \Delta_k = \frac{G_1 G_2 G_3 + G_1 H_3}{1 + G_2 H_1 + G_3 H_2 - H_1 H_2 H_3}$$

17. 解：该系统有两条前向通道：

$$P_1 = G_1 G_2 G_3 G_4 G_5$$

$$P_2 = G_1 G_2 G_6 G_7$$

有 3 个回环：

$$L_a = -G_2H_1$$

$$L_b = -G_3G_4H_2$$

$$L_c = -G_2G_3G_4G_5H_3$$

因此：

$$\sum L_1 = -(G_2H_1 + G_3G_4H_2 + G_2G_3G_4G_5H_3)$$

无互不接触回环，其余因式为：

$$\Delta_1 = \Delta_2 = 1$$

其特征式为：

$$\Delta = 1 - \sum L_1 = 1 + G_2H_1 + G_3G_4H_2 + G_2G_3G_4G_5H_3$$

由梅森公式得系统的传递函数为：

$$\frac{C(s)}{R(s)} = \frac{1}{\Delta}\sum_{k=1}^{2}P_k\Delta_k = \frac{G_1G_2G_3G_4G_5 + G_1G_2G_6G_7}{1 + G_2H_1 + G_3G_4H_2 + G_2G_3G_4G_5H_3}$$

18. 解：该系统有一条前向通道：

$$P_1 = 50$$

$$\Delta_1 = 1.5$$

有 3 个回环：

$$L_a = -0.5$$

$$L_b = -10$$

$$L_c = -2$$

因此：

$$\sum L_1 = -12.5$$

有两个两两互不接触回环：

$$L_d = 10.5$$

$$L_e = 2.5$$

所以：

$$\sum L_2 = 13$$

由此可得特征式为：

$$\Delta = 1 - \sum L_1 + \sum L_2 = 1 + 12.5 + 13 = 26.5$$

由梅森公式得系统的传递函数为：

$$\frac{C(s)}{R(s)} = \frac{1}{\Delta}P_1\Delta_1 = \frac{75}{26.5} \approx 2.8$$

19. 解：该系统有两条前向通道：

$$P_1 = acegi \quad \Delta_1 = 1$$
$$P_2 = kgi \quad \Delta_2 = 1 - cd$$

有 6 个回环：

$$L_1 = ab$$
$$L_2 = cd$$
$$L_3 = ef$$
$$L_4 = gh$$
$$L_5 = ij$$
$$L_6 = bdfk$$

因此：

$$\sum L_1 = ab + cd + ef + gh + ij + bdfk$$

有 7 个两两互不接触回环：

$$L_a = abef$$
$$L_b = abgh$$
$$L_c = abij$$
$$L_d = cdgh$$
$$L_e = cdij$$
$$L_f = efij$$
$$L_g = bdfijk$$

所以：

$$\sum L_2 = abef + abgh + abij + cdgh + cdij + efij + bdfijk$$

有 3 个互不接触的回路：

$$L_3 = abefij$$

由此可得特征式为：

$$\Delta = 1 - \sum L_1 + \sum L_2 - \sum L_3$$
$$= 1 - (ab + cd + ef + gh + ij + bdfk) + (abef + abgh + abij + cdgh + bdfijk + cdij + efij) - abefij$$

由梅森公式得系统的传递函数为：

$$\frac{C(s)}{R(s)} = \frac{1}{\Delta}\sum_{k=1}^{2}P_k\Delta_k$$

$$= \frac{acegi + kgi(1-cd)}{1-(ab+cd+ef+gh+ij+bdfk)+(abef+abgh+abij+cdgh+bdfijk+cdij+efij)-abefij}$$

20. 解：该系统有 4 条前向通道：

$$P_1 = G_1G_2G_3G_4G_5G_6G_7G_8$$
$$P_2 = G_1G_2G_6G_7G_8$$
$$P_3 = G_1G_2G_3G_4G_5$$
$$P_4 = G_1G_2$$

有 3 个回路：

$$L_1 = -b_1G_1$$
$$L_2 = -b_2G_4$$
$$L_3 = -b_3G_7$$

所以

$$\sum L_a = -(b_1G_1 + b_2G_4 + b_3G_7)$$

有 3 个两两互不接触回环增益乘积

$$L_4 = G_1G_4b_1b_2$$
$$L_5 = G_1G_7b_1b_2$$
$$L_6 = G_4G_7b_2b_3$$

所以

$$\sum L_b = G_1G_4b_1b_2 + G_1G_7b_1b_2 + G_4G_7b_2b_3$$

有 3 个互不接触回路增益的乘积

$$\sum L_c = L_4L_5L_6 = G_1G_4b_1b_2G_1G_7b_1b_2G_4G_7b_2b_3$$

其余因式为：

$$\Delta_1 = 1$$
$$\Delta_2 = 1 - b_2G_4$$
$$\Delta_3 = 1 - b_3G_7$$
$$\Delta_4 = 1 - b_2G_4 - b_3G_7$$

其特征式为：

$$\Delta = 1 - (L_1 + L_2 + L_3) + \sum L_b - \sum L_c$$
$$= 1 + b_1G_1 + b_2G_4 + b_3G_7 + G_1G_4b_1b_2 + G_1G_7b_1b_2 + G_4G_7b_2b_3 - G_1g_4b_1b_2G_1G_7b_1b_2G_4G_7b_2b_3$$

由梅森公式得系统的传递函数为：

$$\frac{C(s)}{R(s)} = \frac{1}{\Delta} \sum_{k=1}^{4} P_k \Delta_k$$

$$= \frac{G_1 G_2 G_3 G_4 G_5 G_6 G_7 G_8 + G_1 G_2 G_6 G_7 G_8 (1 - b_2 G_4) + G_1 G_2 G_3 G_4 G_5 (1 - b_3 G_7) + G_1 G_2 (1 - b_2 G_4 - b_3 G_7)}{1 + b_1 G_1 + b_2 G_4 + b_3 G_7 + G_1 G_4 b_1 b_2 + G_1 G_7 b_1 b_2 + G_4 G_7 b_2 b_3 - G_1 G_4 b_1 b_2 G_1 G_7 b_1 b_2 G_4 G_7 b_2 b_3}$$

21. 解：该选题有 3 条前向通道：

$$P_1 = G_1 G_2 G_3 G_4 G_5 G_6$$
$$P_2 = G_1 G_2 G_6 G_7$$
$$P_3 = G_1 G_2 G_3 G_4 G_8$$

有 8 个回路：

$$L_1 = - G_1 G_2 G_3 G_4 G_5 G_6 H_3$$
$$L_2 = - G_2 G_3 G_4 G_5 H_2$$
$$L_3 = - G_4 H_4$$
$$L_4 = - G_5 G_6 H_1$$
$$L_5 = - G_8 H_1$$
$$L_6 = - G_1 G_2 G_3 G_4 G_8 H_3$$
$$L_7 = - G_2 G_7 H_2$$
$$L_8 = - G_1 G_2 G_6 G_7 H_3$$

有两对互不接触回环：

$$L_b = L_3 L_7 = G_2 G_4 G_7 H_2 H_4$$
$$L_c = L_3 L_8 = G_1 G_2 G_4 G_6 G_7 H_3 H_4$$

其余因式为：

$$\Delta_1 = 1, \Delta_2 = 1 - G_4 H_4, \Delta_3 = 1$$

其特征式为：

$$\Delta = 1 - (L_1 + L_2 + L_3 + L_4 + L_5 + L_6 + L_7 + L_8) + L_b L_c$$
$$= 1 + G_1 G_2 G_3 G_4 G_5 G_6 H_3 + G_2 G_3 G_4 G_5 H_2 + G_4 H_4 + G_5 G_6 H_1 + G_8 H_1 +$$
$$G_1 G_2 G_3 G_4 G_8 H_3 + G_2 G_7 H_2 + G_1 G_2 G_6 G_7 H_3 + G_2 G_4 G_7 H_2 H_4 G_1 G_2 G_4 G_6 G_7 H_3 H_4$$

由梅森公式得系统的传递函数为：

$$\frac{C(s)}{R(s)} = \frac{1}{\Delta} \sum_{k=1}^{3} P_k \Delta_k = \frac{G_1 G_2 G_3 G_4 G_5 G_6 + G_1 G_2 G_6 G_7 (1 - G_4 H_4) + G_1 G_2 G_3 G_4 G_8}{\Delta}$$

22. 解：该系统有 4 条前向通道：

$$P_1 = b_0 G_1 G_2 G_3 G_4$$
$$P_2 = b_1 G_1 G_2 G_3$$
$$P_3 = b_2 G_1 G_2$$
$$P_4 = b_3 G_1$$

有 4 个回路：

$$L_1 = -a_0 G_1 G_2 G_3 G_4$$
$$L_2 = -a_1 G_1 G_2 G_3$$
$$L_3 = -a_2 G_1 G_2$$
$$L_4 = -a_3 G_1$$

无互不接触回环，其余因式为：

$$\Delta_1 = \Delta_2 = \Delta_3 = \Delta_4 = 1$$

其特征式为：

$$\Delta = 1 - (L_1 + L_2 + L_3 + L_4) = 1 + a_0 G_1 G_2 G_3 G_4 + a_1 G_1 G_2 G_3 + a_2 G_1 G_2 + a_3 G_1$$

由梅森公式得系统的传递函数为：

$$\frac{C(s)}{R(s)} = \frac{1}{\Delta} \sum_{k=1}^{4} P_k \Delta_k = \frac{b_0 G_1 G_2 G_3 G_4 + b_1 G_1 G_2 G_3 + b_2 G_1 G_2 + b_3 G_1}{1 + a_0 G_1 G_2 G_3 G_4 + a_1 G_1 G_2 G_3 + a_2 G_1 G_2 + a_3 G_1}$$

23. 解：该系统有 4 条前向通道：

$$P_1 = b_0 G_1 G_2 G_3 G_4$$
$$P_2 = b_1 G_2 G_3 G_4$$
$$P_3 = b_2 G_3 G_4$$
$$P_4 = b_3 G_4$$

有 4 个回路：

$$L_1 = -a_0 G_1 G_2 G_3 G_4$$
$$L_2 = -a_1 G_2 G_3 G_4$$
$$L_3 = -a_2 G_3 G_4$$
$$L_4 = -a_3 G_4$$

无互不接触回环，其余因式为：

$$\Delta_1 = \Delta_2 = \Delta_3 = \Delta_4 = 1$$

其特征式为：

$$\Delta = 1 - (L_1 + L_2 + L_3 + L_4) = 1 + a_0 G_1 G_2 G_3 G_4 + a_1 G_2 G_3 G_4 + a_2 G_3 G_4 + a_3 G_4$$

由梅森公式得系统的传递函数为：

$$\frac{C(s)}{R(s)} = \frac{1}{\Delta}\sum_{k=1}^{4}P_k\Delta_k = \frac{b_0G_1G_2G_3G_4 + b_1G_2G_3G_4 + b_2G_3G_4 + b_3G_4}{1 + a_0G_1G_2G_3G_4 + a_1G_2G_3G_4 + a_2G_3G_4 + a_3G_4}$$

2.2.5　综合题习题详解

1. 解：由结构图画出信号流图如下图所示。

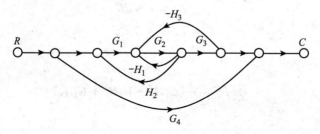

有两条前向通道：

$$P_1 = G_1G_2G_3$$
$$P_2 = G_4$$

有 3 个回路：

$$L_1 = -G_2H_1$$
$$L_2 = -G_1G_2H_2$$
$$L_3 = -G_2G_3H_3$$

因此：

$$\sum L_a = -(G_2H_1 + G_1G_2H_2 + G_2G_3H_3)$$

无互不接触回环，其余因式为：

$$\Delta_1 = 1, \Delta_2 = HG_2H_1 + G_1G_2H_2 + G_2G_3H_3$$

其特征式为：

$$\Delta = 1 - \sum L_a = 1 + G_2H_1 + G_1G_2H_2 + G_2G_3H_3$$

由梅森公式得系统的传递函数为：

$$\frac{C(s)}{R(s)} = \frac{1}{\Delta}\sum_{k=1}^{2}P_k\Delta_k = \frac{G_1G_2G_3 + G_4(1 + G_2H_1 + G_1G_2H_2 + G_2G_3H_3)}{1 + G_2H_1 + G_1G_2H_2 + G_2G_3H_3}$$

2. 解：由结构图画出信号流图如下图所示。

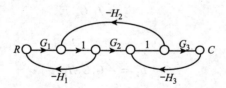

有一条前向通道：

$$P_1 = G_1 G_2 G_3$$

有 3 个回路：

$$L_1 = -G_1 H_1$$
$$L_2 = -G_2 H_2$$
$$L_3 = -G_3 H_3$$

因此：

$$\sum L_a = -(G_1 H_1 + G_2 H_2 + G_3 H_3)$$

有一对互不接触回环：

$$L_1 = -G_1 H_1$$
$$L_3 = -G_3 H_3$$

所以：

$$\sum L_b = G_1 G_3 H_1 H_3$$

其余因式为：

$$\Delta_1 = 1$$

其特征式为：

$$\Delta = 1 - \sum L_a + \sum L_b = 1 + G_1 H_1 + G_2 H_2 + G_3 H_3 + G_1 G_3 H_1 H_3$$

所以传递函数为：

$$\frac{C(s)}{R(s)} = \frac{G_1 G_2 G_3}{1 + G_1 H_1 + G_2 H_2 + G_3 H_3 + G_1 G_3 H_1 H_3}$$

　　3. 解：由结构图画出信号流图如下图所示。

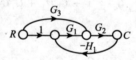

有两条前向通道：

$$P_1 = G_1 G_2$$
$$P_2 = G_2 G_3$$

有一个回路：

$$L_1 = -G_1 G_2 H_1$$

其余因式为：

$$\Delta_1 = \Delta_2 = 1$$

其特征式为：

$$\Delta = 1 - L_1 = 1 + G_1 G_2 H_1$$

所以传递函数为：

$$\frac{C(s)}{R(s)} = \frac{G_1 G_2 + G_2 G_3}{1 + G_1 G_2 H_1}$$

4. 解：由结构图画出信号流图如下图所示。

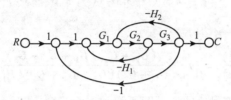

有一条前向通道：

$$P_1 = G_1 G_2 G_3$$

有 3 个回路：

$$L_1 = - G_1 G_2 H_1$$
$$L_2 = - G_1 G_2 G_3$$
$$L_3 = - G_1 G_2 H_2$$

无互不接触的回环，其余因式为：

$$\Delta_1 = 1$$

其特征式为：

$$\Delta = 1 - (L_1 + L_2 + L_3) = 1 + G_1 G_2 H_1 + G_1 G_2 G_3 + G_1 G_2 H_2$$

所以传递函数为：

$$\frac{C(s)}{R(s)} = \frac{G_1 G_2 G_3}{1 + G_1 G_2 H_1 + G_1 G_2 G_3 + G_1 G_2 H_2}$$

5. 解：由结构图画出信号流图如下图所示。

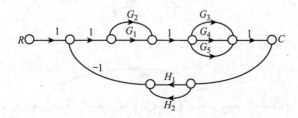

有一条前向通道：

$$P_1 = (G_1 + G_2)(G_3 + G_4 + G_5)$$

有一个回路:

$$L_1 = -(G_1 + G_2)(G_3 + G_4 + G_5)(H_1 + H_2)$$

无互不接触的回环, 其余因式为:

$$\Delta_1 = 1$$

其特征式为:

$$\Delta = 1 - L_1 = 1 + (G_1 + G_2)(G_3 + G_4 + G_5)(H_1 + H_2)$$

所以传递函数为:

$$\frac{C(s)}{R(s)} = \frac{(G_1 + G_2)(G_3 + G_4 + G_5)}{1 + (G_1 + G_2)(G_3 + G_4 + G_5)(H_1 + H_2)}$$

　6. 解: 由结构图画出信号流图如下图所示。

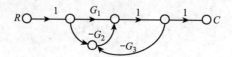

有两条前向通道:

$$P_1 = G_1$$
$$P_2 = -G_2$$

有一个回路:

$$L_1 = G_2 G_3$$

无互不接触的回环, 其余因式为:

$$\Delta_1 = \Delta_2 = 1$$

其特征式为:

$$1 - L_1 = 1 - G_2 G_3$$

所以传递函数为:

$$\frac{C(s)}{R(s)} = \frac{G_1 - G_2}{1 - G_2 G_3}$$

　7. 解: 由结构图画出信号流图如下图所示。

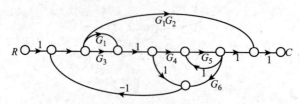

有两条前向通道：

$$P_1 = (G_1 + G_3)G_4G_5$$
$$P_2 = G_1G_2$$

有 5 个回路：

$$L_1 = -G_1$$
$$L_2 = -G_3$$
$$L_3 = G_5$$
$$L_4 = -G_1G_4G_5G_6$$
$$L_5 = -G_3G_4G_5G_6$$

所以：

$$\sum L_a = -(G_1 + G_3 - G_5 + G_1G_4G_5G_6 + G_3G_4G_5G_6)$$

有两对互不接触的回环：

$$\sum L_b = L_1L_3 + L_2L_3 = -G_1G_5 - G_3G_5$$

其余因式为：

$$\Delta_1 = 1$$
$$\Delta_2 = 1 - G_5$$

其特征式为：

$$\Delta = 1 - \sum L_a + \sum L_b = 1 + G_1 + G_3 - G_5 - (G_1 + G_3)G_5 + (G_1 + G_3)G_4G_5G_6$$

所以传递函数为：

$$\frac{C(s)}{R(s)} = \frac{G_1G_2(1 - G_5) + (G_1 + G_3)G_4G_5}{1 + G_1 + G_3 - G_5 - G_1G_5 - G_3G_5 + (G_1 + G_3)G_4G_5G_6}$$

8. 解：由结构图画出信号流图如下图所示。

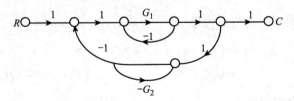

有一条前向通道：

$$P_1 = G_1$$

有 3 个回路：

$$L_1 = -G_1$$
$$L_2 = -G_1$$
$$L_3 = -G_2$$

所以：

$$\sum L_a = -(2G_1 + G_2)$$

有一对互不接触的回环：

$$\sum L_b = G_1 G_2$$

其余因式为：

$$\Delta_1 = 1 + G_2$$

其特征式为：

$$\Delta = 1 - \sum L_a + \sum L_b = 1 + 2G_1 + G_2 + G_1 G_2$$

所以传递函数为：

$$\frac{C(s)}{R(s)} = \frac{G_1(1 + G_2)}{1 + 2G_1 + G_2 + G_1 G_2}$$

9. 解：系统有一条前向通道，其增益为

$$P_1 = G_1 G_2 G_3 G_7$$

由于该前向通道与所有回路均接触，所以余因式 $\Delta_1 = 1$。

四个回路，增益分别为：

$$L_1 = G_3 G_8$$
$$L_2 = -G_1 G_2 G_3 G_7$$
$$L_3 = -G_5 G_6 G_7$$
$$L_4 = -G_2 G_4 G_5 G_7$$

无互不接触回环，所以系统的特征式为：

$$\Delta = 1 - (L_1 + L_2 + L_3 + L_4)$$
$$= 1 + G_1 G_2 G_3 G_7 + G_2 G_4 G_5 G_7 + G_5 G_6 G_7 - G_3 G_8$$

由梅森公式得系统的传递函数为：

$$G(s) = \frac{1}{\Delta} P_1 \Delta_1 = \frac{G_1 G_2 G_3 G_7}{1 + G_1 G_2 G_3 G_7 + G_2 G_4 G_5 G_7 + G_5 G_6 G_7 - G_3 G_8}$$

10. 解：系统有一条前向通道：

$$P_1 = G_1 G_2$$

有两个回环:

$$L_1 = G_1 H_1$$
$$L_2 = -H_1 H_2$$

所以:

$$\sum L_a = G_1 H_1 - H_1 H_2$$

其余因式为:

$$\Delta_1 = 1 + H_1 H_2$$

其特征式为:

$$\Delta = 1 - \sum L_a = 1 - G_1 H_1 + H_1 H_2$$

所以传递函数为

$$G(s) = \frac{C(s)}{R(s)} = \frac{G_1 G_2 (1 + H_1 H_2)}{1 + H_1 H_2 - G_1 H_1}$$

11. 解: 系统的信号流图如下图所示。

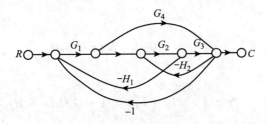

由图可知, 系统有两条前向通道, 即

$$P_1 = G_1 G_2 G_3 , \quad P_2 = G_1 G_4$$

有 5 个回环:

$$L_1 = -G_1 G_2 H_1 , \quad L_2 = -G_2 G_3 H_2 , \quad L_3 = -G_1 G_2 G_3$$
$$L_4 = -G_1 G_4 , \quad L_5 = G_1 G_4 H_2 G_2 H_1$$

无互不接触回环, 系统的特征式为:

$$\Delta = 1 - (L_1 + L_2 + L_3 + L_4 + L_5)$$
$$= 1 + G_1 G_2 H_1 + G_2 G_3 H_3 + G_1 G_2 G_3 + G_1 G_4 - G_1 G_4 H_2 G_2 H_1$$

由于所有回路与两条前向通道均接触, 所以余因式为:

$$\Delta_1 = \Delta_2 = 1$$

因此系统的闭环传递函数为:

$$\frac{C(s)}{R(s)} = \frac{1}{\Delta}\sum_{k=1}^{2} P_k\Delta_k = \frac{G_1G_4 + G_1G_2G_3}{1 + G_1G_2H_1 + G_2G_3H_2 + G_1G_2G_3 + G_1G_4 - G_1G_4H_2G_2H_1}$$

12. 解：系统有两条前向通道，分别为：

$$P_1 = G_1G_2 , \quad P_2 = 1$$

有 4 个单回路：

$$L_1 = -G_1H_1 , \quad L_2 = -G_2H_2 , \quad L_3 = -G_1G_2H_3 , \quad L_4 = -H_3$$

其中 L_1 和 L_2 互不接触，L_2 和 L_4 互不接触，所以特征式为：

$$\Delta = 1 - (L_1 + L_2 + L_3 + L_4) + L_1L_2 + L_2L_4$$

前向通道 P_1 与所有回路均接触，所以余因式 $\Delta_1 = 1$；前向通道 P_2 与 L_2 不接触，所以 $\Delta_2 = 1 - G_2H_2$，则由梅森公式得系统的传递函数为：

$$\frac{C(s)}{R(s)} = \frac{1}{\Delta}\sum_{k=1}^{2} P_k\Delta_k = \frac{G_1G_2 + (1 - G_2H_2)}{1 + G_1H_1 + G_2H_2 + G_1G_2H_3 + H_3 + G_1G_2H_1H_2 + G_2H_2H_3}$$

13. 解：前向通道只有一条，即

$$P_1 = G_1G_2$$

有 2 个回环，即

$$L_1 = -G_1H_1 , \quad L_2 = -G_2H_2$$

系统的特征式为：

$$\Delta = 1 - (L_1 + L_2) = 1 + G_1H_1 + G_2H_2$$

由于前向通道 P_1 与所有回路均接触，所以余因式 $\Delta_1 = 1$，则

$$\frac{C(s)}{R(s)} = \frac{1}{\Delta}P_1\Delta_1 = \frac{G_1G_2}{1 + G_1H_1 + G_2H_2}$$

14. 解：系统有两条前向通道，分别为：

$$P_1 = G_1G_2G_3 , \quad P_2 = G_4G_3$$

有 3 个回路：

$$L_1 = -G_1H_1 , \quad L_2 = -G_3H_2 , \quad L_3 = -G_1G_2G_3H_2H_1$$

其中 L_1 和 L_2 互不接触，所以特征式为：

$$\Delta = 1 - (L_1 + L_2 + L_3) + L_1L_2$$

前向通道 P_1 与所有回路均接触，所以余因式 $\Delta_1 = 1$；前向通道 P_2 与 L_1 不接触，所以 $\Delta_2 = 1 + G_1H_1$，则由梅森公式得系统的传递函数为：

$$\frac{C(s)}{R(s)} = \frac{1}{\Delta}\sum_{k=1}^{2} P_k\Delta_k = \frac{G_1G_2G_3 + G_4G_3(1 + G_1H_1)}{1 + G_1H_1 + G_3H_2 + G_1G_2G_3H_1H_2 + G_1H_1G_3H_2}$$

15. 解：系统有 4 条前向通道，分别为：

$$P_1 = -G_1 , \ P_2 = G_2 , \ P_3 = G_1 G_2 , \ P_4 = G_2 G_1$$

有 5 个单回路：

$$L_1 = G_1 , \ L_2 = -G_2 , \ L_3 = -G_1 G_2 , \ L_4 = -G_1 G_2 , \ L_5 = -G_1 G_2$$

无互不接触的回路，所以特征式为：

$$\Delta = 1 - (L_1 + L_2 + L_3 + L_4 + L_5) = 1 - G_1 + G_2 + 3G_1 G_2$$

每个前向通道与所有回路均不接触，所以余因式为：$\Delta_1 = \Delta_2 = \Delta_3 = \Delta_4 = 1$，
则由梅森公式得系统的传递函数为：

$$\frac{C(s)}{R(s)} = \frac{1}{\Delta} \sum_{k=1}^{4} P_k \Delta_k = \frac{2G_1 G_2 + G_2 - G_1}{1 - G_1 + G_2 + 3G_1 G_2}$$

16. 解：（1）求 $G_R(s) = \dfrac{C(s)}{R(s)}$。

系统有一条前向通道：

$$P_1 = G_1 G_2$$

系统有两个回环：

$$L_1 = G_2 H_2$$
$$L_2 = -G_1 G_2 H_3$$

所以：

$$\sum L_a = (G_2 H_2 - G_1 G_2 H_3)$$

系统无互不接触的回环，系统的特征式：

$$1 - \sum L_a = 1 - G_2 H_2 + G_1 G_2 H_3$$

则由梅森公式得系统的传递函数为：

$$G_R(s) = \frac{C(s)}{R(s)} = \frac{G_1 G_2}{1 - G_2 H_2 + G_1 G_2 H_3}$$

（2）求 $G_N(s) = \dfrac{C(s)}{N(s)}$。

系统有两条前向通道：

$$P_1 = G_2$$
$$P_2 = -G_1 G_2 H_1$$

系统有两个回环：

$$L_1 = G_2 H_2$$
$$L_2 = -G_1 G_2 H_3$$

所以：

$$\sum L_a = G_2 H_2 - G_1 G_2 H_3$$

无互不接触的回环，系统的特征式为：

$$\Delta = 1 - \sum L_a = 1 - G_2 H_2 + G_1 G_2 H_3$$

则由梅森公式得系统的传递函数为：

$$G_N(s) = \frac{C(s)}{N(s)} = \frac{1}{\Delta} \sum_{k=1}^{2} P_k \Delta_k = \frac{G_2 - G_1 G_2 H_1}{1 - G_2 H_2 + G_1 G_2 H_3}$$

17. 解：画出系统的结构图如下图所示。

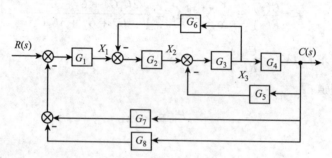

画出信号流图如下图所示：

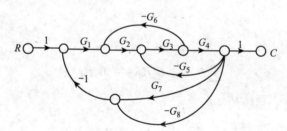

用梅森公式求传递函数：

有一条前向通路：

$$P_1 = G_1 G_2 G_3 G_4$$

有 4 个回路：

$$L_1 = -G_2 G_3 G_6$$
$$L_2 = -G_3 G_4 G_5$$
$$L_3 = -G_1 G_2 G_3 G_4 G_7$$
$$L_4 = G_1 G_2 G_3 G_4 G_8$$
$$\Delta = 1 + G_2 G_3 G_6 + G_3 G_4 G_5 + G_1 G_2 G_3 G_4 G_7 - G_1 G_2 G_3 G_4 G_8$$
$$\Delta_1 = 1$$

所以闭环传递函数为：

$$\frac{C(s)}{R(s)} = \frac{1}{\Delta} P_1 \Delta_1 = \frac{G_1 G_2 G_3 G_4}{1 + G_2 G_3 G_6 + G_3 G_4 G_5 + G_1 G_2 G_3 G_4 G_7 - G_1 G_2 G_3 G_4 G_8}$$

18. 解：列写方程组如下：

$$X_1(s) = G_1(s)R(s) - G_1(s)[G_7(s) - G_8(s)]C(s)$$
$$X_2(s) = G_2(s)[X_1(s) - G_6(s)X_3(s)]$$
$$X_3(s) = [X_2(s) - G_5(s)C(s)]G_3(s)$$
$$C(s) = G_4(s)X_3(s)$$

画出信号流图如下：

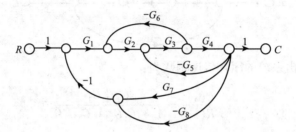

用梅森公式求传递函数：

有一条前向通路：

$$P_1 = G_1 G_2 G_3 G_4$$

有 4 个回路：

$$L_1 = - G_2 G_3 G_6$$
$$L_2 = - G_3 G_4 G_5$$
$$L_3 = - G_1 G_2 G_3 G_4 G_7$$
$$L_4 = G_1 G_2 G_3 G_4 G_8$$
$$\Delta = 1 + G_2 G_3 G_6 + G_3 G_4 G_5 + G_1 G_2 G_3 G_4 G_7 - G_1 G_2 G_3 G_4 G_8$$
$$\Delta_1 = 1$$

所以闭环传递函数为：

$$\frac{C(s)}{R(s)} = \frac{1}{\Delta} P_1 \Delta_1 = \frac{G_1 G_2 G_3 G_4}{1 + G_2 G_3 G_6 + G_3 G_4 G_5 + G_1 G_2 G_3 G_4 G_7 - G_1 G_2 G_3 G_4 G_8}$$

19. 解：由已知的方程组可画出系统的结构图如下图所示。

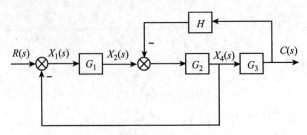

根据已知系统结构图画出信号流图如下图所示：

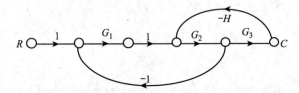

由梅森公式可直接写出系统的闭环传递函数为：

$$\frac{C(s)}{R(s)} = \frac{G_1 G_2 G_3}{1 + G_1 G_2 + G_2 G_3 H}$$

20. 解：由方程组画出信号流图如下图所示：

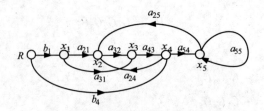

该系统有 3 条前向通道：

$$P_1 = b_1 a_{21} a_{32} a_{43} a_{54}$$
$$P_2 = b_1 a_{31} a_{43} a_{54}$$
$$P_3 = b_4 a_{54}$$

有 3 个回环：

$$L_a = a_{32} a_{43} a_{54} a_{25}$$
$$L_b = a_{55}$$
$$L_c = a_{32} a_{43} a_{24}$$

因此：

$$\sum L_1 = a_{32} a_{43} a_{54} a_{25} + a_{55} + a_{32} a_{43} a_{24}$$

有互不接触回环：

$$\sum L_2 = a_{55} a_{32} a_{43} a_{24}$$

其余因式为：

$$\Delta_1 = \Delta_2 = \Delta_3 = 1$$

其特征式为：

$$\Delta = 1 - \sum L_1 + \sum L_2 = 1 - a_{32}a_{43}a_{54}a_{25} - a_{55} - a_{32}a_{43}a_{24} + a_{32}a_{43}a_{24}a_{25}$$

由梅森公式得系统的传递函数为：

$$\frac{C(s)}{R(s)} = \frac{1}{\Delta}\sum_{k=1}^{3}P_k\Delta_k = \frac{b_1a_{21}a_{32}a_{43}a_{54} + b_1a_{31}a_{43}a_{54} + b_4a_{54}}{1 - a_{32}a_{43}a_{54}a_{25} - a_{55} - a_{32}a_{43}a_{24} + a_{32}a_{43}a_{24}a_{25}}$$

21.　解：已知系统动态结构图，列写方程组：

$$X_1(s) = R(s) - H_3X_8(s)$$
$$X_2(s) = X_1(s) - H_1(s)X_4(s)$$
$$X_3(s) = X_2(s)$$
$$X_4(s) = G_1(s)X_3(s)$$
$$X_5(s) = X_4(s) + H_2(s)X_6(s)$$
$$X_7(s) = X_6(s) + X_3(s)$$
$$X_8(s) = X_7(s)$$

画出信号流图：

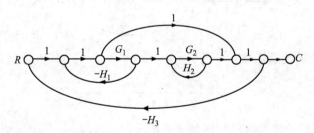

由梅森公式求出系统的传递函数：

$$\frac{C(s)}{R(s)} = \frac{G_1G_2 + (1 - G_2H_2)}{1 + G_1H_1 - G_2H_2 + G_1G_2H_3 + H_3 - G_1G_2H_1H_2 + G_2H_2H_3}$$

22.　解：由方程组画出系统结构图如下图所示：

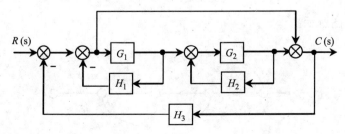

画出信号流图：

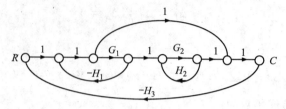

由梅森公式求出系统的传递函数：

$$\frac{C(s)}{R(s)} = \frac{G_1 G_2 + (1 - G_2 H_2)}{1 + G_1 H_1 - G_2 H_2 + G_1 G_2 H_3 + H_3 - G_1 G_2 H_1 H_2 + G_2 H_2 H_3}$$

23. 解：已知系统动态结构图，列写方程组：

$$X_1(s) = R(s) - H_1 X_3(s)$$
$$X_2(s) = G_1(s) X_1(s) - H_2 X_4(s)$$
$$X_3(s) = X_2(s)$$
$$X_4(s) = G_2(s) X_3(s)$$

画出信号流图：

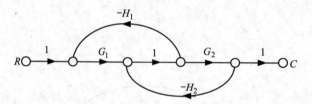

由梅森公式求出系统的传递函数：

$$\frac{C(s)}{R(s)} = \frac{G_1 G_2}{1 + G_1 H_1 + G_2 H_2}$$

24. 解：由方程组绘制系统结构图如下图所示：

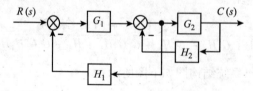

画出信号流图如下图所示：

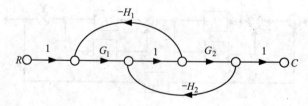

由梅森公式求出系统的传递函数：

$$\frac{C(s)}{R(s)} = \frac{G_1 G_2}{1 + G_1 H_1 + G_2 H_2}$$

25. 解：已知系统动态结构图，列写方程组：

$$X_1(s) = R(s) - C(s)$$
$$X_2(s) = X_1(s) - H_1(s) X_5(s)$$
$$X_3(s) = G_1 X_2(s)$$
$$X_4(s) = X_3(s) - H_2 X_7(s)$$
$$X_5(s) = G_2 X_4(s)$$
$$X_6(s) = G_3 X_5(s) + G_4 X_3(s)$$
$$X_7(s) = X_6(s)$$

画出信号流图：

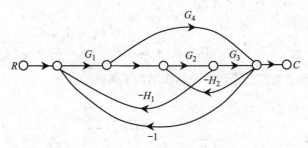

由图可知，系统有 2 条前向通道，即

$$P_1 = G_1 G_2 G_3 , \quad P_2 = G_1 G_4$$

有 5 个互不接触的单回路：

$$L_1 = -G_1 G_2 H_1 , \quad L_2 = -G_2 G_3 H_2 , \quad L_3 = -G_1 G_2 G_3$$
$$L_4 = -G_1 G_4 , \quad L_5 = G_1 G_4 H_2 G_2 H_1$$

系统的特征式为：

$$\Delta = 1 - (L_1 + L_2 + L_3 + L_4 + L_5)$$
$$= 1 + G_1 G_2 H_1 + G_2 G_3 H_3 + G_1 G_2 G_3 + G_1 G_4 - G_1 G_4 H_2 G_2 H_1$$

由于所有回路与两条前向通道均接触，所以余因式为：

$$\Delta_1 = \Delta_2 = 1$$

因此系统的闭环传递函数为：

$$\frac{C(s)}{R(s)} = \frac{1}{\Delta} \sum_{k=1}^{2} P_k \Delta_k = \frac{G_1 G_4 + G_1 G_2 G_3}{1 + G_1 G_2 H_1 + G_2 G_3 H_2 + G_1 G_2 G_3 + G_1 G_4 - G_1 G_4 H_2 G_2 H_1}$$

26. 解：由方程组绘制系统结构图如下图所示：

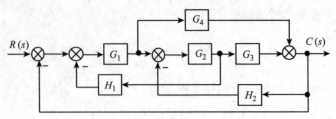

画出信号流图如下图所示：

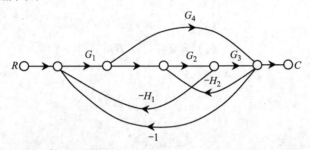

由梅森公式求出系统的闭环传递函数为：

$$\frac{C(s)}{R(s)} = \frac{1}{\Delta}\sum_{k=1}^{2} P_k\Delta_k = \frac{G_1G_4 + G_1G_2G_3}{1 + G_1G_2H_1 + G_2G_3H_2 + G_1G_2G_3 + G_1G_4 - G_1G_4H_2G_2H_1}$$

27. 解：已知系统方程组，绘制系统结构图如下图所示：

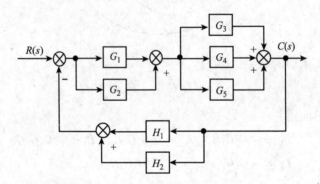

由结构图画出信号流图如下图所示：

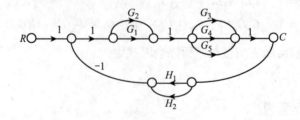

有一条前向通道：

$$P_1 = (G_1 + G_2)(G_3 + G_4 + G_5)$$

有一个回路：

$$L_1 = -(G_1 + G_2)(G_3 + G_4 + G_5)(H_1 + H_2)$$

无互不接触的回环，其余因式为：

$$\Delta_1 = 1$$

其特征式为：

$$\Delta = 1 - L_1 = 1 + (G_1 + G_2)(G_3 + G_4 + G_5)(H_1 + H_2)$$

所以系统的闭环传递函数为：

$$\frac{C(s)}{R(s)} = \frac{(G_1 + G_2)(G_3 + G_4 + G_5)}{1 + (G_1 + G_2)(G_3 + G_4 + G_5)(H_1 + H_2)}$$

28. 解：已知系统动态结构图，列写方程组为：

$$X_1(s) = R(s) - H_1 X_3(s)$$
$$X_2(s) = G_1 X_1(s) - H_2 X_5(s)$$
$$X_3(s) = X_2(s)$$
$$X_4(s) = G_2 X_3(s) - H_3 C(s)$$
$$X_5(s) = X_4(s)$$
$$X_6(s) = G_3 X_5(s)$$

画出信号流图如下图所示：

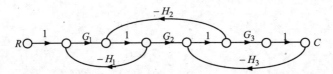

由梅森公式求得系统传递函数为：

$$\frac{C(s)}{R(s)} = \frac{G_1 G_2 G_3}{1 + G_1 H_1 + G_2 H_2 + G_3 H_3 + G_1 G_3 H_1 H_3}$$

29. 解：已知系统方程组，绘制系统结构图如下图所示：

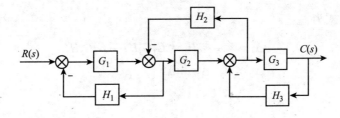

画出信号流图：

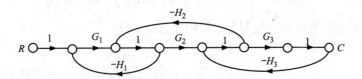

由梅森公式求得系统传递函数为：

$$\frac{C(s)}{R(s)} = \frac{G_1 G_2 G_3}{1 + G_1 H_1 + G_2 H_2 + G_3 H_3 + G_1 G_3 H_1 H_3}$$

30. 解：已知系统动态结构图，列写方程组为：

$$X_1(s) = R(s)$$
$$X_2(s) = R(s) - H_1 X_4(s)$$
$$X_3(s) = G_1 X_2(s) - H_1 X_4(s) - H_2 X_5(s)$$
$$X_4(s) = G_2 X_3(s)$$
$$X_5(s) = G_3 X_4(s)$$
$$X_6(s) = X_5(s) + G_4 X_1(s)$$

根据方程绘制信号流图如下图所示。

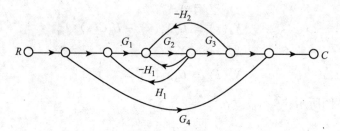

有两条前向通道：

$$P_1 = G_1 G_2 G_3$$
$$P_2 = G_4$$

有 3 个回路：

$$L_1 = - G_2 H_1$$
$$L_2 = G_1 G_2 H_1$$
$$L_3 = - G_2 G_3 H_2$$

系统特征式及余因式为：

$$\Delta = 1 + G_2 H_1 + G_2 G_3 H_2 - G_1 G_2 H_1$$
$$\Delta_1 = 1 , \Delta_2 = \Delta$$

所以传递函数为：

$$\frac{C(s)}{R(s)} = G_4 + \frac{G_1 G_2 G_3}{1 + G_2 H_1 + G_2 G_3 H_2 - G_1 G_2 H_1}$$

31. 解：已知系统方程组，绘制系统结构图为：

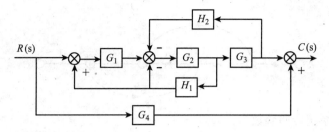

由结构图画出信号流图如下图所示。

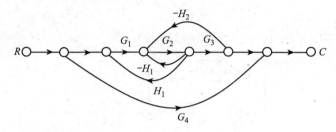

有两条前向通道：

$$P_1 = G_1 G_2 G_3$$
$$P_2 = G_4$$

有 3 个回路：

$$L_1 = -G_2 H_1$$
$$L_2 = G_1 G_2 H_1$$
$$L_3 = -G_2 G_3 H_2$$

系统特征式及余因式为：

$$\Delta = 1 + G_2 H_1 + G_2 G_3 H_2 - G_1 G_2 H_1$$
$$\Delta_1 = 1, \; \Delta_2 = \Delta$$

所以传递函数为：

$$\frac{C(s)}{R(s)} = G_4 + \frac{G_1 G_2 G_3}{1 + G_2 H_1 + G_2 G_3 H_2 - G_1 G_2 H_1}$$

32. 解：已知系统动态结构图，列写方程组为：

$$X_1(s) = R(s)$$
$$X_2(s) = R(s) - H_1 X_4(s)$$
$$X_3(s) = G_1 X_2(s) + G_3 X_1(s)$$
$$X_4(s) = G_2 X_3(s)$$

绘制信号流图为：

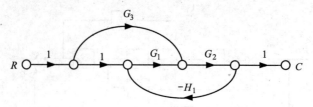

利用梅森公式求出系统传递函数为：

$$\frac{C(s)}{R(s)} = \frac{1}{\Delta}\sum_{k=1}^{2} P_k \Delta_k = \frac{G_1 G_2 + G_2 G_3}{1 + G_1 G_2 H_1}$$

33.　解：已知系统方程组，试绘制系统结构图为：

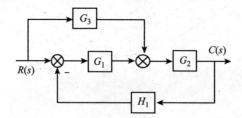

绘制信号流图为：

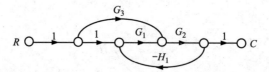

利用梅森公式求出系统传递函数为：

$$\frac{C(s)}{R(s)} = \frac{1}{\Delta}\sum_{k=1}^{2} P_k \Delta_k = \frac{G_1 G_2 + G_2 G_3}{1 + G_1 G_2 H_1}$$

34.　解：列写系统方程组为：

$$X_1(s) = R(s) - C(s)$$
$$X_2(s) = X_1(s) - H_1 X_4(s)$$
$$X_3(s) = G_1 X_2(s) - H_2 C(s)$$
$$X_4(s) = G_2 X_3(s)$$
$$X_5(s) = G_3 X_4(s)$$

绘制信号流图为：

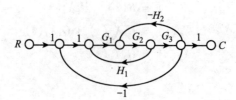

利用梅森公式求出系统传递函数为：

$$\frac{C(s)}{R(s)} = \frac{1}{\Delta}P_1\Delta_1 = \frac{G_1G_2G_3}{1 - G_1G_2H_1 + G_2G_3H_2 + G_1G_2G_3}$$

35. 解：由方程组画出动态结构图为：

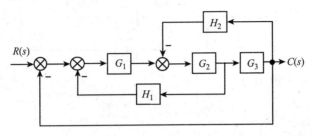

绘制信号流图为：

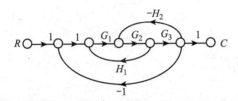

利用梅森公式求出系统传递函数为：

$$\frac{C(s)}{R(s)} = \frac{1}{\Delta}P_1\Delta_1 = \frac{G_1G_2G_3}{1 - G_1G_2H_1 + G_2G_3H_2 + G_1G_2G_3}$$

36. 解：根据系统动态结构图写出方程组为：

$$X_1(s) = R(s) - \{H_2X_4(s) + H_3C(s)\}$$
$$X_2(s) = G_1X_1(s) - H_1X_4(s)$$
$$X_3(s) = G_2X_2(s) - H_4C(s)$$
$$X_4(s) = G_3X_3(s)$$
$$X_5(s) = G_4X_4(s)$$

根据系统方程组画出信号流图为：

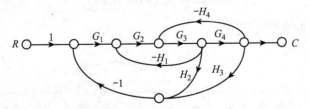

利用梅森公式求出系统传递函数为：

$$\frac{C(s)}{R(s)} = \frac{1}{\Delta}P_1\Delta_1 = \frac{G_1G_2G_3G_4}{1 + G_2G_3H_1 + G_1G_2G_3H_2 + G_1G_2G_3G_4H_3 + G_3G_4H_4}$$

37. 解：已知系统方程组绘制系统结构图为：

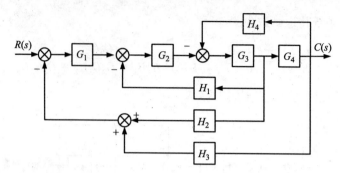

根据系统方程组画出信号流图为：

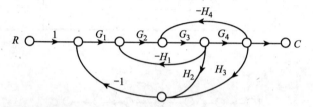

利用梅森公式求出系统传递函数为：

$$\frac{C(s)}{R(s)} = \frac{1}{\Delta}P_1\Delta_1 = \frac{G_1G_2G_3G_4}{1 + G_2G_3H_1 + G_1G_2G_3H_2 + G_1G_2G_3G_4H_3 + G_3G_4H_4}$$

38. 解：根据动态结构图列出方程组：

$$X_1(s) = R(s) - G_{10}C(s)$$
$$X_2(s) = X_1(s) - G_5X_3(s)$$
$$X_3(s) = G_1X_2(s)$$
$$X_4(s) = X_3(s) - G_6X_6(s)$$
$$X_5(s) = X_4(s) - G_9X_8(s)$$
$$X_6(s) = X_5(s)$$
$$X_7(s) = G_2X_6(s) - G_7X_8(s)$$
$$X_8(s) = G_3X_7(s)$$
$$X_9(s) = X_8(s) - G_8C(s)$$

根据系统动态方程组画出信号流图：

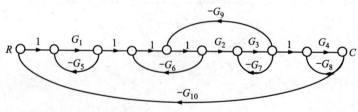

利用梅森公式求系统的传递函数：

有一条前向通道：

$$P_1 = G_1G_2G_3G_4$$

有 6 个回环：

$$L_1 = -G_1G_5$$
$$L_2 = -G_6$$
$$L_3 = -G_3G_7$$
$$L_4 = -G_4G_8$$
$$L_5 = -G_2G_3G_9$$
$$L_6 = -G_1G_2G_3G_4G_{10}$$

所以：

$$\sum L_a = -(G_1G_5 + G_6 + G_3G_7 + G_4G_8 + G_2G_3G_9 + G_1G_2G_3G_4G_{10})$$

系统有 8 个两两互不接触回环：

$$L_7 = G_1G_5G_6$$
$$L_8 = G_1G_5G_3G_7$$
$$L_9 = G_1G_4G_5G_8$$
$$L_{10} = G_6G_4G_8$$
$$L_{11} = G_6G_3G_7$$
$$L_{12} = G_3G_7G_4G_8$$
$$L_{13} = G_1G_5G_2G_5G_9$$
$$L_{14} = G_2G_3G_4G_8G_9$$

所以：

$$\sum L_b = G_1G_5G_6 + G_1G_5G_3G_7 + G_1G_4G_5G_8 + G_4G_6G_8 + G_6G_3G_7 + G_3G_7G_4G_8 + G_1G_2G_3G_5G_9 + G_2G_3G_4G_8G_9$$

有 4 个互三三不接触的回环：

$$L_{13} = -G_1G_5G_4G_8G_2G_3G_9$$
$$L_{14} = -G_1G_5G_6G_3G_7$$
$$L_{15} = -G_1G_5G_3G_7G_4G_8$$
$$L_{16} = -G_6G_3G_7G_4G_8$$

有 4 个互不接的回环：

$$L_{17} = G_1G_5G_6G_3G_7G_4G_8$$

余因式为：

$$\Delta_1 = 1$$

特征式为：

$$\Delta = 1 + G_1G_5 + G_6 + G_3G_7 + G_4G_8 + G_2G_3G_9 + G_1G_2G_3G_4G_{10} + G_1G_5G_6 +$$
$$G_1G_5G_3G_7 + G_1G_4G_5G_8 + G_6G_4G_8 + G_3G_7G_4G_8 + G_1G_2G_3G_5G_9 +$$
$$G_2G_3G_4G_8G_9 + G_1G_5G_6 + G_1G_5G_4G_8G_2G_3G_9 + G_1G_5G_6G_3G_7 +$$
$$G_1G_5G_3G_7G_4G_8 + G_6G_3G_7G_4G_8 + G_1G_5G_6G_3G_7G_4G_8$$

系统的闭环传递函数为：

$$\frac{C(s)}{R(s)} = \frac{1}{\Delta}P_1\Delta_1 = \frac{G_1G_2G_3G_4}{\Delta}$$

39. 解：根据已知方程组绘制动态结构图为：

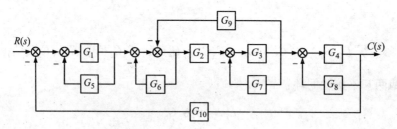

画出信号流图为：

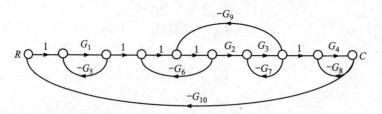

利用梅森公式求出系统传递函数为：

有一条前向通道：

$$P_1 = G_1G_2G_3G_4$$

有 6 个回环：

$$L_1 = -G_1G_5$$
$$L_2 = -G_6$$
$$L_3 = -G_3G_7$$
$$L_4 = -G_4G_8$$
$$L_5 = -G_2G_3G_9$$
$$L_6 = -G_1G_2G_3G_4G_{10}$$

所以：

$$\sum L_a = -(G_1G_5 + G_6 + G_3G_7 + G_4G_8 + G_2G_3G_9 + G_1G_2G_3G_4G_{10})$$

系统有 8 个两两互不接触回环：

$$L_7 = G_1 G_5 G_6$$
$$L_8 = G_1 G_5 G_3 G_7$$
$$L_9 = G_1 G_5 G_4 G_8$$
$$L_{10} = G_6 G_3 G_7$$
$$L_{11} = G_6 G_4 G_8$$
$$L_{12} = G_3 G_7 G_4 G_8$$
$$L_{13} = G_1 G_5 G_2 G_3 G_9$$
$$L_{14} = G_2 G_3 G_9 G_4 G_8$$

所以:

$$\sum L_b = G_1 G_5 G_6 + G_1 G_5 G_3 G_7 + G_1 G_5 G_4 G_8 + G_6 G_3 G_7 + G_6 G_4 G_8 + G_3 G_7 G_4 G_8 + G_1 G_2 G_3 G_5 G_9 + G_2 G_3 G_4 G_8 G_9$$

有 3 个互不接触的回环:

$$L_{13} = - G_1 G_5 G_4 G_8 G_2 G_3 G_9$$
$$L_{14} = - G_1 G_5 G_6 G_3 G_7$$
$$L_{15} = - G_1 G_5 G_3 G_7 G_4 G_8$$
$$L_{16} = - G_6 G_3 G_7 G_4 G_8$$

有四个互不接触回环:

$$L_{17} = G_1 G_5 G_6 G_3 G_7 G_4 G_8$$

余因式为:

$$\Delta_1 = 1$$

特征式为:

$$\Delta = 1 + G_1 G_5 + G_6 + G_3 G_7 + G_4 G_8 + G_2 G_3 G_9 + G_1 G_2 G_3 G_4 G_{10} +$$
$$G_1 G_5 G_6 + G_1 G_5 G_3 G_7 + G_1 G_5 G_4 G_8 + G_6 G_3 G_7 + G_6 G_4 G_8 + G_3 G_7 G_4 G_8 + G_1 G_5 G_2 G_3 G_9 +$$
$$G_2 G_3 G_9 G_4 G_8 + G_1 G_5 G_4 G_8 G_2 G_3 G_9 + G_1 G_5 G_3 G_7 G_4 G_8 + G_1 G_5 G_6 G_3 G_7 +$$
$$G_6 G_3 G_7 G_4 G_8 + G_1 G_5 G_6 G_3 G_7 G_4 G_8$$

系统的闭环传递函数为:

$$\frac{C(s)}{R(s)} = \frac{1}{\Delta} P_1 \Delta_1 = \frac{G_1 G_2 G_3 G_4}{\Delta}$$

40. 解: 设电容 C_1 两端的电压为 u_{c_1} , 则根据电路理论可列写如下的代数方程:

$$I_1(s) = \frac{1}{R_1}[U_i(s) - U_{c_1}(s)]$$
$$U_{c_1}(s) = \frac{1}{C_1 s}[I_1(s) - I_2(s)]$$

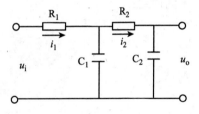

$$I_2(s) = \frac{1}{R_2}[U_{c_1}(s) - U_o(s)]$$

$$U_o(s) = \frac{1}{C_2 s}I_2(s)$$

根据以上 4 个式子作出对应的框图，再根据信号的流向将各框图依次连接起来，可得 RC 电路的结构图：

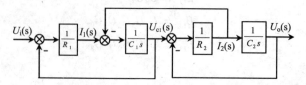

所以由梅森公式求出系统传递函数为：

$$\frac{U_o(s)}{U_i(s)} = \frac{\dfrac{1}{R_1 R_2 C_1 C_2 s^2}}{1 + \dfrac{1}{R_1 C_1 s} + \dfrac{1}{R_2 C_1 s} + \dfrac{1}{R_2 C_2 s} + \dfrac{1}{R_1 R_2 C_1 C_2 s^2}}$$

$$= \frac{1}{R_1 R_2 C_1 C_2 s^2 + (R_1 C_1 + R_1 C_2 + R_2 C_2)s + 1}$$

41. 解：根据图示无源网络列写下列方程：

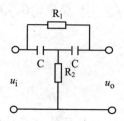

输入回路：

$$\frac{1}{Cs} \times I_1(s) + R_2[I_1(s) + I_2(s)] = U_i(s)$$

输出回路：

$$\frac{1}{Cs} \times I_2(s) + R_2[I_1(s) + I_2(s)] = U_o(s)$$

中间回路：

$$\frac{1}{Cs} \times I_1(s) = (R_1 + \frac{1}{Cs})I_2(s)$$

则：

$$\frac{I_1(s)}{U_i(s) - R_2 I_2(s)} = \frac{Cs}{R_2 Cs + 1}$$

$$\frac{I_2(s)}{I_1(s)} = \frac{1}{R_1 Cs + 1}$$

$$U_o(s) = R_2 I_1(s) + (R_2 + \frac{1}{Cs}) I_2(s)$$

根据以上三个表达式可画出系统结构图如下图所示。

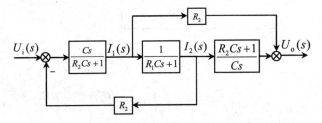

用梅森公式求出：

$$\frac{U_o(s)}{U_i(s)} = \frac{\dfrac{Cs}{R_2 Cs + 1} \times (R_2 + \dfrac{1}{R_1 Cs + 1} \times \dfrac{R_2 Cs + 1}{Cs})}{1 + \dfrac{Cs}{R_2 Cs + 1} \times \dfrac{1}{R_1 Cs + 1}}$$

$$= \frac{R_1 R_2 C^2 s^2 + 2 R_2 Cs + 1}{R_1 R_2 C^2 s^2 + (R_1 + 2 R_2) Cs + 1}$$

42. 解：根据图示无源网络列写下列方程：

输入回路：

$$R \times I_1(s) + \frac{1}{C_2 s}[I_1(s) + I_2(s)] = U_i(s)$$

输出回路：

$$R \times I_2(s) + \frac{1}{C_2 s}[I_1(s) + I_2(s)] = U_o(s)$$

中间回路：

$$R \times I_1(s) = (R + \frac{1}{C_1 s}) I_2(s)$$

联立以上三个表达式得：

$$\frac{I_1(s)}{U_i(s) - \dfrac{1}{C_2 s} I_2(s)} = \frac{C_2 s}{R C_2 s + 1}$$

$$\frac{I_2(s)}{I_1(s)} = \frac{R C_1 s}{R C_1 s + 1}$$

$$U_o(s) = \frac{1}{C_2 s} I_1(s) + (R + \frac{1}{C_2 s}) I_2(s)$$

根据以上三个表达式可画出系统结构图如下图所示。

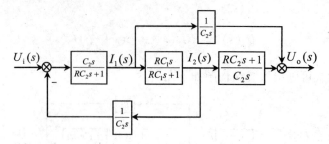

用梅森公式求出：

$$\frac{U_o(s)}{U_i(s)} = \frac{\dfrac{C_2 s}{RC_2 s + 1} \times \left(\dfrac{1}{C_2 s} + \dfrac{RC_1 s}{RC_1 s + 1} \times \dfrac{RC_2 s + 1}{C_2 s}\right)}{1 + \dfrac{C_2 s}{RC_2 s + 1} \times \dfrac{RC_1 s}{RC_1 s + 1}}$$

$$= \frac{R^2 C_1 C_2 s^2 + 2RC_1 s + 1}{R^2 C_1 C_2 s^2 + (2C_1 + C_2)Rs + 1}$$

43. 解：设电容 C_1 两端的电压为 u_{c_1}，则根据电路理论可列写如下的代数方程：

$$I_1(s) = \frac{1}{R_1}[U_i(s) - U_{c_1}(s)]$$

$$U_{c_1}(s) = \frac{1}{C_1 s}[I_1(s) - I_2(s)]$$

$$I_2(s) = \frac{1}{R_2}[U_{c_1}(s) - U_o(s)]$$

$$U_o(s) = \frac{1}{C_2 s}I_2(s)$$

根据以上 4 个式子作出对应的框图，再根据信号的流向将各框图依次连接起来，可得 RC 电路的结构图如下图所示。

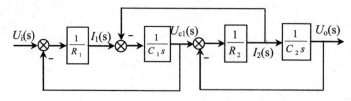

所以传递函数为：

$$\frac{U_o(s)}{U_i(s)} = \frac{\dfrac{1}{R_1 R_2 C_1 C_2 s^2}}{1 + \dfrac{1}{R_1 C_1 s} + \dfrac{1}{R_2 C_1 s} + \dfrac{1}{R_2 C_2 s} + \dfrac{1}{R_1 R_2 C_1 C_2 s^2}}$$

$$= \frac{1}{R_1 R_2 C_1 C_2 s^2 + (R_1 C_1 + R_1 C_2 + R_2 C_2)s + 1}$$

第3章 时域法

3.1 时域法题库

3.1.1 填空题

1. 在自动控制系统中，典型输入信号有：单位阶跃信号、单位速度信号、（ ）。

2. 设某一闭环控制系统的单位阶跃响应为 $c(t) = 1 - e^{-3t} + e^{-4t}$，则该系统的闭环传递函数为（ ）。

3. 若某系统的单位脉冲响应为 $g(t) = 10e^{-0.2t} + 5e^{-0.5t}$，则该系统的闭环传递函数为（ ）。

4. 在自动控制系统中，对控制系统性能的三点要求是稳定性、（ ）、准确性。

5. 如果一个闭环控制系统的输出响应曲线是发散的，那么该系统为（ ）系统。

6. 自动控制系统的上升时间越短，响应速度越（ ）。

7. 无差系统是指系统的稳态误差为（ ）。

8. 二阶系统的单位阶跃响应包括过阻尼、欠阻尼、（ ）。

9. 二阶系统的超调量表达式为（ ）。

10. 稳态误差越小，系统的稳态精度越（ ）。

11. 系统特征方程式的全部根都在左半平面的充分必要条件是劳斯表的第一列系数全部都是（ ）数。

12. 某 0 型系统的输入信号为单位速度信号，则该系统的稳态误差为（ ）。

13. 暂态过程是指系统在（ ）输入信号作用下，系统输出量从初始状态到最终状态的响应过程。

14. 设系统的初始条件为零，其微分方程式为 $0.5c(t) + c(t) = 10r(t)$，则系统的单位阶跃响应为（ ）。

15. 已知系统的脉冲响应 $c(t) = 0.1(1 - e^{-t/3})$，则系统闭环传递函数为（ ）。

16. 一阶系统的单位阶跃响应曲线是一条由零开始，按照（ ）规律上升的曲线。

17. 当典型二阶系统有两个闭环的纯虚根时，则系统的阻尼比为（ ）。

18. 二阶系统的阻尼角 $\theta = $（ ）。

19. 二阶系统的振荡角频率 $\omega_d = $（ ）。

20. 二阶系统的阻尼比越小，系统的超调量越（ ）。

21. 二阶系统的调节时间越长，系统的快速性越（ ）。

22. 在高阶系统中，暂态分量衰减的快慢，取决于对应的极点与虚轴的距离，离虚轴距离越远的极点衰减的越(　　　)。

23. 稳态误差是指控制系统稳定运行时输出量的期望值与(　　　)之差。

24. 一个控制系统的开 3 环传递函数在原点处的极点数等于1，说明该系统是(　　　)型系统。

25. 控制系统的速度误差系数 $K_\gamma = ($　　　$)$。

26. 在劳斯表中，若某一行元素全为零，说明闭环系统存在(　　　)根。

27. 在劳斯表中，若第一列的元素从上至下为 3、0.7、9、-5，则该系统 s 右半平面的极点数是(　　　)。

28. 已知系统的结构图如下图所示

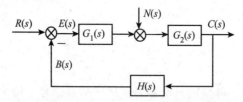

则输入信号 $R(s)$ 作用下的误差传递函数 $G_{ER}(s) = \dfrac{E(s)}{R(s)}$ 是(　　　)。

29. 已知单位负反馈系统开环传递函数 $G(s) = \dfrac{16}{s(s+20)}$ ，则阻尼比 $\zeta = ($　　　$)$。

30. 已知一阶惯性环节的传递函数为 $G(s) = \dfrac{k}{Ts+1}$ ，则在单位阶跃信号 $r(t) = 1(t)$ 作用下的响应 $c(t) = ($　　　$)$。

31. 一阶系统中，当调节时间 $t_s = 3T$ ，则对应的误差带是(　　　)。

32. 上升时间的表达式是(　　　)。

33. 控制系统中，取2%误差带时，对应的调节时间表达式为(　　　)。

34. 某系统在输入信号 $r(t) = 1 + t$ 的作用下，测得输出相应为 $c(t) = t + 0.9 - 0.9e^{-10t}$ ，已知初始条件为零，系统的传递函数为(　　　)。

35. 系统零初始条件下的单位阶跃响应为 $c(t) = 1 - 1.25e^{-1.2t}\sin(1.6t + 53.1°)$ ，系统的传递函数为 (　　　)。

36. 已知二阶系统的传递函数 $G(s) = \dfrac{4}{s^2 + 2.4s + 4}$ ，则阻尼比为(　　　)。

37. 已知单位负反馈系统开环传递函数为 $G(s) = \dfrac{50}{s(s+10)}$ ，则系统的单位脉冲响应(　　　)。

38. 单位负反馈控制系统的开环传递函数为 $G_K(s) = \dfrac{K}{s(0.1s+1)}$ ，阻尼系数 $\zeta = 0.5$ 时的 K 值为(　　　)。

39. 已知闭环特征方程为 $s^3 + 20s^2 + 9s + 100 = 0$ ，则该系统的稳定性为(　　　)。

40. 在二阶系统的单位阶跃响应图中，t_s 定义为(　　　)。

41. 某单位负反馈系统的开环传递函数为 $G_K(s) = \dfrac{1}{s(s+4)(s+2)}$ ，则其闭环特征方程为(　　　)。

42. 已知某二阶系统的单位阶跃响应为等幅振荡曲线，则该系统的阻尼比的取值为(　　)。

43. 已知系统的开环传递函数中含有两个积分环节 $\dfrac{1}{s}$，则该系统为(　　)型系统。

44. 已知某二阶系统的单位阶跃响应为衰减振荡曲线，则该系统的阻尼比的取值为(　　)。

45. 已知系统的特征方程为 $2s^5 + s^4 - 15s^3 + 25s^2 + 2s - 7 = 0$，则该系统为(　　)(填稳定或不稳定)。

3.1.2　单项选择题

1. 某二阶系统单位阶跃响应曲线为等幅振荡，则该系统的阻尼比是(　　)。
　　A. 1　　　　　　　　B. 0　　　　　　　　C. −1　　　　　　　　D. ∞

2. 控制系统稳定的充分必要条件是，系统所有闭环极点都在 s 平面的(　　)半部分。
　　A. 左　　　　　　　　B. 右　　　　　　　C. Y 轴　　　　　　　D. X 轴

3. 某 I 型系统的输入信号为单位阶跃信号，则该系统的稳态误差为(　　)。
　　A. ∞　　　　　　　　B. 1　　　　　　　　C. 0　　　　　　　　D. K_γ

4. 在典型二阶系统中，当阻尼比的值等于 1 的时候，其闭环系统根的情况是(　　)。
　　A. 两个纯虚根　　　B. 两个不等实根　　C. 两个相等负实根　　D. 两个共轭复根

5. 采用负反馈形式连接后，则(　　)。
　　A. 一定能使闭环系统稳定
　　B. 系统动态性能一定会提高
　　C. 一定能使干扰引起的误差逐渐减小，最后完全消失
　　D. 需要调整系统的结构参数，才能改善系统性能

6. 下列哪种措施对改善系统的精度没有效果(　　)。
　　A. 增加积分环节　　　　　　　　　　B. 提高系统的开环增益
　　C. 增加微分环节　　　　　　　　　　D. 引入扰动补偿

7. 若系统增加合适的开环零点，则下列说法不正确的是(　　)。
　　A. 可改善系统的快速性及平稳性
　　B. 会增加系统的信噪化
　　C. 会使系统的根轨迹向 s 平面的左方弯曲或移动
　　D. 可增加系统的稳定裕度

8. 已知单位负反馈系统的开环传递函数为 $G(s) = \dfrac{16}{s(s+5)}$，则系统的输出响应曲线为(　　)。
　　A. 发散的　　　　　B. 衰减的　　　　　C. 等幅振荡的　　　　D. 单调上升的

9. 自动控制系统在输入信号和干扰信号同时存在时，其稳态误差是(　　)。
　　A. 两者稳态误差之和　　　　　　　　B. 两者稳态误差较大者
　　C. 两者稳态误差较小者　　　　　　　D. 输入信号的稳态误差

10. 已知系统的开环传递函数为 $G_K(s) = \dfrac{100}{(0.1s+1)(s+5)}$，则该系统的开环增益

为(　　)。

A. 100　　　　　　B. 1 000　　　　　C. 20　　　　　　D. 不能确定

11. 已知控制系统的开环传递函数为 $G_K(s) = \dfrac{100}{(0.1s+1)(0.5s+1)}$，则其开环增益为(　　)。

A. 100　　　　　　B. 1 000　　　　　C. 2 000　　　　　D. 500

12. 已知系统的特征方程为 $0.02s^3 + 0.3s^2 + s + 20 = 0$，则系统是(　　)。

A. 稳定的　　　　B. 不稳定的　　　C. 临界稳定　　　D. 不能确定

13. 已知系统的特征方程为 $s^5 + 12s^4 + 44s^3 + 48s^2 + s + 1 = 0$，则系统是(　　)。

A. 稳定的　　　　B. 不稳定的　　　C. 临界稳定　　　D. 不能确定

14. 已知系统的特征方程为 $0.1s^4 + 1.25s^3 + 2.6s^2 + 26s + 25 = 0$，则系统是(　　)。

A. 稳定的　　　　B. 不稳定的　　　C. 临界稳定　　　D. 不能确定

15. 系统的无阻尼自然振荡角频率反映系统的(　　)。

A. 稳定性　　　　B. 快速性　　　　C. 准确性　　　　D. 抗干扰能力

16. 已知某控制系统闭环特征方程 $s^4 + 2s^3 + 3s^3 + 6s + 2 = 0$，则系统(　　)。

A. 稳定的　　　　B. 不稳定的　　　C. 临界稳定　　　D. 不能确定

17. 已知某控制系统闭环特征方程 $s^3 + 20s^3 + 4s + 100 = 0$，则系统是(　　)。

A. 稳定的　　　　B. 不稳定的　　　C. 临界稳定　　　D. 不能确定

18. 已知某控制系统闭环特征方程 $s^5 + 2s^4 - s - 2 = 0$，则系统是(　　)。

A. 稳定的　　　　B. 不稳定的　　　C. 临界稳定　　　D. 不能确定

19. 已知某控制系统闭环特征方程 $s^4 + 15s^3 + 25s^2 + 2s - 7 = 0$，则系统是(　　)。

A. 稳定的　　　　B. 不稳定的　　　C. 临界稳定　　　D. 不能确定

20. 已知某控制系统闭环特征方程 $s^6 + 4s^5 - 4s^4 + 4s^3 - 7s^2 - 8s + 10 = 0$，则系统是(　　)。

A. 稳定的　　　　B. 不稳定的　　　C. 临界稳定　　　D. 不能确定

21. 已知某控制系统闭环特征方程 $2s^5 + s^4 - 15s^3 + 25s^2 + 2s - 7 = 0$，则系统是(　　)。

A. 稳定的　　　　B. 不稳定的　　　C. 临界稳定　　　D. 不能确定

22. 单位负反馈系统的开环传递函数为 $\dfrac{C(s)}{R(s)} = \dfrac{100}{s(0.1s+1)}$，则闭环传递函数为(　　)。

A. $G_B(s) = \dfrac{100}{0.1s^2 + s + 1\,000}$　　　　B. $G_B(s) = \dfrac{100}{0.1s^2 + s + 100}$

C. $G_B(s) = \dfrac{1\,000}{s^2 + s + 1\,000}$　　　　D. 无法计算

3.1.3　多项选择题

1. 在自动控制系统中，典型输入信号有(　　)。

A. 单位阶跃信号　　　　　　　　　B. 单位速度信号
C. 单位脉冲信号　　　　　　　　　D. 单位加速度信号

2. 在自动控制系统中，典型二阶系统的时域性能指标包括(　　　)。

　　A. 超调量　　　　　　B. 上升时间　　　　　　C. 调节时间　　　　　　D. 振荡次数

3. 自动控制系统的性能指标是指系统的(　　　)。

　　A. 快速性　　　　　　B. 准确性　　　　　　C. 稳定性　　　　　　D. 高效性

4. 控制系统在典型输入信号作用下的性能指标是由(　　　)两部分组成的。

　　A. 暂态性　　　　　　B. 快速性　　　　　　C. 稳态性　　　　　　D. 准确性

5. 在一阶系统中，下列性能指标不存在的有(　　　)。

　　A. 上升时间　　　　　B. 调节时间　　　　　C. 超调量　　　　　　D. 峰值时间

6. 下列关于控制系统的时域性能指标的表述正确的是(　　　)。

　　A. 上升时间是指响应从终值的 10% 上升到终值的 90% 所需要的时间

　　B. 峰值时间是指响应超过其终值到第一个峰值所需要的时间

　　C. 调节时间是指响应达到并保持在终值的 5% 以内所需要的时间

　　D. 延迟时间是指响应第一次达到其终值一半所需要的时间

7. 系统的稳态误差与下列哪些因素有关(　　　)。

　　A. 系统的结构参数　　　　　　　　B. 干扰信号

　　C. 输入信号　　　　　　　　　　　D. 被控对象

8. 减小或消除系统稳态误差的措施有(　　　)。

　　A. 增大开环放大系数

　　B. 增加系统开环传递函数中积分环节的个数

　　C. 引入按给定或扰动补偿的复合控制系统

　　D. 改变外部输入信号

9. 在时域分析方法中，下列哪些方法可以判断系统是否稳定(　　　)。

　　A. 劳斯判据　　　　　　　　　　　B. 赫尔维茨判据

　　C. 奈斯判据　　　　　　　　　　　D. 林纳·奇帕特判据

10. 下列关于阻尼比的说法正确的是(　　　)。

　　A. 欠阻尼情况下，系统的单位阶跃响应为衰减的

　　B. 过阻尼情况下，系统的输出按指数规律变化

　　C. 无阻尼情况下，系统的单位阶跃响应等幅振荡

　　D. 临界阻尼情况下，系统的单位阶跃响应呈指数规律

11. 下列关于系统的类型的说法正确的是(　　　)。

　　A. 零型系统中没有积分环节

　　B. I 型系统中 $s = 0$ 的极点个数为 1

　　C. I 型系统稳态误差不可能为 0

　　D. 增加积分环节，系统的类型会改变

12. 二阶系统的单位阶跃响应曲线可以是(　　　)。

　　A. 发散的　　　　　　B. 等幅振荡的　　　　C. 衰减的　　　　　　D. 直线

13. 已知某闭环系统为 0 型系统，则下列说法正确的是(　　　)。

　　A. 单位阶跃输入，稳态误差为 $\dfrac{1}{1 + K_\gamma}$

B. 单位斜坡输入，稳态误差为∞

C. 单位加速度输入，稳态误差为∞

D. 单位加速度输入，稳态误差为0

14. 某单位负反馈系统开环传递函数为 $G_K(s) = \dfrac{1}{s(s+1)}$ ，关于系统性能指标的计算正确的是(   )。

    A. $t_s = 6$ B. $\sigma\% = 16.32\%$

    C. $t_r = 0.2$ D. $t_\gamma = 3.63$

15. 下列关于二阶系统欠阻尼性能指标公式正确的是(   )。

    A. $\beta = \arctan \dfrac{\sqrt{1-\zeta^2}}{\zeta}$ B. $t_s = \dfrac{3}{\zeta\omega_n}$

    C. $t_r = \dfrac{\pi-\beta}{\omega_d}$ D. $\omega_d = \sqrt{1-\zeta^2}$

16. 下列关于系统稳态误差的表达式正确的是(   )。

    A. $e_{ss} = \lim\limits_{t\to\infty} e(t)$ B. $e_{ss} = \lim\limits_{s\to\infty} sE(s)$

    C. $e_{ss} = \lim\limits_{s\to\infty} \dfrac{1}{s}E(s)$ D. $e_{ss} = \lim\limits_{s\to0} sE(s)$

17. 下列关于系统稳态误差的说法正确的是(   )。

    A. 从系统输入端定义 $e(t) = r(t) - b(t)$

    B. 从系统输出端定义 $e(t) = c_{实际值}(t) - c_{理论值}(t)$

    C. 有 $R(s)$ 和 $N(s)$ 同时存在时，稳态误差等于两者共同作用误差之和

    D. 扰动信号的存在不会影响系统的稳态误差

18. 已知单位负反馈系统的开环传递函数为 $G_K(s) = \dfrac{4}{s^2+5s}$ ，则下列说法正确的是(   )。

    A. 闭环传递函数为 $G_K(s) = \dfrac{4}{s^2+5s+4}$

    B. 阻尼比大于1

    C. 有两条根轨迹

    D. 系统是稳定的

19. 已知单位负反馈系统的开环传递函数为 $G_K(s) = \dfrac{4}{s^2+5s}$ ，则下列说法正确的是(   )。

    A. 特征方程为 $s^2+5s+4=0$ B. 阶跃响应为指数规律

    C. 系统不存在超调   D. 渐近线条数为2

20. 下列关于传递函数的说法正确的是(   )。

    A. 闭环传递函数为 $\dfrac{C(s)}{R(s)}$ B. 扰动信号传递函数 $\dfrac{C(s)}{N(s)}$

    C. 误差传递函数为 $\dfrac{E(s)}{R(s)}$ D. 扰动信号误差传递函数为 $\dfrac{E(s)}{N(s)}$

21. 已知闭环传递函数为 $G_B(s) = \dfrac{8}{s^2 + 6s + 16}$，则下列关于其性能指标的说法正确的是（　　）。

    A. $\zeta = 0.75$ 　　 B. $\omega_n = 4$ 　　 C. $\sigma\% = 2.8\%$ 　　 D. $t_p = 1.795$

22. 二阶系统增加一个零点后，其性能将（　　）。

    A. 阶跃响应超调量变大 　　　　　　　 B. 上升时间变大

    C. 峰值时间变大 　　　　　　　　　　 D. 增加了振荡性

23. 二阶系统增加一个极点后，系统的性能将（　　）。

    A. 振荡减弱 　　　　　　　　　　　　 B. 超调量降低

    C. 上升时间降低 　　　　　　　　　　 D. 峰值时间降低

24. 已知开环传递函数为 $G_K(s) = \dfrac{50(s+3)}{(0.1s+1)(2s+1)}$，则下列关于稳态误差的计算正确的是（　　）。

    A. $K_\gamma = 10$ 　　 B. $K_v = 0$ 　　 C. $K_v = \infty$ 　　 D. $K_a = 0$

25. 已知单位负反馈系统开环传递函数 $G_K(s) = \dfrac{4(s+3)}{s(s+4)(s^2+2s+2)}$，则关于稳态误差系数的计算正确的是（　　）。

    A. $K_p = \infty$ 　　 B. $K_v = 1.5$ 　　 C. $K_v = 0$ 　　 D. $K_a = 0$

26. 已知单位负反馈系统开环传递函数 $G_K(s) = \dfrac{8(0.5s+1)}{s^2(0.1s+1)}$，则下列计算正确的是（　　）。

    A. $K_p = \infty$ 　　 B. $K_v = 0$ 　　 C. $K_v = \infty$ 　　 D. $K_a = 8$

27. 已知单位负反馈系统开环传递函数 $G_K(s) = \dfrac{100}{s(s^2+8s+25)}$，则下列计算正确的是（　　）。

    A. $K_p = \infty$ 　　 B. $K_v = 0$ 　　 C. $K_v = 4$ 　　 D. $K_a = \infty$

28. 已知单位负反馈系统开环传递函数 $G_K(s) = \dfrac{2(2s+1)}{s^2}$，则正确的是（　　）。

    A. $K_p = \infty$ 　　 B. $K_v = \infty$ 　　 C. $K_v = 4$ 　　 D. $K_a = 2$

29. 已知单位负反馈系统开环传递函数 $G_K(s) = \dfrac{8(0.5s+1)}{s(0.1s+1)}$，则正确的是（　　）。

    A. $K_p = \infty$ 　　 B. $K_v = \infty$ 　　 C. $K_v = 4$ 　　 D. $K_a = 0$

30. 已知一阶惯性环节的传递函数为 $G_K(s) = \dfrac{k}{Ts+1}$，则下列说法正确的是（　　）。

    A. 在单位脉冲信号 $r(t) = \sigma(t)$ 作用下的响应 $c(t) = \dfrac{k}{T}e^{-\frac{t}{T}}$

    B. 在单位阶跃信号 $r(t) = 1(t)$ 作用下的响应 $c(t) = k - ke^{-\frac{t}{T}}$

    C. 在单位斜坡信号 $r(t) = t$ 作用下的响应 $c(t) = k(t - T + Te^{-\frac{t}{T}})$

    D. 不能确定

31. 控制系统的暂态特性是指（　　）。

    A. 衰减 　　　 B. 发散 　　　 C. 等幅振荡 　　 D. 指数上升

3.1.4　判断题

1. 已知某控制系统闭环特征方程 $s^3 + 6s^4 + 3s^3 + 2s^2 + s + 1 = 0$，试用劳斯判据判断该系统的稳定性，并说出闭环极点的分布情况。

2. 已知系统特征方程 $25s^5 + 105s^4 + 120s^3 + 122s^2 + 20s + 1 = 0$，试求系统在 s 右半平面的根数及虚根值。

3. 已知控制系统的特征方程式 $s^3 + 20s^2 + 4s + 50 = 0$，试用劳斯判据判断系统的稳定性，并说明特征根在复平面上的分布。

4. 已知控制系统的特征方程式 $s^3 + 20s^2 + 4s + 100 = 0$，试用劳斯判据判断系统的稳定性，并说明特征根在复平面上的分布。

5. 已知控制系统的特征方程式 $2s^5 + s^4 - 15s^3 + 25s^2 + 2s - 7 = 0$，试用劳斯判据判断系统的稳定性，并说明特征根在复平面上的分布。

6. 已知控制系统的特征方程式 $s^6 + 2s^5 + 8s^4 + 12s^3 + 20s^2 + 16s + 16 = 0$，试用劳斯判据判断系统的稳定性，并说明特征根在复平面上的分布。

7. 已知控制系统的特征方程式 $s^4 + 2s^3 + s^2 + 2s + 1 = 0$，试用劳斯判据判断系统的稳定性，并说明特征根在复平面上的分布。

8. 已知系统特征方程 $s^5 + 3s^4 + 12s^3 + 24s^2 + 32s + 48 = 0$，试求系统在 s 右半平面的根数及虚根值。

9. 已知单位负反馈系统的开环传递函数是 $G_K(s) = \dfrac{10(s+1)}{s(s-1)(s+5)}$，用劳斯判据判断系统的稳定性。

10. 已知单位负反馈系统的开环传递函数为 $G_K(s) = \dfrac{10}{s(s-1)(2s+3)}$，试用劳斯判据判断系统的稳定性。

11. 已知单位负反馈系统的开环传递函数为 $G_K(s) = \dfrac{24}{s(s+2)(s+4)}$，判断系统是否稳定。

12. 已知单位负反馈系统的开环传递函数为 $G_K(s) = \dfrac{100}{(0.1s+2)(s+5)}$，试分析闭环系统的稳定性。

13. 已知单位负反馈系统的开环传递函数为 $G_K(s) = \dfrac{3s+1}{s^2(300s^2+600s+50)}$，试分析闭环系统的稳定性。

14. 设系统特征方程 $s^4 + 3s^3 + s^2 + 3s + 1 = 0$，试用劳斯判据确定系统正实部根的个数。

15. 设系统特征方程 $s^3 + 10s^2 + 16s + 160 = 0$，试用劳斯判据确定系统正实部根的个数。

16. 已知单位负反馈系统的开环传递函数 $G_K(s) = \dfrac{K(s+1)}{s(s^3+4s^2+2s+3)}$，试用劳斯判据分析闭环系统稳定时 K 的取值范围。

17. 已知单位负反馈系统的开环传递函数 $G_K(s) = \dfrac{K}{s(0.1s+1)(0.25s+1)}$，试用劳斯

判据分析闭环系统稳定时 K 的取值范围。

18. 已知单位负反馈系统的开环传递函数 $G_K(s) = \dfrac{K(s+1)}{18s^2(\frac{1}{3}s+1)(\frac{1}{6}s+1)}$, 试用劳斯

判据分析闭环系统稳定时 K 的取值范围。

19. 已知单位负反馈系统的开环传递函数 $G_K(s) = \dfrac{K(s+1)}{s(s+1)(2s+1)}$, 试用劳斯判据分析闭环系统稳定时 K 的取值范围。

20. 已知单位负反馈系统的开环传递函数 $G_K(s) = \dfrac{K(s+1)(s+3)}{s(s^2-1)}$, 试用劳斯判据分析闭环系统稳定时 K 的取值范围。

21. 已知单位负反馈系统的开环传递函数 $G_K(s) = \dfrac{s+4}{s^3+2s^2+4s}$, 试分析闭环系统的稳定性。

22. 已知某控制系统闭环特征方程为 $s^4+2s^3+3s^2+6s+2=0$, 试用劳斯判据判断该系统的稳定性, 并说出闭环极点的分布情况。

23. 已知系统闭环特征方程为 $s^6+4s^5-4s^4+4s^3-7s^2-8s+10=0$, 试用劳斯判据判断系统的稳定性。

24. 已知某控制系统闭环特征方程为 $s^5+3s^4+12s^3+20s^2+35s+25=0$, 试用劳斯判据判断该系统的稳定性, 并说出闭环极点的分布情况。

25. 已知某控制系统闭环特征方程 $s^3+2s^4-s-2=0$, 试用劳斯判据判断该系统的稳定性, 并说出闭环极点的分布情况。

26. 已知某控制系统闭环特征方程 $s^6+3s^5+9s^4+18s^3+22s^2+12s+12=0$, 试用劳斯判据判断该系统的稳定性, 并说出闭环极点的分布情况。

27. 已知单位负反馈系统的开环传递函数 $G_K(s) = \dfrac{K(0.5s+1)}{s(s+1)(0.5s^2+s+1)}$, 试用劳斯判据分析闭环系统稳定时 K 的取值范围。

28. 已知单位负反馈系统的开环传递函数 $G_K(s) = \dfrac{10(Ks+1)}{s^2(s+1)}$, 试用劳斯判据分析闭环系统稳定时 K 的取值范围。

29. 已知单位负反馈系统的开环传递函数 $G_K(s) = \dfrac{4K}{s^3+3Ks^2+(K+2)s}$, 试用劳斯判据分析闭环系统稳定时 K 的取值范围。

30. 已知单位负反馈系统的开环传递函数 $G_K(s) = \dfrac{K}{s^4+4s^3+13s^2+36s}$, 试用劳斯判据分析闭环系统稳定时 K 的取值范围。

31. 已知单位负反馈系统的开环传递函数 $G_K(s) = \dfrac{K}{s(s+1)(s+2)}$, 试用劳斯判据分析闭环系统稳定时 K 的取值范围。

32. 已知单位负反馈系统的开环传递函数 $G_K(s) = \dfrac{2K(s+1)}{s^2(0.1s+1)}$, 试用劳斯判据分析闭

环系统稳定时 K 的取值范围。

33. 已知单位负反馈系统的开环传递函数 $G_K(s) = \dfrac{K}{s(s^2 + 8s + 25)}$，试用劳斯判据分析闭环系统稳定时 K 的取值范围。

34. 已知单位负反馈系统的开环传递函数 $G_K(s) = \dfrac{10(s + 1)}{s^3 + (1 + 10K)s^2}$，试用劳斯判据分析闭环系统稳定时 K 的取值范围。

35. 已知单位负反馈系统开环传递函数 $G_K(s) = \dfrac{K}{(s + 2)(s + 4)(s^2 + 6s + 25)}$，试用劳斯判据分析闭环系统稳定时 K 的取值范围。

36. 已知单位负反馈系统的开环传递函数 $G_K(s) = \dfrac{K}{s(s^2 + 4s + 200)}$，试用劳斯判据分析闭环系统稳定时 K 的取值范围。

37. 试用劳斯判据分析闭环系统 $G_B(s) = \dfrac{4900(s + \tau)}{s^3 + 28s^2 + 4900s + 4900\tau}$ 稳定时 K 的取值范围。

38. $G_K(s) = \dfrac{50}{0.05s^2 + (1 + 50K)s}$，用劳斯判据判断其单位负反馈闭环系统的稳定性。

39. $G_K(s) = \dfrac{16}{s(s + 4 + 16K)}$，判断其单位负反馈闭环系统的稳定性。

40. 已知单位负反馈系统的开环传递函数为 $G_K(s) = \dfrac{10(s + 1)}{s^3(s + 10K + 1)}$，则系统稳定时 K 的取值范围。

41. 已知单位负反馈系统的开环传递函数 $G_K(s) = \dfrac{7(s + 1)}{s(s + 4)(s^2 + 2s + 2)}$，试分析闭环系统的稳定性。

42. 已知该单位负反馈系统的开环传递函数为 $G_K(s) = \dfrac{10(s + 1)}{s^2(s + 10K_f + 1)}$，判断其稳定时 K_f 的取值范围。

43. 已知单位负反馈系统的开环传递函数为 $G(s) = \dfrac{K(0.5s + 1)}{s(s + 1)(0.5s^2 + s + 1)}$，试确定系统稳定时的 K 的取值范围。

44. 单位负反馈系统开环传递函数为 $G_K(s) = \dfrac{K^*(s + 4)}{s(s + 1)^2}$，用劳斯判据判断系统的稳定性。

3.1.5 稳态误差的计算

1. 已知单位负反馈系统的开环传递函数为 $G_K(s) = \dfrac{100}{(0.1s + 1)(0.5s + 1)}$，试分别求出当 $r(t) = 1(t)$、t、t^2 时系统的稳态误差终值。

2. 已知单位负反馈系统的开环传递函数为 $G_K(s) = \dfrac{4(s+3)}{s(s+4)(s^2+2s+2)}$，试分别求出当 $r(t) = 1(t)$、t、t^2 时系统的稳态误差终值。

3. 已知单位负反馈系统的开环传递函数为 $G_K(s) = \dfrac{8(0.5s+1)}{s^2(0.1s+1)}$，试分别求出当 $r(t) = 1(t)$、t、t^2 时系统的稳态误差终值。

4. 某单位负反馈系统的开环传递函数为 $G(s) = \dfrac{2}{s(0.5s+1)(2s+1)}$，当输入信号为 $r(t) = 1(t) + 2t + \dfrac{3}{2}t^2$ 时，求系统的稳态误差。

5. 设单位负反馈系统的开环传递函数为 $\dfrac{G(s)}{R(s)} = \dfrac{100}{s(0.1s+1)}$，试求当输入信号 $r(t) = \sin 5t$ 时，系统的稳态误差。

6. 已知单位负反馈控制系统的开环传递函数为 $G_K(s) = \dfrac{50}{(0.1s+1)(2s+1)}$，试求位置误差系数 K_p、速度误差系数 K_v 和加速度误差系数 K_a，并确定输入信号 $r(t) = 2t$ 时，系统的稳态误差 e_{ss}。

7. 已知单位负反馈控制系统的开环传递函数 $G_K(s) = \dfrac{K}{s(0.1s+1)(0.5s+1)}$，试求位置误差系数 K_p、速度误差系数 K_v 和加速度误差系数 K_a，并确定输入信号 $r(t) = 2t$ 时，系统的稳态误差 e_{ss}。

8. 已知单位负反馈控制系统的开环传递函数为 $G_K(s) = \dfrac{10(2s+1)(4s+1)}{s^2(s^2+2s+10)}$，试求位置误差系数 K_p、速度误差系数 K_v 和加速度误差系数 K_a，并确定输入信号 $r(t) = 2t$ 时，系统的稳态误差 e_{ss}。

9. 已知单位负反馈控制系统的开环传递函数为 $G_K(s) = \dfrac{100}{(0.1s+1)(s+5)}$，试求输入信号分别为 $r(t) = 2t$ 和 $r(t) = 2 + 2t + t^2$ 时，系统的稳态误差 e_{ss}。

10. 已知单位负反馈控制系统的开环传递函数为 $G_K(s) = \dfrac{50}{s(0.1s+1)(s+5)}$，试求输入信号分别为 $r(t) = 2t$ 和 $r(t) = 2 + 2t + t^2$ 时，系统的稳态误差 e_{ss}。

11. 已知单位负反馈控制系统的开环传递函数为 $G_K(s) = \dfrac{10(2s+1)}{s^2(s^2+4s+200)}$，试求输入信号分别为 $r(t) = 2t$ 和 $r(t) = 2 + 2t + t^2$ 时，系统的稳态误差 e_{ss}。

12. 已知单位负反馈系统的开环传递函数为 $G_K(s) = \dfrac{K}{s(s^2+8s+25)}$，试根据下述要求确定 K 的取值范围。当 $r(t) = 2t$ 时，其稳态误差 $e_{ssr}(t) \le 0.5$。

13. 已知单位负反馈控制系统的开环传递函数为 $G_K(s) = \dfrac{7(s+1)}{s(s+4)(s^2+2s+2)}$，试分别求出当输入信号为 $1(t)$、$t \cdot 1(t)$、$t^2 \cdot 1(t)$ 时，系统的稳态误差。

14. 已知单位负反馈系统的闭环传递函数分别为

$$G_{Ba}(s) = \frac{s+1}{s^3 + 2s^2 + 3s + 7}, G_{Bb}(s) = \frac{10}{5s^2 + 2s + 10}$$

试求系统的静态位置误差系数、静态速度误差系数和静态加速度误差系数，并求 $r(t) = 10 + 5t$ 时系统的稳态误差。

15. 复合控制系统如下图所示。其中 $K_1 = 2K_2 = 1, T_2 = 0.25s, K_2K_3 = 1$。求当 $r(t) = 1 + t + \frac{1}{2}t^2$ 时，系统的稳态误差。

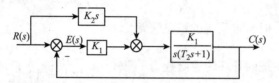

16. 对于下图所示系统，试求：

（1）当 $r(t) = 0$、$n(t) = 1(t)$ 时，系统的稳态误差 $e_{ss}(\infty)$。

（2）当 $r(t) = 1(t)$、$n(t) = 1(t)$ 时，系统的稳态误差 $e_{ss}(\infty)$。

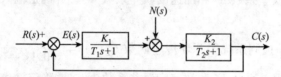

17. 如下图所示为仪表伺服系统框图，试求取 $r(t) = 4 + 6t + 3t^2$ 时的稳态误差 $e_{ss}(\infty)$。

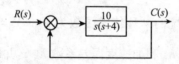

3.1.6 控制系统性能指标的计算

1. 一阶系统的结构图如下图所示。试求该系统单位阶跃响应及调节时间 t_s。如果要求 $t_s \leq 0.1\,s$，试问系统的反馈系数 $K_t(K_t \geq 0)$ 应该如何选取？

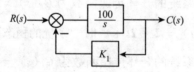

2. 已知单位负反馈系统的开环传递函数 $G_K(s) = \dfrac{K}{s(Ts+1)}$，若阶跃响应满足 $t_s(5\%) = 6(s)$、$\sigma\% = 16\%$ 时，系统的时间常数 T 以及开环放大倍数 k 应为多少？

3. 典型二阶系统单位阶跃响应曲线如下图所示。试确定系统的闭环传递函数。

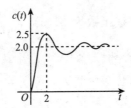

4. 已知单位负反馈系统的开环传递函数为 $G(s) = \dfrac{K}{s(\tau s + 1)}$，单位阶跃响应曲线如下图所示。确定参数 K 及 τ。

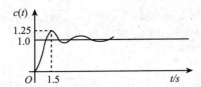

5. 有一位置随动系统，结构图如下图所示。$K = 40$，$\tau = 0.1$。（1）求系统的开环和闭环极点；（2）当输入量 $R(s)$ 为单位阶跃函数时，求系统的自然振荡角频率 ω_n，阻尼比 ζ 和系统的动态性能指标 $t_r, t_s, \sigma\%$。

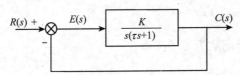

6. 单位负反馈系统的开环传递函数为 $G(s) = \omega_n^2 / [s(s + 2\zeta\omega_n)]$，系统的误差为 $e(t) = 1.4e^{-1.07t} - 0.4e^{-3.73t}$，求系统的稳态误差 $e_{ss}(\infty)$ 和阻尼比 ζ、无阻尼振荡角频率 ω_n。

7. 某单位负反馈控制系统中前向通道 $G_1(s)$ 的单位阶跃响应为 $\dfrac{8}{5}(1 - e^{-5t})$，若 $r(t) = 20 \times 1(t)$，求系统超调量 $\sigma\%$，调节时间 t_s 和稳态误差 e_{ss}。

8. 已知控制系统结构图如下图所示。为保证系统的控制精度，要求开环放大系数 $K \geqslant 50$，同时要求系统的超调量 $\sigma\% \leqslant 5\%$。根据现有参数，试分析系统是否满足要求？

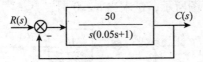

9. 设系统的初始条件为零，其微分方程式为 $c(t) + 6c(t) + 25c(t) = 25r(t)$，求出在单位阶跃函数作用下系统的最大超调量 $\sigma\%$、峰值时间 t_p、过渡过程时间 t_s。

10. 典型二阶系统的单位阶跃响应为 $c(t) = 1 - 1.25e^{-1.2t}\sin(1.6t + 53.1°)$，试求系统的最大超调量 $\sigma\%$、峰值时间 t_p、过渡过程时间 t_s。

11. 系统零初始条件下的单位阶跃响应为 $c(t) = 1 - 1.25e^{-1.2t}\sin(1.6t + 53.1°)$，试确定阻尼比 ζ 与无阻尼自振角频率 ω_n。

12. 某单位反馈系统的开环传递函数为 $G(s) = \dfrac{K}{s(Ts + 1)}$，其动态性能指标满足 $t_s = 6\text{s}$，$\sigma\% = 16\%$。试确定系统的时间常数 T 以及开环放大倍数 K 的值。

13. 设单位负反馈系统的开环传递函数为 $G_K(s) = \dfrac{1}{s(s+1)}$，试求系统的上升时间 t_r、峰值时间 t_p、过渡过程时间 t_s 和最大超调 $\sigma\%$。

14. 单位负反馈控制系统的开环传递函数为 $G_K(s) = \dfrac{K}{s(0.1s+1)}$，当 $K=5$ 时，求系统的动态性能指标 t_r，t_p、t_s 和 $\sigma\%$。

15. 单位负反馈系统的开环传递函数为 $G(s) = \dfrac{K}{s(\tau s+1)}$，

试计算：（1）当超调量在 $30\% \sim 5\%$ 变化时，参数 K 与 τ 乘积的取值范围；

（2）当阻尼比 $\zeta = 0.707$ 时，求参数 K 与 τ 的关系。

16. 试求下图所示系统的阻尼比 ζ、无阻尼自振角频率 ω_n 及峰值时间 t_p、最大超调 $\sigma\%$。系统的参数是：

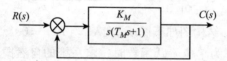

（1）$K_M = 10\mathrm{s}^{-1}$，$T_M = 0.1\mathrm{s}$

（2）$K_M = 20\mathrm{s}^{-1}$，$T_M = 0.1\mathrm{s}$

17. 设系统的闭环传递函数为 $G_B(s) = \dfrac{C(s)}{R(s)} = \dfrac{\omega_n^2}{s^2 + 2\zeta\omega_n s + \omega_n^2}$，为使系统阶跃响应有 5% 的最大超调和 $2\mathrm{s}$ 的调节时间，试求 ζ 和 ω_n。

18. 已知控制系统的框图如下图所示。要求系统的单位阶跃响应 $c(t)$ 具有最大超调 $\sigma\% = 16.3\%$ 和峰值时间 $t_p = 1\mathrm{s}$。试确定前置放大器的增益 K 及局部反馈系数 τ。

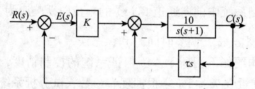

19. 已知系统结构图如下图所示，试求当 $b=0$ 时，系统的调节时间和超调量。

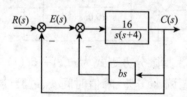

20. 已知单位负反馈闭环控制系统的开环传递函数为 $G(s) = \dfrac{K(s+1)}{s^3 + as^2 + 2s + 1}$，若系统以 $\omega = 2$ 持续振荡，试确定相应的 K 和 a 的值。

3.2　时域法标准答案及习题详解

3.2.1　填空题标准答案

1. 单位加速度信号

2. $\dfrac{s^2 + 6s + 12}{(s + 3)(s + 4)}$

3. $\dfrac{15s + 15}{(s + 0.2)(s + 0.5)}$

4. 快速性

5. 不稳定

6. 快

7. 零

8. 临界阻尼

9. $\sigma\% = \mathrm{e}^{-\xi\pi/\sqrt{1-\zeta^2}} \times 100\%$

10. 高

11. 正

12. $\dfrac{1}{1 + K_p}$

13. 典型

14. $h(t) = 10(1 - \mathrm{e}^{-2t})\,(t \geq 0)$

15. $G_B(s) = \dfrac{0.0333}{s + 0.333}$

16. 指数

17. 0

18. $\arctan \dfrac{\sqrt{1 - \zeta^2}}{\zeta}$

19. $\sqrt{1 - \zeta^2}\,\omega_n$

20. 大

21. 差

22. 快

23. 实际值

24. I

25. $\lim\limits_{s \to 0} sG_K(s)$

26. 共轭复

27. 1

28. $\dfrac{1}{1 + G_1(s)G_2(s)H(s)}$

29. 2. 5

30. $k - ke^{\frac{-t}{T}} = k(1 - e^{\frac{-t}{T}})$

31. 5%

32. $t_r = \dfrac{\pi - \theta}{\omega_d}$

33. $t_s = \dfrac{4}{\zeta \omega_n}$

34. $G_B(s) = \dfrac{10}{s + 10} = \dfrac{1}{0.1s + 1}$

35. $G(s) = \dfrac{5}{s^2 + 2.4s + 4}$

36. $\zeta = 0.6$

37. $c(t) = L^{-1}[G(s) \cdot 1] = L^{-1}[\dfrac{50}{s^2 + 10s + 50}] = L^{-1}[\dfrac{50}{(s + 5)^2 + 5^2}]$

　　　　$= 10e^{-5t}\sin 5t$

38. $K = 10$

39. 稳定的

40. 调节时间

41. $s(s + 4)(s + 2) + 1 = 0$

42. 0

43. Ⅱ型

44. 0 和 1 之间

45. 不稳定

3.2.2　单项选择题标准答案

1. B　2. A　3. C　4. C　5. D
6. C　7. C　8. B　9. A　10. B
11. C　12. A　13. A　14. B　15. B
16. A　17. A　18. B　19. B　20. B
21. B　22. B

3.2.3　多项选择题标准答案

1. ABCD　2. ABCD　3. ABC　4. AC　5. CD
6. ABD　7. AC　8. ABCD　9. ABD　10. ABCD
11. ABD　12. ABC　13. ABC　14. ABD　15. ABC
16. AD　17. ABC　18. ABCD　19. ABCD　20. ABCD
21. ABCD　22. ABCD　23. ABCD　24. ABD　25. ABD
26. ACD　27. AC　28. ABD　29. ABD　30. ABC
31. ABC

3.2.4　判断题详解

1. 列劳斯表如下

$$
\begin{array}{c|ccc}
s^5 & 1 & 3 & 1 \\
s^4 & 6 & 2 & 1 \\
s^3 & \dfrac{8}{3} & \dfrac{5}{6} & \\
s^2 & \dfrac{1}{8} & 1 & \\
s^1 & -\dfrac{123}{6} & 0 & \\
s^0 & 1 & &
\end{array}
$$

可见劳斯表第 1 列元素符号改变两次，所以系统不稳定，且有两个正实部的特征根。

2. 列劳斯表如下

$$
\begin{array}{c|ccc}
s^5 & 25 & 120 & 20 \\
s^4 & 105 & 122 & 1 \\
s^3 & 91 & 19.8 & \\
s^2 & 99.2 & 1 & \\
s^1 & 18.88 & & \\
s^0 & 1 & &
\end{array}
$$

劳斯表第 1 列元素均为正数，故系统是稳定的，系统的 5 个根均在 s 平面的左半部分，无右半 s 平面的根。

3. 列劳斯表如下

$$
\begin{array}{c|cc}
s^3 & 1 & 4 \\
s^2 & 20 & 50 \\
s^1 & 1.5 & \\
s^0 & 50 &
\end{array}
$$

劳斯表第 1 列元素均为正数，故系统是稳定的，系统有三个根均在 s 平面左半部分。

4. 列劳斯表如下

$$
\begin{array}{c|cc}
s^3 & 1 & 4 \\
s^2 & 20 & 100 \\
s^1 & -1 & \\
s^0 & 100 &
\end{array}
$$

可见，劳斯表第 1 列元素不全为零，符号改变两次，说明闭环系统有两个正实部的根，即在 s 平面右半部分有两个闭环极点，所以系统不稳定。

5. 控制系统稳定的必要条件是特征方程式的所有系数均为正数，该系统特征方程式的所有系数不全为正数，不满足控制系统稳定的必要条件，故系统是不稳定的。
在 s 右半平面根的个数为

$$
\begin{array}{llll}
s^5 & 2 & -15 & 2 \\
s^4 & 1 & 25 & -7 \quad \rightarrow 列辅助方程\ s^4+25s^2-7=0 \\
s^3 & 4 & 50 & 0 \quad\ \ \leftarrow 对辅助方程求导后的系数 \\
s^2 & 12.5 & -7 \\
s^1 & 52.24 & 0 \\
s^0 & -7
\end{array}
$$

可见，劳斯表第 1 列符号改变 1 次，说明系统有一个正实部的特征根，即在 s 平面右半部分有一个闭环极点。在 s 平面左半部分有四个闭环极点。

6. 列劳斯表如下

$$
\begin{array}{lllll}
s^6 & 1 & 8 & 20 & 16 \\
s^5 & 2 & 12 & 16 \\
s^4 & 2 & 12 & 16 \quad \rightarrow 列辅助方程\ 2s^4+12s^2+16=0 \\
s^3 & 0 & 0 & 0 \\
 & 8 & 12 & \quad\ \ \leftarrow 对辅助方程求导后的系数 \\
s^2 & 9 & 16 \\
s^1 & -\dfrac{20}{9} \\
s^0 & 16
\end{array}
$$

可见劳斯表第 1 列元素符号改变两次，所以系统不稳定，且有两个正实部的特征根，即在 s 平面右半部分有两个闭环极点。

7. 列劳斯表如下

$$
\begin{array}{lll}
s^4 & 1 & 1 \quad 1 \\
s^3 & 2 & 2 \\
s^2 & 0 \rightarrow \varepsilon & 1 \\
s^1 & \dfrac{2\varepsilon-2}{\varepsilon} \\
s^0 & 1
\end{array}
$$

因为劳斯表第 1 列元素符号改变两次，所以系统不稳定，且有两个正实部的特征根，即在 s 平面右半部分有两个闭环极点。

8. 列劳斯表如下

$$
\begin{array}{llll}
s^5 & 1 & 12 & 32 \\
s^4 & 3 & 24 & 48 \\
s^3 & 4 & 16 & 0 \\
s^2 & 12 & 48 \\
s^1 & 0 & 0 & \quad \rightarrow 列辅助方程\ 12s^2+48=0 \\
 & 24 & & \quad\ \ \leftarrow 对辅助方程求导后的系数 \\
s^0 & 48
\end{array}
$$

劳斯表第 1 列没有变号，故无右半 s 平面的根，但第 5 行为全零行，说明有虚根，利用辅助方程求得虚根为

$$
12s^2 + 48 = 0
$$

$$
s = \pm \mathrm{j}2
$$

9. 单位负反馈系统的特征方程式为

$$
1 + G_K(s) = 0
$$

即

$$s(s-1)(s-5)+10(s+1)=0$$

或写成

$$s^3+4s^2+6s+10=0$$

列劳斯表如下

$$
\begin{array}{ll}
s^3 & 1 \quad 6 \\
s^2 & 4 \quad 10 \\
s^1 & \dfrac{7}{2} \\
s^0 & 10
\end{array}
$$

劳斯表第 1 列元素均为正数，故系统是稳定的，系统的三个根均在 s 平面左半部分。

10. 单位负反馈系统的特征方程式为 $2s^3+s^2-3s+10=0$，由于控制系统稳定的必要条件是特征方程式的所有系数均为正数，该系统特征方程式的所有系数不全为正数（$a_2=-3$），不满足控制系统稳定的必要条件，故系统是不稳定的。

11. 单位负反馈系统的特征方程式为 $s^3+6s^2+8s+24=0$，可见劳斯表第 1 列元素均为正数，故系统是稳定的，系统的三个根均在 s 平面左半部分。

$$
\begin{array}{ll}
s^3 & 1 \quad 8 \\
s^2 & 6 \quad 24 \\
s^1 & 4 \\
s^0 & 24
\end{array}
$$

12. 同理可得单位负反馈系统的特征方程式为 $0.1s^2+2.5s+110=0$，根据赫尔维茨稳定判据，对于 $n=2$ 的线性系统，其稳定的充分必要条件是特征方程的各项系数为正。该系统特征方程的各项系数均为正，故系统是稳定的。

13. 单位负反馈系统的特征方程式为

$$300s^4+600s^3+50s^2+3s+1=0$$

列劳斯表如下

$$
\begin{array}{ll}
s^4 & 300 \quad 50 \quad 1 \\
s^3 & 600 \quad 3 \\
s^2 & \dfrac{291}{3} \quad 1 \\
s^1 & -\dfrac{927}{291} \\
s^0 & 1
\end{array}
$$

可见劳斯表第 1 列元素符号改变两次，所以系统不稳定，且有两个正实部的特征根，即在 s 平面右半部分有两个闭环极点。

14. 由劳斯表知，第 3 行第 1 列的元素为零，其余各元素不为零，故可用一个很小正数 ε 代替这个零，其劳斯表为

$$
\begin{array}{ll}
s^4 & 1 \quad 1 \quad 1 \\
s^3 & 3 \quad 3 \\
s^2 & \varepsilon \quad 1 \\
s^1 & 3 - \dfrac{3}{\varepsilon} \\
s^0 & 1
\end{array}
$$

因 ε 很小, $3 - \dfrac{3}{\varepsilon} < 0$, 劳斯表第 1 列变号 2 次, 故系统有 2 个正实部的根。

15. 列劳斯表如下

$$
\begin{array}{ll}
s^3 & 1 \quad 16 \\
s^2 & 10 \quad 160 \rightarrow 列辅助方程\ 10s^2+160=0 \\
s^1 & 20 \qquad\qquad\quad \downarrow 求导 \\
s^0 & 165 \qquad\qquad\ \leftarrow 构成新行\ 20s+0=0
\end{array}
$$

第 1 列不变号, 故系统无正实部根。但由辅助方程知, 系统有一对纯虚根 $\pm j4$。

16. 系统的特征方程为: $s(s^3 + 4s^2 + 2s + 3) + K(s + 1) = 0$

或写成:

$$
s^4 + 4s^3 + 2s^2 + (3 + K)s + K = 0
$$

列劳斯表:

$$
\begin{array}{lll}
s^4 & 1 & 2 \quad K \\
s^3 & 4 & 3+K \\
s^2 & \dfrac{5-K}{4} & K \\
s^1 & \dfrac{15-K^2-14K}{5-K} & \\
s^0 & K &
\end{array}
$$

若系统稳定, 则第一列数全大于零, 即 $\dfrac{5-K}{4} > 0; \dfrac{15-K^2-14K}{5-K} > 0, K > 0$,

解得 K 的取值范围是 $0 < K < 1$。

17. 系统的特征方程为: $s(0.1s + 1)(0.25s + 1) + K = 0$

列劳斯表:

$$
\begin{array}{lll}
s^3 & 0.025 & 1 \\
s^2 & 0.35 & K \\
s^1 & \dfrac{0.35-0.025K}{0.35} & \\
s^0 & K &
\end{array}
$$

若系统稳定, 则第一列数全大于零, 即 $K > 0, \dfrac{0.35 - 0.025K}{0.35} > 0$,

解得 K 的取值范围是 $0 < K < 14$。

18. 系统的特征方程为: $18s^2(\dfrac{1}{3}s + 1)(\dfrac{1}{6}s + 1) + K(s + 1) = 0$

$$
s^4 + 9s^3 + 18s^2 + Ks + K = 0
$$

列劳斯表：

$$
\begin{array}{ccc}
s^4 & 1 & 18 & K \\
s^3 & 9 & K \\
s^2 & 18-\dfrac{K}{9} & K \\
s^1 & 9K-\dfrac{K^2}{9} \\
s^0 & K
\end{array}
$$

若系统稳定，则第一列数全大于零，即 $18-\dfrac{K}{9}>0, 9K-\dfrac{K^2}{9}>0, K>0$，

解得 K 的取值范围是 $0<K<81$。

19. 系统的特征方程为：$s(s+1)(2s+1)+K(s+1)=0$

或写成：

$$2s^3+3s^2+(1+K)s+K=0$$

列劳斯表：

$$
\begin{array}{ccc}
s^3 & 2 & 1+K \\
s^2 & 3 & K \\
s^1 & \dfrac{3+K}{3} \\
s^0 & K
\end{array}
$$

若系统稳定，则第一列数全大于零，即 $\dfrac{3+K}{3}>0, K>0$，

解得 K 的取值范围是 $0<K$。

20. 系统的特征方程为：$s(s^2-1)+K(s+1)(s+3)=0$

或

$$s^3+Ks^2+(4K-1)s+3K=0$$

列劳斯表：

$$
\begin{array}{ccc}
s^3 & 1 & -1+4K \\
s^2 & K & 3K \\
s^1 & 4K-4 \\
s^0 & 3K
\end{array}
$$

若系统稳定，则第一列数全大于零，即 $K>0, 4K-4>0, 3K>0$，

解得 K 的取值范围是 $0<K<1$。

21. 系统的特征方程为：$s^3+2s^2+5s+4=0$

列劳斯表：

$$
\begin{array}{ccc}
s^3 & 1 & 5 \\
s^2 & 2 & 4 \\
s^1 & 3 \\
s^0 & 4
\end{array}
$$

则第一列数全大于零。

那么系统是稳定的。

22. 列劳斯表

$$
\begin{array}{cccc}
s^4 & 1 & 3 & 2 \\
s^3 & 2 & 6 & \\
s^2 & \varepsilon & 2 & \\
s^1 & \dfrac{6\varepsilon-4}{\varepsilon} & & \\
s^0 & 2 & &
\end{array}
$$

$$\varepsilon \to 0 时，\ 6-\frac{4}{\varepsilon}<0$$

劳斯表第一列元素变号两次，所以系统不稳定，说明系统有两个正根。

23. 列劳斯表

$$
\begin{array}{cccc}
s^6 & 1 & -4 & -7 & 10 \\
s^5 & 4 & 4 & -8 \\
s^4 & -5 & -9 & 10 \\
s^3 & & & \\
s^2 & & & \\
s^1 & & & \\
s^0 & & &
\end{array}
$$

知系统的系数中存在负数，故系统是不稳定的。

24. 列劳斯表

$$
\begin{array}{cccc}
s^5 & 1 & 12 & 35 \\
s^4 & 3 & 20 & 25 \\
s^3 & \dfrac{16}{3} & \dfrac{80}{3} & \\
s^2 & \dfrac{320}{9} & 25 & \\
s^1 & \dfrac{160}{27} & & \\
s^0 & 25 & &
\end{array}
$$

表中第一列符号没有改变，系统稳定，特征根均分布在 s 左半平面。

25. 列劳斯表

$$
\begin{array}{cll}
s^5 & 1 & 0 & -1 \\
s^4 & 2 & 0 & -2 & \to 列辅助方程\ 2s^4-2=0 \\
s^3 & 0 & 0 \\
 & 8 & 0 & \leftarrow 对辅助方程求导后的系数 \\
s^2 & 0 & -2 & 设第一列元素"0"为\ \varepsilon\ 继续计算 \\
 & \varepsilon & -2 \\
s^1 & \dfrac{16}{\varepsilon} & \\
s^0 & -2 &
\end{array}
$$

劳斯表第一列元素变号一次，说明系统有一个正根。解辅助方程得

$$s^4 - 1 = (s + 1)(s - 1)(s + j)(s - j)$$
$$D(s) = s^5 + 2s^4 - s - 2 = (s + 2)(s + 1)(s - 1)(s + j)(s - j)$$

可见，系统在 s 右半平面有 1 个根，在虚轴上有 2 个根，在 s 左半平面有两个根。

26. 列劳斯表

s^6	1	9	22　12
s^5	3	18	12
s^4	3	18	12
s^3	0	0	0
s^2			
s^1			
s^0			

可见，出现全零行，列辅助方程：$3s^4 + 18s^2 + 12 = 0$
求导得出 $12s^3 + 36s = 0$，则劳斯表改为

s^6	1	9	22　12
s^5	3	18	12
s^4	3	18	12
s^3	12	36	
s^2	9	12	
s^1	20		
s^0	12		

那么系统是稳定的，有两个虚轴上的极点。

27. 系统的特征方程为：$s(s + 1)(0.5s^2 + s + 1) + K(0.5s + 1) = 0$
或写成：

$$0.5s^4 + 1.5s^3 + 2s^2 + (1 + 0.5K)s + K = 0$$

列劳斯表：

s^4	0.5	2	K
s^3	1.5	1+0.5K	
s^2	$\dfrac{2.5+0.25K}{1.5}$	K	
s^1	$\dfrac{1-0.5K-0.05K^2}{1-0.1K}$		
s^0	K		

若系统稳定，则第一列数全大于零，即 $\dfrac{2.5 + 0.25K}{1.5} > 0, \dfrac{1 - 0.5K - 0.05K^2}{1 - 0.1K} > 0, K > 0$，
解得 K 的取值范围是 $0 < K < 10$。

28. 系统的特征方程为：$s^2(s + 1) + 10(Ks + 1) = 0$
列劳斯表：

s^3	1	10K
s^2	1	10
s^1	10K-10	
s^0	10	

若系统稳定，则第一列数全大于零，即 $10K - 10 > 0$ ，
解得 K 的取值范围是 $K > 1$ 。

29. 系统的特征方程为：$s^3 + 3Ks^2 + (K + 2)s + 4K = 0$
列劳斯表：

$$
\begin{array}{c|cc}
s^3 & 1 & K+2 \\
s^2 & 3K^2 & 4K \\
s^1 & \dfrac{3K^2(K+2)-4K}{3K^2} & \\
s^0 & 4 &
\end{array}
$$

若系统稳定，则第一列数全大于零，即 $3K^2 > 0, \dfrac{3K^2(K+2)-4K}{3K^2} > 0$ ，

解得 K 的取值范围是 $-1 - \dfrac{\sqrt{21}}{3} < K < -1 + \dfrac{\sqrt{21}}{3}$ 。

30. 系统的特征方程为：$s^4 + 4s^3 + 13s^2 + 36s + K = 0$
列劳斯表：

$$
\begin{array}{c|ccc}
s^4 & 1 & 13 & K \\
s^3 & 4 & 36 & \\
s^2 & 4 & K & \\
s^1 & 36-K & & \\
s^0 & K & &
\end{array}
$$

若系统稳定，则第一列数全大于零，即 $36 - K > 0, K > 0,$
解得 K 的取值范围是 $0 < K < 36$ 。

31. 系统闭环特征方程为 $1 + G_K(s) = 0$
即 $s^3 + 3s^2 + 2s + K = 0$
列劳斯表如下

$$
\begin{array}{c|cc}
s^3 & 1 & 2 \\
s^2 & 3 & K \\
s^1 & \dfrac{6-K}{3} & \\
s^0 & K &
\end{array}
$$

系统稳定时劳斯表第一列各之素应大于零，即：$\dfrac{6-K}{3} > 0$ 且 $K > 0$，解得 K 的取值范围是
$0 < K < 6$ 。

32. 闭环特征方程 $0.1s^3 + s^2 + 2K_1 s + 2K_1 = 0$
列劳斯表如下

$$
\begin{array}{c|cc}
s^3 & 0.1 & 2K_1 \\
s^2 & 1 & 2K_1 \\
s^1 & 1.8K_1 & \\
s^0 & 2K_1 &
\end{array}
$$

显然，当 $K_1 > 0$ 时，系统稳定。

33. 该系统的闭环特征方程为 $s^3 + 8s^2 + 25s + K = 0$

列劳斯表如下

$$
\begin{array}{ll}
s^3 & 1 \qquad 25 \\
s^2 & 8 \qquad K \\
s^1 & \dfrac{200-K}{8} \\
s^0 & K
\end{array}
$$

使闭环系统稳定的 K 的取值范围为 $0 < K < 200$。

34. 系统的特征方程为：$s^3 + (1 + 10K)s^2 + 10s + 10 = 0$

列劳斯表如下：

$$
\begin{array}{ll}
s^3 & 1 \qquad\quad 10 \\
s^2 & 1+10K \quad 10 \\
s^1 & \dfrac{100K}{1+10K} \\
s^0 & 10
\end{array}
$$

由劳斯稳定判据可知：要使系统稳定，必须满足如下条件

$$1 + 10K > 0$$

$$\frac{100K}{1 + 10K} > 0$$

解之得

$$K > 0$$

35. 系统闭环特征方程为 $1 + G_K(s) = 0$

即

$$s^4 + 12s^3 + 69s^2 + 198s + (200 + K) = 0$$

列劳斯表如下

$$
\begin{array}{lll}
s^4 & 1 & 69 \qquad 200+K \\
s^3 & 12 & 198 \\
s^2 & 52.5 & 200+K \\
s^1 & 198-\dfrac{72(200+K)}{315} \\
s^0 & 200+K
\end{array}
$$

使系统振荡时有

$$198 - \frac{72(200 + K)}{315} = 0$$

$$200 + K = 0$$

求出使系统振荡的 K 值为

$$K = 666.25$$

36. 系统的特征方程为 $s^3 + 4s^2 + 200s + K = 0$，列劳斯表为

$$
\begin{array}{cll}
s^3 & 1 & 200 \\
s^2 & 4 & K \\
s^1 & \dfrac{800-K}{4} & \\
s^0 & K &
\end{array}
$$

系统是稳定的，则第一列数都大于零，即 $\dfrac{800 - K}{4} > 0, K > 0$，解得 K 的取值范围是 $0 < K < 800$。

37. 特征方程式为 $s^3 + 28s^2 + 4900s + 4900\tau = 0$
劳斯表为

$$
\begin{array}{cll}
s^3 & 1 & 4900 \\
s^2 & 28 & 4900\tau \\
s^1 & \dfrac{28 \times 4900 - 4900\tau}{28} & \\
s^0 & 4900\tau &
\end{array}
$$

系统稳定时，$0 < \tau < 28$。

38. 系统的特征方程为：$0.05s^2 + (1 + 50K)s + 50 = 0$
列劳斯表：

$$
\begin{array}{cll}
s^2 & 0.05 & 50 \\
s^1 & 1+50K & \\
s^0 & 50 & \\
& -0.02 < K &
\end{array}
$$

则第一列数全大于零，系统是稳定的。

39. 系统的特征方程为：$s^2 + (4 + 16K)s + 16 = 0$
列劳斯表：

$$
\begin{array}{cll}
s^2 & 1 & 16 \\
s^1 & 4+16K & \\
s^0 & 16 &
\end{array}
$$

若 $K > -0.25$ 则第一列数全大于零，系统是稳定的。

40. 系统的特征方程为：$s^3 + (1 + 10K)s^2 + 10s + 10 = 0$
列劳斯表：

$$
\begin{array}{cll}
s^3 & 1 & 10 \\
s^2 & 1+10K & 10 \\
s^1 & \dfrac{100K}{1+10K} & \\
s^0 & 10 &
\end{array}
$$

若第一列数全大于零，系统是稳定的，即 $1 + 10K > 0, \dfrac{100K}{1 + 10K} > 0$，解得 K 的取值范围是

$K > 0$。

41. 闭环特征方程式为 $s^4 + 6s^3 + 10s^2 + 15s + 7 = 0$

各项系数均大于零，且

$$D_3 = \begin{vmatrix} 6 & 15 & 3 \\ 1 & 10 & 7 \\ 0 & 6 & 15 \end{vmatrix} = 135 > 0$$

故系统稳定。

42. 系统特征方程为 $s^3 + (10K_f + 1)s^2 + 10s + 10 = 0$

列劳斯表如下

s^3	1	10
s^2	$10K_f+1$	10
s^1	$\dfrac{100K_f}{10K_f+1}$	
s^0	10	

由劳斯表知：当 $K_f = 0$ 时，劳斯表出现了全零行，其辅助方程为 $s^2 + 10 = 0$，系统有一对纯虚根 $\pm j\sqrt{10}$，此时系统不是渐近稳定的；当 $K_f > 0$ 时，系统是渐近稳定的。因此，此内反馈的引入增强了系统的稳定性。

43. 系统的特征方程为：$0.5s^4 + 1.5s^3 + 2s^2 + (1 + 0.5K)s + K = 0$

列劳斯表如下：

s^4	0.5	2	K
s^3	1.5	$1+0.5K$	
s^2	$\dfrac{5-0.5K}{3}$	K	
s^1	$\dfrac{5-0.25K^2-2.5K}{3}$		
s^0	K		

若第一列数全大于零，系统是稳定的，即 $\dfrac{5-0.5K}{3} > 0, \dfrac{5-0.25K^2-2.5K}{3} > 0, K > 0$，解得 K 的取值范围是 $-5 - 3\sqrt{5} < K < -5 + 3\sqrt{5}$

44. 列劳斯表如下：

s^3	1	K^*+1
s^2	2	$4K^*$
s^1	$1-K^*$	0
s^0	$4K^*$	

令 s^1 首列元素为大于 0，即

$$1 - K^* > 0, \quad 4K^* > 0$$

得 K^* 的取值范围是 $0 < K^* < 1$。

3.2.5　稳态误差的计算题详解

1. 该系统属于 0 型系统，从而有

静态位置误差系数

$$K_p = \lim_{s \to 0} G_K(s) = \lim_{s \to 0} \frac{100}{(0.1s+1)(0.5s+1)} = 100$$

静态速度误差系数

$$K_v = \lim_{s \to 0} s G_K(s) = \lim_{s \to 0} \frac{100}{(0.1s+1)(0.5s+1)} = 0$$

静态加速度误差系数

$$K_a = \lim_{s \to 0} s^2 G_K(s) = \lim_{s \to 0} s^2 \frac{100}{(0.1s+1)(0.5s+1)} = 0$$

所以

当 $r(t) = 1(t)$ 时　　　$e_{ss} = \dfrac{1}{1+K_p} = \dfrac{1}{1+100} = 0.0099$

当 $r(t) = t$ 时　　　$e_{ss} = \infty$

当 $r(t) = t^2$ 时　　　$e_{ss} = \infty$

2. 该系统属于Ⅰ型系统，从而有

静态位置误差系数

$$K_p = \lim_{s \to 0} G_K(s) = \lim_{s \to 0} \frac{4(s+3)}{s(s+4)(s^2+2s+2)} = \infty$$

静态速度误差系数

$$K_v = \lim_{s \to 0} s G_K(s) = \lim_{s \to 0} s \frac{4(s+3)}{s(s+4)(s^2+2s+2)} = 1.5$$

静态加速度误差系数

$$K_a = \lim_{s \to 0} s^2 G_K(s) = \lim_{s \to 0} s^2 \frac{4(s+3)}{s(s+4)(s^2+2s+2)} = 0$$

所以

当 $r(t) = 1(t)$ 时　　　$e_{ss} = \dfrac{1}{1+K_p} = \dfrac{1}{1+\infty} = 0$

当 $r(t) = t$ 时　　　$e_{ss} = \dfrac{1}{K_v} = \dfrac{1}{1.5} = 0.666$

当 $r(t) = t^2$ 时　　　$e_{ss} = \infty$

3. 该系统属于Ⅱ型系统，从而有

静态位置误差系数

$$K_p = \lim_{s \to 0} G_K(s) = \lim_{s \to 0} \frac{8(0.5s + 1)}{s^2(0.1s + 1)} = \infty$$

静态速度误差系数

$$K_v = \lim_{s \to 0} s G_K(s) = \lim_{s \to 0} s \frac{8(0.5s + 1)}{s^2(0.1s + 1)} = \infty$$

静态加速度误差系数

$$K_a = \lim_{s \to 0} s^2 G_K(s) = \lim_{s \to 0} s^2 \frac{8(0.5s + 1)}{s^2(0.1s + 1)} = 8$$

所以

当 $r(t) = 1(t)$ 时　　　$e_{ss} = \dfrac{1}{1 + K_p} = \dfrac{1}{1 + \infty} = 0$

当 $r(t) = t$ 时　　　$e_{ss} = \dfrac{1}{K_v} = \dfrac{1}{\infty} = 0$

当 $r(t) = t^2$ 时　　　$e_{ss} = \dfrac{2}{K_a} = \dfrac{2}{8} = 0.25$

4. 当 $r(t) = 1(t)$ 时，$K_p = \lim\limits_{s \to 0} G(s) = \infty$ ，$e_{ss1} = \dfrac{1}{1 + K_p} = 0$

当 $r(t) = 2t$ 时，$K_v = \lim\limits_{s \to 0} s G(s) = 2, e_{ss2} = \dfrac{2}{K_v} = 1$

当 $r(t) = \dfrac{3}{2} t^2$ 时，$K_a = \lim\limits_{s \to 0} s^2 G(s) = 0, e_{ss3} = \dfrac{3}{K_a} = \infty$

因此系统总的稳态误差为 $e_{ss} = e_{ss1} + e_{ss2} + e_{ss3} = 0 + 1 + \infty = \infty$ 。

5. 单位负反馈系统的闭环传递函数为

$$G_B(s) = \frac{100}{0.1s^2 + s + 100}$$

当 $r(t) = \sin 5t$ 时

$$R(s) = \frac{5}{s^2 + 25}$$

$$E(s) = G_B(s) R(s) = \frac{100}{0.1s^2 + s + 100} \times \frac{5}{s^2 + 25}$$

$$E_{ss} = \lim_{s \to 0} s E(s) = \lim_{s \to 0} s \frac{100}{0.1s + s + 100} \times \frac{5}{s^2 + 25} = 0$$

6. 该系统属于 0 型系统，从而有

静态位置误差系数

$$K_p = \lim_{s \to 0} G_K(s) = \lim_{s \to 0} \frac{50}{(0.1s + 1)(2s + 5)} = 10$$

静态速度误差系数

$$K_v = \lim_{s \to 0} sG_K(s) = \lim_{s \to 0} s \frac{50}{(0.1s + 1)(2s + 5)} = 0$$

静态加速度误差系数

$$K_a = \lim_{s \to 0} s^2 G_K(s) = \lim_{s \to 0} s^2 \frac{50}{(0.1s + 1)(2s + 5)} = 0$$

所以

当 $r(t) = 2t$ 时 $\qquad\qquad e_{ss} = \infty$

7. 该系统属于 I 型系统，从而有

静态位置误差系数

$$K_p = \lim_{s \to 0} G_K(s) = \lim_{s \to 0} \frac{K}{s(0.1s + 1)(0.5s + 1)} = \infty$$

静态速度误差系数

$$K_v = \lim_{s \to 0} sG_K(s) = \lim_{s \to 0} s \frac{K}{s(0.1s + 1)(0.5s + 1)} = K$$

静态加速度误差系数

$$K_a = \lim_{s \to 0} s^2 G_K(s) = \lim_{s \to 0} s^2 \frac{K}{s(0.1s + 1)(0.5s + 1)} = 0$$

所以

当 $r(t) = 2t$ 时 $\qquad\qquad e_{ss} = \frac{2}{K_v} = \frac{2}{K}$

8. 该系统属于 II 型系统，从而有

静态位置误差系数

$$K_p = \lim_{s \to 0} G_K(s) = \lim_{s \to 0} \frac{10(2s + 1)(4s + 1)}{s^2(s^2 + 2s + 10)} = \infty$$

静态速度误差系数

$$K_v = \lim_{s \to 0} sG_K(s) = \lim_{s \to 0} s \frac{10(2s + 1)(4s + 1)}{s^2(s^2 + 2s + 10)} = \infty$$

静态加速度误差系数

$$K_a = \lim_{s \to 0} s^2 G_K(s) = \lim_{s \to 0} s^2 \frac{10(2s + 1)(4s + 1)}{s^2(s^2 + 2s + 10)} = 1$$

所以

当 $r(t) = 2t$ 时 $\qquad\qquad e_{ss} = \frac{2}{K_v} = 0$

9. 该系统属于 0 型系统，从而有

静态位置误差系数

$$K_p = \lim_{s\to 0} G_K(s) = \lim_{s\to 0} \frac{100}{(0.1s+1)(s+5)} = 20$$

所以

当 $r(t) = 2t$ 时　　　　　　$e_{ss} = \infty$

当 $r(t) = 2 + 2t + t^2$ 时　　　$e_{ss} = \dfrac{2}{1+K_p} + \infty + \infty = \infty$

10. 该系统属于 I 型系统，从而有

静态位置误差系数

$$K_p = \lim_{s\to 0} G_K(s) = \lim_{s\to 0} \frac{50}{s(0.1s+1)(s+5)} = \infty$$

静态速度误差系数

$$K_v = \lim_{s\to 0} sG_K(s) = \lim_{s\to 0} s\frac{50}{s(0.1s+1)(s+5)} = 10$$

静态加速度误差系数

$$K_a = \lim_{s\to 0} s^2 G_K(s) = \lim_{s\to 0} s^2 \frac{50}{s(0.1s+1)(s+5)} = 0$$

所以

当 $r(t) = 2t$ 时　　　　　$e_{ss} = \dfrac{2}{K_v} = \dfrac{2}{10} = 0.2$

当 $r(t) = 2 + 2t + t^2$ 时，$e_{ss} = 0 + 0.2 + \infty = \infty$

11. 该系统属于 II 型系统，从而有

静态加速度误差系数

$$K_a = \lim_{s\to 0} s^2 G_K(s) = \lim_{s\to 0} s^2 \frac{10(2s+1)}{s^2(s^2+4s+200)} = 0.05$$

所以

当 $r(t) = 2t$ 时　　　　　$e_{ss} = 0$

当 $r(t) = 2 + 2t + t^2$ 时　$e_{ss} = 0 + 0 + \dfrac{1}{0.05} = 20$

12.（1）该系统的闭环特征方程为

$$s^3 + 8s^2 + 25s + K = 0$$

列劳斯表如下

s^3	1	25
s^2	8	K
s^1	$\dfrac{200-K}{8}$	
s^0	K	

使闭环系统稳定的 K 的取值范围为

$$0 < K < 200$$

（2）系统闭环特征方程为

$$s^3 + 8s^2 + 25s + K = 0$$

列劳斯表如下

$$
\begin{array}{ccc}
s^3 & 1 & 25 \\
s^2 & 8 & K \\
s^1 & \dfrac{200-K}{8} & \\
s^0 & K &
\end{array}
$$

显然，当 $K > 0, K < 200$ 时，系统稳定。又因

$$K_v = \lim_{s\to 0} sG_K(s) = \lim_{s\to 0} s\,\frac{K}{s(s^2 + 8s + 25)} = \frac{K}{25}$$

$$e_{\mathrm{ssr}} = \frac{2}{K_v} = \frac{2}{\dfrac{K}{25}} = \frac{50}{K} \leqslant 0.5$$

故应有

$$K \geqslant 100$$

根据上述要求确定 K 的取值范围为

$$100 \leqslant K < 200$$

13. 在计算系统的稳态误差时，首先判断系统的稳定性，若系统不稳定，则计算稳态误差是没有意义的。

（1）系统闭环特征方程式为

$$s^4 + 6s^3 + 10s^2 + 15s + 7 = 0$$

各项系数均大于零，且

$$D_3 = \begin{vmatrix} 6 & 15 & 0 \\ 1 & 10 & 7 \\ 0 & 6 & 15 \end{vmatrix} = 135 > 0$$

故系统稳定。

（2）系统为单位负反馈，且为 I 型（$v = 1$），又开环增益为

$$K = \frac{7}{4 \times 2} = \frac{7}{8}$$

则稳态误差为

$$r(t) = 1(t), e_{ss} = 0$$

$$r(t) = t \cdot 1(t), e_{ss} = \frac{1}{K} = \frac{8}{7} = 1.14$$

$$r(t) = t^2 \cdot 1(t), e_{ss} = \infty$$

14. 由于是单位负反馈系统，开环传递函数应为

$$G_{Ka}(s) = \frac{G_{Ba}(s)}{1 - G_{Ba}(s)} = \frac{s+1}{s^3 + 2s^2 + 2s + 6}$$

属于 0 型系统，以及

$$G_{Kb} = \frac{G_{Bb}(s)}{1 - G_{Bb(s)}} = \frac{10}{s(5s+2)}$$

属于 Ⅰ 型系统。从而有
静态位置误差系数

$$K_{pa} = \lim_{s \to 0} G_a(s) = \frac{1}{6}, K_{pb} = \lim_{s \to 0} G_b(s) = \infty$$

静态速度误差系数

$$K_{va} = \lim_{s \to 0} s G_a(s) = 0, K_{vb} = \lim_{s \to 0} s G_b(s) = 5$$

静态加速度误差系数

$$K_{aa} = \lim_{s \to 0} s^2 G_a(s) = 0, K_{ab} = \lim_{s \to 0} s^2 G_b(s) = 0$$

当 $r(t) = 10 + 5t$ 时，系统的稳态误差为

$$e_{ssa} = \infty, e_{ssb} = \frac{5}{K_{vb}} = 1$$

15. 系统的闭环传递函数

$$G_B(s) = \frac{(K_3 S + K_1)\dfrac{K_2}{s(T_2 s + 1)}}{1 + \dfrac{K_1 K_2}{s(T_2 s + 1)}} = \frac{K_2 K_3 s + K_1 K_2}{T_2 s^2 + s + K_1 K_2} = \frac{4s + 2}{s^2 + 4s + 2}$$

等效单位反馈系统开环传递函数

$$G_K(s) = \frac{G_B(s)}{1 - G_B(s)} = \frac{2(2s+1)}{s^2}$$

所以

$$v = 2, K = 2, K_a = K = 2$$

当 $r(t) = 1 + t + \frac{1}{2}t^2$ 时，稳态误差

$$e_{ss} = \frac{1}{K_a} = 0.5$$

16. （1）系统在扰动作用下的闭环传递函数为

$$G_{Ben}(s) = \frac{E(s)}{N(s)} = \frac{-K_2(T_1 s + 1)}{(T_1 s + 1)(T_2 s + 1) + K_1 K_2}$$

符合终值定理条件，故有

$$e_{ssn}(\infty) = \lim_{s \to 0} sN(s)G_{Ben}(s) = \lim_{s \to 0} \frac{1}{s} \frac{-K_2(T_1 s + 1)}{(T_1 s + 1)(T_2 s + 1) + K_1 K_2} = \frac{-K_2}{1 + K_1 K_2}$$

（2）由静态误差系数法知，$r(t) = 1(t)$ 引起的稳态误差

$$e_{ssr}(\infty) = \frac{1}{1 + K_3} = \frac{1}{1 + K_1 K_2}$$

由叠加原理得

$$e_{ss}(\infty) = e_{ssr}(\infty) + e_{ssn}(\infty) = \frac{1 - K_2}{1 + K_1 K_2}$$

17. $G_K(s) = \dfrac{10}{s(s + 4)}$

$$E(s) = \frac{1}{1 + \dfrac{10}{s(s + 4)}} R(s) = \frac{s^2 + 4s}{s^2 + 4s + 10} R(s)$$

$$= (0.4s - 0.06s^2 - 0.016s^3 + \cdots)R(s)$$

$r(t) = 4$ 时，$e_{ss1} = 0$

$r(t) = 6t$ 时，$K_v = \lim_{s \to 0} sG_K(s) = \lim_{s \to 0} s\dfrac{10}{s(s + 4)} = 2.5$

$$e_{ss} = \frac{6}{K_v} = \frac{6}{2.5} = 2.4$$

$r(t) = 3t^2$ 时，$e_{ss3} = \infty$

所以当 $r(t) = 4 + 6t + 3t^2$ 时

$$e_{ss} = \infty$$

3.2.6 控制系统性能指标的计算题详解

1. 由系统结构图可写出闭环传递函数

$$G_B(s) = \frac{G(s)}{R(s)} = \frac{\dfrac{100}{s}}{1 + \dfrac{100}{s} \times K_t} = \frac{\dfrac{1}{K_t}}{\dfrac{1}{100K_t} \times s + 1}$$

由闭环传递函数可得

$$T = \frac{1}{100K_t}s$$

及该系统的单位阶跃响应

$$c(t) = \frac{1}{K_t}(1 - e^{-\frac{1}{T}t})$$

$$= \frac{1}{K_t}(1 - e^{-100K_t t})$$

调节时间

$$t_s = 3T = \frac{0.03}{K_t}(s)$$

根据题意，要求 $t_s \leqslant 0.1\ s$ ，则

$$\frac{0.03}{K_t} \leqslant 0.1$$

所以

$$K_t \geqslant 0.3$$

2. $G(s) = \dfrac{K/T}{s(s + 1/T)} = \dfrac{\omega_n^2}{s(s + 2\zeta\omega_n)}$

$$\omega_n = \sqrt{K/T}, \zeta = \frac{1}{2\sqrt{KT}} \qquad t_s = \frac{3}{\zeta\omega_n} = \frac{3}{\sqrt{\dfrac{K}{T}} \times \dfrac{1}{2\sqrt{KT}}} = 6T = 6(s)$$

因此，时间常数　　　　　　　　　　　　　　$T = 1(s)$

又由　　　　　　　　　　　　　　　　$\zeta = \dfrac{1}{2\sqrt{KT}}$

知　　　　　　　　　　　　　　　　　$K = \dfrac{1}{4\zeta^2 T}$

当 T 已知时,只要知道 ζ 就可求出 K,而 ζ 与 $\sigma\%$ 有单值对应关系，即

$$\delta\% = e^{-\pi\zeta/\sqrt{1-\zeta^2}} \times 100\% = 16\%$$

故　　　　　　　　　$\zeta = \dfrac{-\ln 0.16}{\sqrt{\pi^2 + (\ln 0.16)^2}} = 0.5$

由 $T = 1(s)$ 和 $\zeta = 0.5$ 得开环放大倍数

$$K = \frac{1}{4\zeta^2 T} = 1$$

3. 依题意，系统闭环传递函数形式为

$$G_B(s) = \frac{K\omega_n^2}{s^2 + 2\zeta\omega_n s + \omega_n^2}$$

系统单位阶跃响应稳态值为 2，所以

$$c(\infty) = \lim_{s \to 0} s \frac{K\omega_n^2}{s^2 + 2\zeta\omega_n s + \omega_n^2} \frac{1}{s} = K = 2$$

系统峰值时间 $t_p = 2$，超调量 $\sigma\% = \frac{2.5-2}{2} \times 100\% = 25\%$，

所以

$$\begin{cases} t_p = \dfrac{\pi}{\omega_n \sqrt{1-\zeta^2}} = 2 \\ \sigma\% = e^{-\zeta\pi/\sqrt{1-\zeta^2}} \times 100\% = 25\% \end{cases}$$

解得

$$\begin{cases} \zeta = 0.404 \\ \omega_n = 1.717 \end{cases}$$

所以

$$G_B(s) = \frac{5.9}{s^2 + 1.39s + 2.95}$$

4. 由题意可直接得

$$c(\infty) = 1, \sigma\% = \frac{1.25-1}{1} = 0.25, t_p = 1.5$$

闭环传递函数为

$$G_B(s) = \frac{K}{\tau s^2 + s + K} = \frac{K/\tau}{s^2 + 1/\tau s + K/\tau}$$

利用超调量和峰值时间的公式计算得

$$\zeta = \sqrt{\frac{(\ln 0.25)^2}{\pi + (\ln 0.25)^2}} = \sqrt{\frac{1.92}{11.78}} = \sqrt{0.16} = 0.4$$

$$\omega_n = \frac{\pi}{t_p + \sqrt{1-\zeta^2}} = \frac{3.14}{1.5 + \sqrt{1-(0.4)^2}} = 1.3$$

因为

$$2\zeta\omega_n = \frac{1}{\tau}, \omega_n^2 = \frac{K}{\tau}$$

故求得：$\tau = 0.96, K = 1.662$

5. 系统的开环和闭环传递函数分别为

$$G_K(s) = \frac{40}{s(0.1s+1)}, G_B(s) = \frac{400}{s^2 + 10s + 400}$$

（1）开环极点为：$p_1 = 0, p_2 = -10$

其特征方程式为

$$s^2 + 10s + 400 = 0$$

解得闭环极点为

$$s_{l2} = -5 \pm \text{j}19.365$$

（2）将闭环传递函数写成标准形式

$$G_B(s) = \frac{\omega_n^2}{s^2 + 2\zeta\omega_n s + \omega_n^2}$$

将闭环传递函数与闭环传递函数的标准形式比较有

$$\omega_n^2 = 400, \quad 2\zeta\omega_n = 10$$

解得

$$\omega_n = 20, \quad \zeta = 0.25$$

$$t_r = \frac{\pi - \theta}{\omega_d} = \frac{\pi - \arccos\zeta}{\omega_n\sqrt{1 - \zeta^2}} \approx 0.094$$

系统的动态指标为

$$t_s = \begin{cases} \dfrac{3}{\zeta\omega_n} = \dfrac{3}{0.25 \times 20} = 0.6 & （当 \Delta = \pm 5\%） \\ \dfrac{4}{\zeta\omega_n} = \dfrac{4}{0.25 \times 20} = 0.8 & （当 \Delta = \pm 2\%） \end{cases}$$

$$\sigma\% = \text{e}^{-\zeta\pi/\sqrt{1-\zeta^2}} \times 100\% = 45\%$$

6. 因系统是稳定的，故有

$$e_{ss} = \lim_{t \to \infty} e(t) = 0$$

由 $G(s)$ 和 $e(t)$ 的表达式知，系统有两个特征根 -1.07 和 -3.73，所以系统的特征多项式为

$$s^2 + 2\zeta\omega_n s + \omega_n^2 = (s + 1.07)(s + 3.73) = s^2 + 4.8s + 3.9911$$

$$\omega_n = \sqrt{3.9911} = 2$$

7. $G_1(s) = \left[\dfrac{\text{d}}{\text{d}t}\dfrac{8}{5}(1 - \text{e}^{-5t})\right] = \dfrac{8}{s + 5}$

$$G_B(s) = \frac{C(s)}{R(s)} = \frac{\dfrac{8}{s+5}\dfrac{2}{s}}{1 + \dfrac{4}{s} + \dfrac{10}{s} \cdot \dfrac{8}{s+5}} = \frac{16}{s^2 + 9s + 100}$$

$$G(s) = s^2 + 9s + 100$$

$$\begin{cases} \omega_n = \sqrt{100} = 10 \\ \zeta = \dfrac{9}{2\omega_n} = 0.45 \end{cases} \quad 故 \begin{cases} \sigma\% = e^{-\zeta\pi/\sqrt{1-\zeta^2}} = 20.5\% \\ t_s = \dfrac{3.5}{\zeta\omega_n} = 0.78 \end{cases}$$

开环传递函数为

$$G_K(s) = \frac{8}{s+5} \times \frac{2}{s+4} \times 5 = \frac{80}{s^2+9s+20} \quad \begin{cases} K = 4 \\ \nu = 0 \end{cases}$$

故

$$e_{ss} = \frac{20}{1+K} = \frac{20}{1+4} = 4$$

8. 从图可得系统闭环传递函数

$$G_B(s) = \frac{50}{0.5s^2+s+50} = \frac{1000}{s^2+20s+1000}$$

与二阶系统传递函数的标准形式相比较，得

$$\begin{cases} \omega_n^2 = 1000 \\ 2\zeta\omega_n = 20 \end{cases}$$

所以

$$\omega_n = 31.5\text{rad/s}$$
$$\zeta = 0.317$$

此时超调量

$$\sigma\% = e^{-\pi\zeta/\sqrt{1-\zeta^2}} \times 100\% = 35\%$$

可见原系统不满足 $\sigma\% \leqslant 5\%$ 的要求。

9. 对方程式两边同时取拉氏变换，有

$$s^2C(s) + 6sC(s) + 25C(s) = 25R(s)$$

传递函数为

$$G(s) = \frac{C(s)}{R(s)} = \frac{25}{s^2+6s+25} = 6.25 \times \frac{4}{(s+3)^2+16}$$
$$\omega_n = 5 \qquad 2\zeta\omega_n = 6$$
$$\zeta = 0.6 \qquad \sqrt{1-\zeta^2} = 0.8$$
$$\omega_d = \omega_n\sqrt{1-\zeta^2} = 4$$
$$\varphi = \arctan(\sqrt{1-\zeta^2}/\zeta) = 53.1° = 0.93\text{rad}$$

单位阶跃函数作用下系统的最大超调量 $\sigma\%$、峰值时间 t_p、调节时间 t_s 为

$$\sigma\% = e^{-\pi\zeta/\sqrt{1-\zeta^2}} \times 100\% = 9.5\%$$

$$t_p = \frac{\pi}{\omega_d} = \frac{3.14}{4} = 0.785$$

$$t_s = \frac{3}{\zeta\omega_n} = \frac{3}{0.6 \times 5} = 1(\text{对应}5\%\text{ 误差带})$$

$$t_s = \frac{4}{\zeta\omega_n} = \frac{4}{0.6 \times 5} = 1.33(\text{对应}2\%\text{ 误差带})$$

10. 因为

$$R(s) = \frac{1}{s}$$

对 $c(t)$ 两边取拉氏反变换得系统的传递函数为

$$C(s) = \frac{1}{s} \times \frac{2}{(s+1.2)^2 + 2.56} = \frac{2}{s(s^2 + 2.4s + 4)}$$

$$G_B(s) = \frac{0.5 \times 4}{s^2 + 2.4s + 4}$$

与标准二阶系统传递函数比较得

$$2\zeta\omega_n = 2.4, \omega_n^2 = 4$$

解得

$$\omega_n = 2$$

$$\zeta = 0.6$$

求得

$$\sigma\% = e^{-\pi\zeta/\sqrt{1-\zeta^2}} \times 100\% = 95\%$$

$$t_p = \frac{\pi}{\omega_d} = \frac{\pi}{\omega_n\sqrt{1-\zeta^2}} = \frac{3.14}{2\sqrt{1-0.6s^2}} = 1.96$$

$$t_s = \frac{3}{\zeta\omega_n} = \frac{3}{0.6 \times 2} = 2.5(\text{对应}5\%\text{ 误差带})$$

$$t_s = \frac{4}{\zeta\omega_n} = \frac{4}{0.6 \times 2} = 3.33(\text{对应}2\%\text{ 误差带})$$

11. 系统的传递函数为

$$C(s) = \frac{1}{s} \cdot \frac{1.25 \times 4}{s^2 + 2 \times 1.2s + 4}$$

$$G(s) = \frac{5}{s^2 + 2.4s + 4}$$

阻尼比 ζ 与无阻尼自振角频率为

$$\zeta \omega_n = 1.2, \frac{1}{1 - \zeta^2} = 1.25$$

解得

$$\zeta = 0.6$$
$$\omega_n = 2$$

12. 将系统的开环传递函数变形并与标准形式比较

$$G(s) = \frac{K/T}{s(s + 1/T)} = \frac{\omega_n^2}{s(s + 2\zeta\omega_n)}$$

$$\omega_n = \sqrt{\frac{K}{T}}, 2\zeta\omega_n = \frac{1}{T}, \zeta = \frac{1}{2\sqrt{KT}}$$

$$t_s = \frac{3}{\zeta\omega_n} = \frac{3}{\sqrt{\frac{K}{T}}\frac{1}{2\sqrt{KT}}} = 6T = 6(s)$$

因此，时间常数

$$T = 1(s)$$

又由

$$\zeta = \frac{1}{2\sqrt{KT}}$$

知

$$K = \frac{1}{4\zeta^2 T}$$

当 T 已知时，只要知道 ζ 就可求出 K ，而 ζ 与 $\sigma\%$ 有单值对应关系，即

$$\sigma\% = e^{-\pi\zeta/\sqrt{1-\zeta^2}} \times 100\% = 16\%$$

故

$$\zeta = \frac{-\ln 0.16}{\sqrt{\pi^2 + (\ln 0.16)^2}} = 0.5$$

由 $T = 1(s)$ 和 $\zeta = 0.5$ 得开环放大倍数

$$K = 1$$

13. 单位负反馈系统的闭环传递函数为

$$G_B(s) = \frac{\frac{1}{s(s + 1)}}{1 + \frac{1}{s(s + 1)}} = \frac{1}{s^2 + s + 1}$$

与二阶系统的标准函数表达形式比较有

$$\omega_n^2 = 1$$
$$2\zeta\omega_n = 1$$

解得

$$\omega_n = 1$$
$$\zeta = 0.5$$

则

$$t_r = \frac{\pi - \theta}{\omega_d} = \frac{3.14 - \arccos\zeta}{\omega_n\sqrt{1-\zeta^2}} = 0.12(s)$$

$$t_p = \frac{\pi}{\omega_n\sqrt{1-\zeta^2}} = \frac{3.14}{1 \times \sqrt{1-0.5^2}} = 3.63$$

$$t_s = \frac{3}{\zeta\omega_n} = \frac{3}{0.5 \times 1} = 6$$

$$\sigma\% = e^{-\zeta\pi/\sqrt{1-\zeta^2}} \times 100\% = 16.32\%$$

14. 当 $K = 5$ 时

$$\omega_n = 7.07$$
$$\zeta = 0.707$$

则

$$t_r = \frac{\pi - \theta}{\omega_d} = \frac{3.14 - \arccos\zeta}{\omega_n\sqrt{1-\zeta^2}} = 0.47(s)$$

$$t_p = \frac{\pi}{\omega_n\sqrt{1-\zeta^2}} = \frac{3.14}{7.07 \times \sqrt{1-0.707^2}} = 0.63$$

$$t_s = \frac{3}{\zeta\omega_n} = \frac{3}{0.707 \times 7.07} = 0.6$$

$$\sigma\% = e^{-\zeta\pi/\sqrt{1-\zeta^2}} \times 100\% = 4.33\%$$

15. （1）单位负反馈系统的闭环传递函数为

$$G_B(s) = \frac{\dfrac{K}{s(\tau s + 1)}}{1 + \dfrac{k}{s(\tau s + 1)}} = \frac{K}{s(\tau s + 1) + K} = \frac{K/\tau}{s^2 + 1/\tau s + K/\tau}$$

有

$$\omega_n = \sqrt{\frac{K}{\tau}}, 2\zeta\omega_n = \frac{1}{\tau}, \zeta = \frac{1}{2\sqrt{\tau K}}$$

由超调量的表达式有

$$\sigma\% = e^{-\zeta\pi/\sqrt{1-\zeta^2}} \times 100\% = 0.3 \sim 0.05$$

$$\zeta = \frac{-\ln 0.3}{\pi^2 + (\ln 0.3)^2} = \frac{1}{2\sqrt{K\tau}}$$

$$\zeta = \frac{-\ln 0.05}{\pi^2 + (\ln 0.05)^2} = \frac{1}{2\sqrt{K\tau}}$$

解得

$$K\tau = 1.93 \sim 0.52$$

（2）当 $\zeta = 0.707$ 时

$$\zeta = \frac{1}{2\sqrt{\tau K}} = 0.707$$

$$K\tau = 0.5$$

16. （1）系统闭环传递函数为

$$G_B(s) = \frac{\dfrac{K_M}{s(T_M s + 1)}}{1 + \dfrac{K_M}{s(T_M s + 1)}} = \frac{K_M}{s(T_M s + 1) + K_M} = \frac{\dfrac{K_M}{T_M}}{s^2 + \dfrac{1}{T_M}s + \dfrac{K_M}{T_M}}$$

$$\omega_n = \sqrt{\frac{K_M}{T_M}}, 2\zeta\omega_n = \frac{1}{T_M}$$

代入已知条件得

$$\omega_n = \sqrt{\frac{10}{0.1}} = 10$$

$$\zeta = 0.5$$

$$t_p = \frac{\pi}{\omega_n\sqrt{1-\zeta^2}} = \frac{3.14}{10 \times \sqrt{1 - 0.5^2}} = 0.363$$

$$\sigma\% = e^{-\zeta\pi/\sqrt{1-\zeta^2}} \times 100\% = 16.3\%$$

（2）$K_M = 20s^{-1}$，$T_M = 0.1s$ 时

$$\omega_n = \sqrt{\frac{20}{0.1}} = 14.14$$

$$\zeta = 0.3536$$

$$t_p = \frac{\pi}{\omega_n\sqrt{1-\zeta^2}} = \frac{3.14}{14.14 \times \sqrt{1 - 0.35^2}} = 0.2375$$

$$\sigma\% = e^{-\zeta\pi/\sqrt{1-\zeta^2}} \times 100\% = 30\%$$

17. 根据系统给定条件有

$$\sigma\% = e^{-\zeta\pi/\sqrt{1-\zeta^2}} \times 100\% = 5\%$$

$$t_s = \frac{3}{\zeta\omega_n} = 2(对应 5\% 误差带)$$

$$t_s = \frac{4}{\zeta\omega_n} = 2(对应 2\% 误差带)$$

解得

$$\zeta = \frac{\ln 0.05}{\sqrt{\pi^2 + (\ln 0.05)^2}} = 0.707$$

$$\omega_n = \frac{3}{2 \times \zeta} = \frac{3}{2 \times 0.707} = 2.12$$

或

$$\omega_n = \frac{4}{2 \times \zeta} = \frac{4}{2 \times 0.707} = 2.83$$

18. 系统的开环传递函数为

$$G_K(s) = \frac{10K}{s(s+1) + 10\tau s} = \frac{10K}{s^2 + (1+10\tau)s}$$

系统的闭环传递函数为

$$G_B(s) = \frac{\frac{10K}{s^2 + (1+10\tau)s}}{1 + \frac{10K}{s^2 + (1+10\tau)s}} = \frac{10K}{s^2 + (1+10\tau)s + 10K}$$

于是有

$$\omega_n = \sqrt{10K}, 2\zeta\omega_n = 1 + 10\tau$$

根据已知条件

$$\sigma\% = e^{-\zeta\pi/\sqrt{1-\zeta^2}} \times 100\% = 16.3\%$$

$$t_p = \frac{\pi}{\omega_n\sqrt{1-\zeta^2}} = 1$$

解得

$$\zeta = \frac{-\ln 16.3}{\sqrt{\pi^2 + (\ln 16.3)^2}} = 0.5$$

$$\omega_n = \frac{\pi}{\sqrt{1-\zeta^2}} = \frac{3.14}{\sqrt{1-(0.5)^2}} \approx 3.63$$

所以

$$K = \frac{\omega_n^2}{10} = \frac{3.63^2}{10} \approx 1.32$$

19. 当不存在速度负反馈时开环传递函数

$$G_0(s) = \frac{16}{s(s+4)}$$

得到

$$K = 4$$

由系统闭环传递函数

$$G_B(s) = \frac{\dfrac{16}{s(s+4)}}{1 + \dfrac{16}{s(s+4)}} = \frac{16}{s(s+4)+16} = \frac{16}{s^2+4s+16}$$

得到

$$\omega_n = 4$$

$$\zeta = \frac{4}{2 \times 4} = 0.5$$

$$\sigma\% = e^{-\zeta\pi/\sqrt{1-\zeta^2}} = 16.3\%$$

$$t_s = \frac{3}{\zeta\omega_n} = \frac{3}{0.5 \times 4} = 1.5(对应与5\%误差带)$$

$$t_s = \frac{4}{\zeta\omega_n} = \frac{4}{0.5 \times 4} = 2(对应与2\%误差带)$$

20. 系统以 $\omega = 2$ 持续振荡，系统必然存在一对共轭纯虚根 $\pm j2$，相当于劳斯表中某行各元素均为零，闭环系统的特征方程为 $s^3 + as^2 + 2s + 1 + K(s+1) = 0$，
列劳斯表如下：

s^3	1	2+K
s^2	a	1+K
s^1	$2+K - \dfrac{1+K}{a}$	
s^0	1+K	

令第三行为零，求得 $K = 2$，$a = 0.75$。

第4章 根轨迹法

4.1 根轨迹法题库

4.1.1 填空题

1. 根轨迹终止于( )。

2. 若系统的根轨迹有两个起点位于原点,则说明该系统( )。

3. 根轨迹是指( )的某一参数从 0 变化到无穷大时,闭环系统特征方程的根在 s 平面上变化的轨迹。

4. 根轨迹起始于开环( )。

5. 根轨迹在 s 平面上的分支数等于系统( )。

6. 系统的根轨迹对称于( )。

7. 实轴上的根轨迹是指那些在其右侧开环实数零、极点总数为( )数的区间。

8. 已知系统的开环传递函数为 $G_K(s) = \dfrac{K^*(s+1)}{s(s+2)(s+3)}$,则系统的无限零点有( )个。

9. 已知系统的开环传递函数为 $G_K(s) = \dfrac{K(0.1s+1)}{s(s+1)(0.25s+1)^2}$,则其终止于无限远处的根轨迹有( )条。

10. 已知系统的开环传递函数为 $G_K(s) = \dfrac{K^*(s+2)}{s(s+3)(s^2+2s+3)}$,则其根轨迹的渐近线有( )条。

11. 已知系统的开环传递函数为 $G_K(s) = \dfrac{K}{s(0.5s+1)(0.2s+1)}$,则其渐近线与实轴的交点为( )。

12. 根轨迹的分离点一定在两个( )点之间。

13. 根轨迹的会合点一定在两个( )点之间。

14. 已知系统的开环传递函数为 $G_K(s) = \dfrac{K^*}{s(s+2)(s^2+2s+2)}$,则其实轴上的根轨迹是( )。

15. 二阶系统的根轨迹是( )。

16. 绘制零度根轨迹时,实轴上的根轨迹是那些在其右侧开环实数极点和实数零点总数为(　　　)数的区间。

17. 已知单位负反馈控制系统的开环传递函数为 $G_K(s) = \dfrac{K^*}{s(s+3)(s+6)}$ ，则其渐近线的倾角为(　　　)。

18. 已知系统的特征方程式为 $s^3 + 5s^2 + 4s + 4K = 0$ ，则其根轨迹与虚轴的交点为(　　　)。

19. 已知系统的闭环传递函数为 $G_B(s) = \dfrac{10}{s(s+2) + 10(1 + \tau s)}$ ，则其参数根轨迹等效的开环传递函数为(　　　)。

20. 已知控制系统的开环传递函数为 $G_K(s) = \dfrac{10(2s+1)(4s+1)}{s^2(s^2 + 2s + 10)}$ ，则该系统有(　　　)条根轨迹。

21. 控制系统闭环暂态响应特性，取决于系统的(　　　)。

22. 根轨迹是系统所有(　　　)的集合。

23. 开环传递函数满足 $G(s)H(s) = -1$ ，则绘制(　　　)根轨迹。

24. 开环传递函数满足 $G(s)H(s) = 1$ ，则绘制(　　　)根轨迹。

25. 绘制根轨迹的两个基本条件是(　　　)。

26. 绘制常规根轨迹或 $\pm 180°$ 根轨迹，称之为(　　　)的相角条件。

27. 绘制零度根轨迹，称之为(　　　)的相角条件。

28. 无穷远处的零点称为(　　　)。

29. 根轨迹离开共轭复数极点的切线方向与正实轴的夹角称为根轨迹的(　　　)。

30. 根轨迹趋于共轭复数零点的切线方向与正实轴的夹角称为根轨迹的(　　　)。

4.1.2　多项选择题

1. 下列关于系统稳定性的表述正确的是(　　　)。
   A. 根轨迹都在 s 平面虚轴左侧，无论 K^* 为何值总是稳定的
   B. 只要有一条根轨迹位于 s 平面虚轴右侧，无论 K^* 为何值总是不稳定的
   C. 根轨迹的起点均在 s 平面虚轴的左侧，随着 K^* 增大，有一部分根轨迹越过虚轴，进入 s 平面虚轴的右侧，增益 K^* 小于该值时闭环系统稳定，K^* 大于该值时闭环系统不稳定
   D. 有根轨迹在 s 右半平面，系统一定是不稳定的

2. 控制系统的根轨迹的类型有(　　　)。
   A. 180 度根轨迹　　　B. 零度根轨迹　　　C. 参数根轨迹　　　D. 实轴根轨迹

3. 已知系统的开环传递函数为 $G(s)H(s) = \dfrac{K^*(s+1)}{s^2 + 3s + 3.25}$ ，则下列说法正确的是(　　　)。
   A. 有两条根轨迹　　　　　　　　B. 起点为 $p_1 = -1.5 + \mathrm{j}, p_2 = -1.5 - \mathrm{j}$
   C. 实轴上根轨迹段：$(-\infty, -1]$　　D. 根轨迹有 2 条渐近线

4. 已知单位负反馈控制系统的开环传递函数为 $G_K(s) = \dfrac{K^*}{s(s+3)(s+6)}$ ，则下列说法

不正确的是(　　)。

A. 根轨迹共有 3 条

B. 2 条根轨迹随着 K^* 增大至 ∞ 而趋向于无穷远处

C. 实轴上的根轨迹为 $(-\infty, -6], [-3, 0]$

D. 根轨迹有 2 条渐近线

5. 系统的开环传递函数为 $G_K(s) = \dfrac{K(s+3)}{(s+2)(s+4)}$，则下列说法正确的是(　　)。

A. 只有实轴上存在根轨迹 　　　　　　 B. 起点为 $-2, -4$

C. 渐近线有一条 　　　　　　　　　　 D. 没有无限零点

6. 系统开环传递函数为 $G_K(s) = \dfrac{K}{s(s+1)(0.25s+1)}$，则关于根轨迹的说法正确的是(　　)。

A. 根轨迹有 3 条分支

B. 实轴上的根轨迹分支有 $(-\infty, -4], [-1, 0]$

C. 根轨迹的分离点 $s_1 = -0.46$

D. $K = 5$ 系统是临界稳定的

7. 系统开环传递函数为 $G_K(s) = \dfrac{K^*(s+4)}{s(s+1)^2}$，则关于根轨迹的说法正确的是(　　)。

A. 根轨迹有 3 条分支

B. 实轴上的根轨迹: $[-4, 0]$

C. 根轨迹共有 3 条渐近线

D. 根轨迹与虚轴交点处, $K^* = 1, \omega = \pm\sqrt{2}$

8. 系统开环传递函数为 $G_K(s) = \dfrac{K^*}{s(s+1)(s+3)}$，则关于根轨迹的说法正确的是(　　)。

A. 根轨迹有 3 条分支 　　　　　　　　 B. 实轴上的根轨迹: $[-4, 0]$

C. 分离点的坐标为 $(-2.2, j0)$ 　　　　 D. 系统是不稳定的

9. 系统开环传递函数为 $G_K(s) = \dfrac{K^*}{s(s+1)(s+2)}$，则关于根轨迹的说法正确的是(　　)。

A. 根轨迹有 3 条分支

B. 与虚轴相交时的两个闭环极点为 $s_{12} = \pm j\sqrt{2}$

C. 系统稳定的 K^* 值范围 $0 < K^* < 6$

D. 系统是不稳定的

10. 系统开环传递函数为 $G_K(s) = \dfrac{K^*}{s(s+3)^2}$，则关于根轨迹的说法正确的是(　　)。

A. 根轨迹有 3 条分支 　　　　 B. 实轴上的根轨迹: $(-\infty, 0]$

C. 根轨迹共有 3 条渐近线 　　 D. 闭环系统稳定的 K^* 值范围为 $0 < K^* < 54$

11. 系统开环传递函数为 $G_K(s) = \dfrac{K^*}{s(s+4)}$，则关于根轨迹的说法正确的是(　　)。

A. 根轨迹有 3 条分支   B. 实轴上的根轨迹为 $[-4, 0]$

C. 根轨迹共有 2 条渐近线   D. 系统是不稳定的

12. 系统开环传递函数为 $G_K(s) = \dfrac{K^*(s+1)}{s(s+2)(s+3)}$，则关于根轨迹的说法正确的是( )。

  A. 根轨迹有 3 条分支

  B. 实轴上的根轨迹区间为 $[-3, -2]$，$[-1, 0]$

  C. 根轨迹共有 2 条渐近线

  D. 渐近线的倾角为 $\varphi_1 = \pm 90°$

13. 系统开环传递函数为 $G_K(s) = \dfrac{K^*(s+2)}{(s^2+2s+3)}$，则关于根轨迹的说法正确的是( )。

  A. 根轨迹有 2 条分支   B. 实轴上根轨迹区间为 $(-\infty, -2]$

  C. 根轨迹共有 2 条渐近线   D. 根轨迹是圆的一部分

14. 下列关于根轨迹的说法正确的是( )。

  A. 如果开环零点数目 m 小于开环极点数目 n，则有 $n-m$ 条根轨迹终止于 s 平面无穷远处

  B. 根轨迹是连续的，并且对称于实轴

  C. 如果实轴上相邻开环极点之间存在根轨迹，则在此区间上必有分离点

  D. 如果实轴上相邻开环零点之间存在根轨迹，则在此区间上必有会合点

15. 系统开环传递函数为 $G_K(s) = \dfrac{K}{s(0.5s+1)(0.2s+1)}$，则关于根轨迹的说法正确的是 ( )。

  A. 根轨迹有 3 条分支

  B. 起始于开环极点 $p_1 = 0, p_2 = -2, p_3 = -5$

  C. 实轴上的根轨迹分支有 $[-2, 0]$，$(-\infty, -5]$

  D. 根轨迹是圆的一部分

16. 系统开环传递函数为 $G_K(s) = \dfrac{K^*}{s(s+2)(s^2+2s+2)}$，则关于根轨迹的说法正确的是 ( )。

  A. 根轨迹有 4 条分支

  B. 起始于开环极点 $p_1 = 0, p_2 = 2, -p_{3,4} = -1 \pm j$

  C. 实轴上的根轨迹分支有 $[-2, 0]$

  D. 根轨迹是圆的一部分

17. 系统开环传递函数为 $G_K(s) = \dfrac{K^*}{s(s+1)^2}$，则关于根轨迹的说法正确的是( )。

  A. 根轨迹有 3 条分支

  B. 起始于开环极点 $p_1 = 0, p_2 = -2, -p_{3,4} = -1 \pm j$

  C. 实轴上的根轨迹：$(-\infty, 0]$

D. 根轨迹是圆的一部分

18. 系统开环传递函数为 $G_K(s) = \dfrac{K_1^*(s+10)}{s(s+1)(s+4)^2}$，则关于根轨迹的说法正确的是(　　)。

A. 根轨迹有 4 条分支

B. 根轨迹有三条渐近线

C. 实轴上的根轨迹为 $(-\infty, -10]$，$(-1, 0]$

D. 根轨迹是圆的一部分

19. 系统开环传递函数为 $G_K(s) = \dfrac{20}{(s+4)(s+p)}$，则关于根轨迹的说法正确的是(　　)。

A. 系统的等效开环传递函数为 $G_K^*(s) = \dfrac{p(s+4)}{(s^2+4s+20)}$

B. 根轨迹有一条渐近线

C. 实轴上的根轨迹为 $(-\infty, -4]$

D. 根轨迹是圆的一部分

20. 系统开环传递函数为 $G_K(s) = \dfrac{(s+p)}{(s+1)^2}$，则关于根轨迹的说法正确的是(　　)。

A. 系统的等效开环传递函数为 $G_K^*(s) = \dfrac{p}{s(s^2+2s+2)}$

B. 根轨迹有 3 条渐近线

C. 实轴上的根轨迹为 $(-\infty, -4]$

D. 根轨迹是圆的一部分

21. 系统开环传递函数为 $G_K(s) = \dfrac{K^*}{s(s+1)(s+10)}$，则关于根轨迹的说法正确的是(　　)。

A. 实轴上的根轨迹在 $(-\infty, -10]$，$(-1, 0]$

B. 根轨迹有 3 条渐近线

C. 分离点为 $s_2 = 0.49$

D. 根轨迹与虚轴的交点 $s_{1,2} = \pm j3.16$

22. 系统开环传递函数为 $G_K^*(s) = \dfrac{K^*(s+10)}{s(s+1)(s+2)}$，则关于根轨迹的说法正确的是(　　)。

A. 实轴上的根轨迹 $(-10, -2]$，$[-1, 0]$

B. 根轨迹有 2 条渐近线

C. 分离点为 $s_2 = 0.49$

D. 根轨迹与虚轴的交点 $s_{1,2} = \pm j3.16$

23. 系统开环传递函数为 $G(s)H(s) = \dfrac{K^*(s+2)}{s(s+3)(s^2+2s+2)}$，则关于根轨迹的说法正确的是(　　)。

A. 实轴上的根轨迹 $[-10, -2]$, $[-1, 0]$

B. 根轨迹有 4 条渐近线

C. 根轨迹有 3 条的渐近线

D. 根轨迹与虚轴的交点 $s_{1,2} = \pm 1.62\text{j}$

24. 系统开环传递函数为 $G_K(s) = \dfrac{K^*}{s^2(s+2)(s+5)}$，则关于根轨迹的说法正确的是（　　）。

A. 实轴上根轨迹区间为 $[-5, -2]$　　　B. 根轨迹有 4 条渐近线

C. 根轨迹有 4 条渐近线　　　D. 根轨迹与虚轴的交点 $s_{1,2} = \pm 1.62\text{j}$

25. 系统开环传递函数为 $G(s)H(s) = \dfrac{K^*(s+1)}{s^2+3s+3.25}$，则关于根轨迹的说法正确的是（　　）。

A. 实轴上根轨迹段：$(-\infty, -1]$　　　B. 根轨迹有一条渐近线

C. 渐近线与实轴的交点 $\sigma_a = -2$　　　D. 根轨迹与虚轴的交点 $s_{1,2} = \pm 1.62\text{j}$

26. 系统开环传递函数为 $G_K(s) = \dfrac{K^*}{s(s^2+2s+2)}$，则关于根轨迹的说法正确的是（　　）。

A. 实轴上的根轨迹：$(-\infty, -0]$　　　B. 根轨迹有 3 条渐近线

C. 渐近线与实轴的交点 $\sigma_a = -\dfrac{2}{3}$　　　D. 根轨迹与虚轴的交点 $s_{1,2} = \pm 1.62\text{j}$

27. 系统开环传递函数为 $G_K(s) = \dfrac{K^*}{s(s+3)(s+6)}$，则关于根轨迹的说法正确的是（　　）。

A. 实轴上的根轨迹为，$(-\infty, -6]$, $[-3, 0]$

B. 根轨迹有 3 条渐近线

C. 渐近线与实轴的交点 $\sigma_a = -3$

D. 根轨迹与虚轴的交点 $s_{1,2} = \pm 1.62\text{j}$

28. 系统开环传递函数为 $G_K(s) = \dfrac{K^*}{s(s+3)(s+6)}$，则关于根轨迹的说法正确的是（　　）。

A. 实轴上的根轨迹为 $(-\infty, -6]$, $[-3, 0]$

B. 根轨迹有 2 条渐近线

C. 根轨迹有 3 条分支

D. 根轨迹与虚轴的交点 $s = \pm 4.24\text{j}$

29. 系统开环传递函数为 $G_K(s) = \dfrac{K^*}{s^2(s+1)}$，则关于根轨迹的说法正确的是（　　）。

A. 实轴上的根轨迹：$(-\infty, -1]$　　　B. 根轨迹有 3 条渐近线

C. 根轨迹有 3 条分支　　　D. 根轨迹是圆的一部分

30. 系统开环传递函数为 $G_K(s) = \dfrac{K^*(s+0.5)}{s^2(s+1)}$，则关于根轨迹的说法正确的

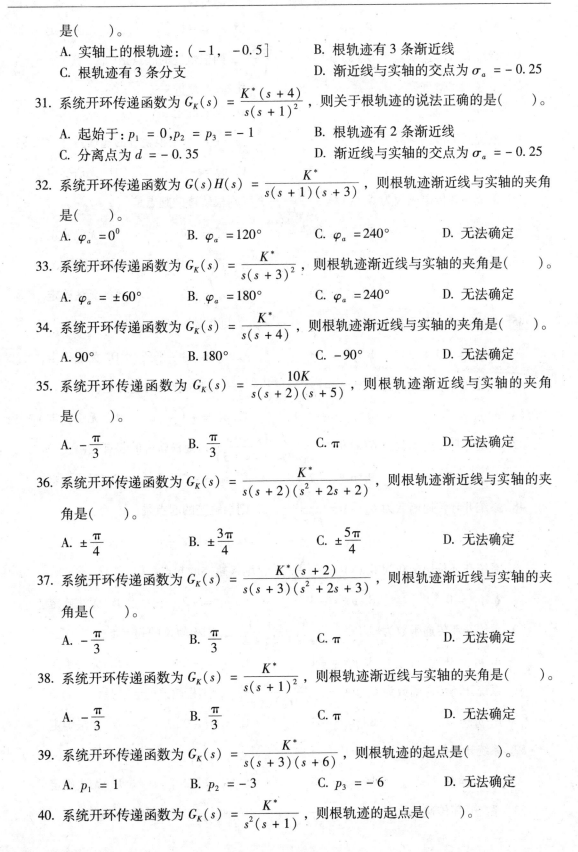

是(　　)。

A. 实轴上的根轨迹：$(-1,-0.5]$ 　　　　　B. 根轨迹有 3 条渐近线

C. 根轨迹有 3 条分支 　　　　　D. 渐近线与实轴的交点为 $\sigma_a = -0.25$

31. 系统开环传递函数为 $G_K(s) = \dfrac{K^*(s+4)}{s(s+1)^2}$，则关于根轨迹的说法正确的是(　　)。

A. 起始于：$p_1 = 0, p_2 = p_3 = -1$ 　　　　B. 根轨迹有 2 条渐近线

C. 分离点为 $d = -0.35$ 　　　　D. 渐近线与实轴的交点为 $\sigma_a = -0.25$

32. 系统开环传递函数为 $G(s)H(s) = \dfrac{K^*}{s(s+1)(s+3)}$，则根轨迹渐近线与实轴的夹角是(　　)。

A. $\varphi_a = 0^0$ 　　　　B. $\varphi_a = 120°$ 　　　　C. $\varphi_a = 240°$ 　　　　D. 无法确定

33. 系统开环传递函数为 $G_K(s) = \dfrac{K^*}{s(s+3)^2}$，则根轨迹渐近线与实轴的夹角是(　　)。

A. $\varphi_a = \pm 60°$ 　　　　B. $\varphi_a = 180°$ 　　　　C. $\varphi_a = 240°$ 　　　　D. 无法确定

34. 系统开环传递函数为 $G_K(s) = \dfrac{K^*}{s(s+4)}$，则根轨迹渐近线与实轴的夹角是(　　)。

A. $90°$ 　　　　B. $180°$ 　　　　C. $-90°$ 　　　　D. 无法确定

35. 系统开环传递函数为 $G_K(s) = \dfrac{10K}{s(s+2)(s+5)}$，则根轨迹渐近线与实轴的夹角是(　　)。

A. $-\dfrac{\pi}{3}$ 　　　　B. $\dfrac{\pi}{3}$ 　　　　C. π 　　　　D. 无法确定

36. 系统开环传递函数为 $G_K(s) = \dfrac{K^*}{s(s+2)(s^2+2s+2)}$，则根轨迹渐近线与实轴的夹角是(　　)。

A. $\pm \dfrac{\pi}{4}$ 　　　　B. $\pm \dfrac{3\pi}{4}$ 　　　　C. $\pm \dfrac{5\pi}{4}$ 　　　　D. 无法确定

37. 系统开环传递函数为 $G_K(s) = \dfrac{K^*(s+2)}{s(s+3)(s^2+2s+3)}$，则根轨迹渐近线与实轴的夹角是(　　)。

A. $-\dfrac{\pi}{3}$ 　　　　B. $\dfrac{\pi}{3}$ 　　　　C. π 　　　　D. 无法确定

38. 系统开环传递函数为 $G_K(s) = \dfrac{K^*}{s(s+1)^2}$，则根轨迹渐近线与实轴的夹角是(　　)。

A. $-\dfrac{\pi}{3}$ 　　　　B. $\dfrac{\pi}{3}$ 　　　　C. π 　　　　D. 无法确定

39. 系统开环传递函数为 $G_K(s) = \dfrac{K^*}{s(s+3)(s+6)}$，则根轨迹的起点是(　　)。

A. $p_1 = 1$ 　　　　B. $p_2 = -3$ 　　　　C. $p_3 = -6$ 　　　　D. 无法确定

40. 系统开环传递函数为 $G_K(s) = \dfrac{K^*}{s^2(s+1)}$，则根轨迹的起点是(　　)。

A. $p_{1,2} = 0$ B. $p_3 = -1$ C. $p_3 = -6$ D. 无法确定

41. 系统开环传递函数为 $G_K(s) = \dfrac{K^*(s + 0.5)}{s^2(s + 1)}$ ，则根轨迹的起点是(　　)。

     A. $z_1 = -0.5$ B. 两条趋近于无穷远处

     C. $p_3 = -6$ D. 无法确定

42. 系统开环传递函数为 $G_K(s) = \dfrac{K}{s(s + 1)(0.25s + 1)}$ ，则根轨迹的起点是(　　)。

     A. $p_1 = 0$ B. $p_2 = -1$ C. $p_3 = -4$ D. 无法确定

43. 系统开环传递函数为 $G_K(s) = \dfrac{K^*(s + 4)}{s(s + 1)^2}$ ，则根轨迹的起点是(　　)。

     A. $p_1 = 0$ B. $p_1 = p_2 = -1$ C. $p_3 = -4$ D. 无法确定

44. 系统开环传递函数为 $G(s)H(s) = \dfrac{K^*}{s(s + 1)(s + 3)}$ ，则根轨迹的起点是(　　)。

     A. $p_1 = 0$ B. $p_2 = -1$ C. $p_1 = -3$ D. 无法确定

45. 系统开环传递函数为 $G_K^*(s) = \dfrac{K^* s}{s^2 + 2s + 10}$ ，则根轨迹的起点是(　　)。

     A. $p_1 = -3 + j3$ B. $p_2 = -1$ C. $p_2 = -1 - j3$ D. 无法确定

46. 系统开环传递函数为 $G_K^*(s) = \dfrac{K^*(s + 3)}{(s - 1)(s + 2)}$ ，则根轨迹的起点是(　　)。

     A. $p_1 = 1$ B. $p_2 = -2$ C. $p_2 = -1 - j3$ D. 无法确定

47. 系统开环传递函数为 $G(s)H(s) = \dfrac{K^*(s + 5)}{s(s^2 + 4s + 5)}$ ，则根轨迹的起点是(　　)。

     A. $p_1 = 0$ B. $p_2 = -2 + j$ C. $p_3 = -2 - j$ D. 无法确定

48. 系统开环传递函数为 $G_K(s) = \dfrac{K^*}{s(s + 3)^2}$ ，则根轨迹的起点是(　　)。

     A. $p_1 = 0$ B. $p_2 = p_3 = -3$ C. $p_3 = -2 - j$ D. 无法确定

49. 系统开环传递函数为 $G_K(s) = \dfrac{K^*}{s(s + 4)}$ ，则根轨迹的起点是(　　)。

     A. $p_1 = 0$ B. $p_2 = -4$ C. $p_3 = -2 - j$ D. 无法确定

50. 系统开环传递函数为 $G_K(s) = \dfrac{K^*(s + 3)}{(s + 1)(s + 2)}$ ，则根轨迹的起点是(　　)。

     A. $p_1 = 0$ B. $p_1 = -1$ C. $p_1 = -2$ D. 无法确定

51. 系统开环传递函数为 $G_K(s) = \dfrac{K^*(s + 1)}{s(s + 2)(s + 3)}$ ，则根轨迹的起点是(　　)。

     A. $p_1 = 0$ B. $p_2 = -3$ C. $p_3 = -2$ D. 无法确定

52. 系统开环传递函数为 $G_K(s) = \dfrac{K}{s(0.5s + 1)(0.2s + 1)}$ ，则根轨迹的起点是(　　)。

     A. $p_1 = 0$ B. $p_3 = -5$ C. $p_3 = -2$ D. 无法确定

53. 系统开环传递函数为 $G_K(s) = \dfrac{K^*}{s(s + 2)(s^2 + 2s + 2)}$ ，则根轨迹的起点是(　　)。

A. $p_1 = 0$　　　　B. $-p_{3,4} = -1 \pm j$　C. $p_2 = -2$　　　　D. 无法确定

54. 系统开环传递函数为 $G_K(s) = \dfrac{K^*(s+2)}{s(s+3)(s^2+2s+3)}$，则根轨迹的起点是(　　)。

A. $p_1 = 0$　　　　　　　　　　　　　B. $-p_{3,4} = -1 \pm j\sqrt{2}$
C. $p_3 = -2$　　　　　　　　　　　　D. 无法确定

55. 系统开环传递函数为 $G_K(s) = \dfrac{K^*}{s(s+1)^2}$，则根轨迹的起点是(　　)。

A. $p_1 = 0$　　　　B. $p_1 = p_2 = -1$　C. $p_1 = -2$　　　　D. 无法确定

56. 系统开环传递函数为 $G_K(s) = \dfrac{K_1^*(s+10)}{s(s+1)(s+4)^2}$，则根轨迹的起点是(　　)。

A. $p_1 = 0$　　　　B. $p_2 = -1$　　　C. $p_{3,4} = -4$　　　D. 无法确定

57. 系统开环传递函数为 $G_K^*(s) = \dfrac{p(s+4)}{s^2+4s+20}$，则根轨迹的起点是(　　)。

A. $p_1 = 0$　　　　B. $p_1 = -2+j4$　C. $p_2 = -2-j4$　D. 无法确定

58. 系统开环传递函数为 $G_K(s) = \dfrac{K^*(s+4)}{s(s+1)}$，则根轨迹的终点是(　　)。

A. $z_1 = -4$　　　　　　　　　　　　B. $p_1 = -2+j4$
C. 两条趋向于无穷远处　　　　　　　D. 无法确定

59. 系统开环传递函数为 $G_K^*(s) = \dfrac{K^*s}{s^2+2s+10}$，则根轨迹的终点是(　　)。

A. $z_1 = -4$　　　　　　　　　　　　B. $z_1 = 0$
C. 一条趋向于无穷远处　　　　　　　D. 无法确定

60. 系统开环传递函数为 $G_K(s) = \dfrac{K^*(s+3)}{(s-1)(s+2)}$，则根轨迹的终点是(　　)。

A. $z_1 = -3$　　　　　　　　　　　　B. $z_1 = 0$
C. 一条趋向于无穷远处　　　　　　　D. 无法确定

61. 系统开环传递函数为 $G(s)H(s) = \dfrac{K^*(s+5)}{s(s^2+4s+5)}$，则根轨迹的终点是(　　)。

A. $z_1 = -3$　　　　　　　　　　　　B. $z_1 = -5$
C. 两条趋向于无穷远处　　　　　　　D. 无法确定

62. 系统开环传递函数为 $G_K(s) = \dfrac{K^*(s+2)}{(s^2+2s+3)}$，则根轨迹的终点是(　　)。

A. $z_1 = -2$　　　　　　　　　　　　B. $z_1 = -5$
C. 一条趋向于无穷远处　　　　　　　D. 无法确定

63. 系统开环传递函数为 $G_K(s) = \dfrac{K^*(s+1)}{s(s-1)(s^2+4s+16)}$，则根轨迹的终点是(　　)。

A. $z_1 = -1$　　　　　　　　　　　　B. $z_1 = -5$
C. 三条趋向于无穷远处　　　　　　　D. 无法确定

64. 系统开环传递函数为 $G_K(s) = \dfrac{K_1^*(s+10)}{s(s+1)(s+4)^2}$，则根轨迹的终点是(　　)。

A. $z_1 = -1$ 　　　　　　　　　　B. $z_1 = -10$

C. 三条趋向于无穷远处 　　　　　　D. 无法确定

65. 系统开环传递函数为 $G_K(s) = \dfrac{K_1^*(s+2)(s+5)}{s(s+1)(s+4)^2}$，则根轨迹的终点是（　　）。

A. $z_1 = -2$ 　　　　　　　　　　B. $z_1 = -5$

C. 两条趋向于无穷远处 　　　　　　D. 无法确定

66. 系统开环传递函数为 $G_K(s) = \dfrac{K_1^*(s+3)}{s(s+1)(s+4)}$，则根轨迹的终点是（　　）。

A. $z_1 = -3$ 　　　　　　　　　　B. $z_1 = -5$

C. 两条趋向于无穷远处 　　　　　　D. 无法确定

67. 系统开环传递函数为 $G_K(s) = \dfrac{K^*(s+2)}{s(s+3)(2s+3)}$，则根轨迹的终点是（　　）。

A. $z_1 = -2$ 　　　　　　　　　　B. $z_1 = -5$

C. 两条趋向于无穷远处 　　　　　　D. 无法确定

68. 系统开环传递函数为 $G_K(s) = \dfrac{K^*(s+5)}{(s+3)(s+1)}$，则根轨迹的终点是（　　）。

A. $z_1 = -2$ 　　　　　　　　　　B. $z_1 = -5$

C. 一条趋向于无穷远处 　　　　　　D. 无法确定

69. 系统开环传递函数为 $G_K(s) = \dfrac{K^* s(s+5)}{(s^2+3)(s+1)}$，则根轨迹的终点是（　　）。

A. $z_1 = 0$ 　　　　　　　　　　B. $z_1 = -5$

C. 一条趋向于无穷远处 　　　　　　D. 无法确定

70. 系统开环传递函数为 $G_K(s) = \dfrac{K^*(s+5)}{(s^2+3)(s^2+1)}$，则根轨迹的终点是（　　）。

A. $z_1 = 0$ 　　　　　　　　　　B. $z_1 = -5$

C. 三条趋向于无穷远处 　　　　　　D. 无法确定

4.1.3 绘图题

1. 绘制下列开环传递函数所对应负反馈系统的根轨迹。

$$G_K(s) = \frac{K^*(s+3)}{(s+1)(s+2)}$$

2. 绘制下列开环传递函数所对应负反馈系统的根轨迹。

$$G_K(s) = \frac{K^*(s+1)}{s(s+2)(s+3)}$$

3. 绘制下列开环传递函数所对应负反馈系统的根轨迹。

$$G_K(s) = \frac{K^*(s+2)}{(s^2+2s+3)}$$

4. 绘制下列开环传递函数所对应负反馈系统的根轨迹。

$$G_K(s) = \frac{K^*(s+1)}{s(s+2)}$$

5. 绘制单位反馈系统的开环传递函数所对应的负反馈系统根轨迹。

$$G_K(s) = \frac{K^*}{s(s+1)^2}$$

6. 已知单位负反馈系统的开环传递函数为 $G_K(s) = \dfrac{20}{(s+4)(s+p)}$，试绘制以 p 为参变量的根轨迹。

7. 已知单位负反馈系统的开环传递函数为 $G_K(s) = \dfrac{(s+p)}{s(s+1)^2}$，试绘制以 p 为参变量的根轨迹。

8. 已知单位负反馈系统的开环传递函数为 $G_K(s) = \dfrac{K(1+T_a s)}{s(1+5s)^2}$，若 $K = 5$，试绘制以 T_a 为变量闭环控制系统的参数根轨迹。

9. 设某系统的开环传递函数为 $G_K(s) = \dfrac{K^*}{s(s+1)(s+10)}$，试概略绘制系统的根轨迹，并计算闭环系统产生纯虚根的开环增益。

10. 设单位负反馈系统的开环传递函数为 $G_K(s) = \dfrac{K^*(1+s)}{s(s+2)}$，试概略绘制系统的根轨迹，并求使系统稳定的 K^* 范围。

11. 已知闭环系统特征方程式 $s^2 + 2s + K^*(s+4) = 0$，绘制系统的根轨迹，并确定使系统无超调时的 K^* 值范围。

12. 已知闭环系统特征方程式，绘制系统的根轨迹，并确定使系统无超调时的 K^* 值范围。

$$s^3 + 3s^2 + (K^* + 2)s + 10K^* = 0$$

13. 已知单位负反馈系统的闭环传递函数为 $G_B(s) = \dfrac{as}{s^2 + as + 16}(a > 0)$。（1）绘制以 a 为参变量的根轨迹；（2）确定当 $\zeta = 0.5$ 时的 a 值。

14. 单位反馈系统的开环传递函数为 $G_K(s) = \dfrac{K(2s+1)}{s^2(0.2s+1)^2}$，绘制 K 从 $0 \to \infty$ 变化是闭环系统的根轨迹，并确定闭环系统稳定时 K 的取值范围。

15. 某带局部反馈控制系统的结构图如下图所示。试绘制参变量 K^* 由 $0 \to \infty$ 时的根轨迹图，并确定使系统稳定的 K^* 值变化范围。

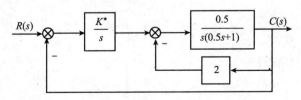

16. 已知单位负反馈控制系统的开环传递函数为 $G_K(s) = \dfrac{K^*}{s^2(s+1)}$ 。试绘制该系统的根轨迹图，并判断闭环系统的稳定性。

17. 已知闭环系统特征方程式 $s^2 + 2s + K^*(s+4) = 0$ ，绘制系统的根轨迹，并确定使系统无超调时的 K^* 值范围。

4.2 根轨迹法标准答案及习题详解

4.2.1 填空题标准答案

1. 开环零点
2. 含两个积分环节
3. 开环系统
4. 极点
5. 特征方程的阶数 n
6. 实轴
7. 奇
8. 2
9. 3
10. 3
11. $-\dfrac{7}{3}$
12. 极
13. 零
14. $[-2, 0]$
15. 圆或者圆的一部分
16. 偶
17. $\varphi_a = \pm 60°, 180°$
18. $\pm 2j$
19. $G_K^* = \dfrac{K^*}{s^2 + 2s + 10}$
20. 4
21. 闭环极点
22. 闭环极点
23. $180°$
24. 零度
25. 幅值条件和相角条件
26. $\pm(2k+1)\pi$
27. $\pm 2k\pi$

28. 无限零点

29. 出射角

30. 入射角

4.2.2 多项选择题标准答案

1. ABC 2. ABC 3. ABC 4. BD 5. ABC

6. ABCD 7. ABCD 8. ACD 9. ABC 10. ABCD

11. BC 12. ABCD 13. ABCD 14. ABCD 15. ABC

16. ABC 17. AC 18. ABC 19. ABCD 20. AB

21. ABCD 22. AB 23. BCD 24. ABC 25. ABC

26. ABC 27. ABC 28. CD 29. ABC 30. ACD

31. ABC 32. ABC 33. AB 34. AC 35. ABC

36. AB 37. ABC 38. ABC 39. ABC 40. AB

41. AB 42. ABC 43. AB 44. ABC 45. AC

46. AB 47. ABC 48. AB 49. AB 50. BC

51. ABC 52. ABC 53. ABC 54. AB 55. AB

56. ABC 57. BC 58. AC 59. BC 60. AC

61. BC 62. AC 63. AC 64. BC 65. ABC

66. AC 67. AC 68. BC 69. AC 70. BC

4.2.3 绘图题习题详解

1. 解：（1）根轨迹共有 2 条，起始于开环极点 $p_1 = -1$，$p_2 = -2$；随着 K^* 增大至 ∞，一条根轨迹趋向于开环零点 $z_1 = -3$，另一条则趋向无穷远处；

（2）实轴上根轨迹段：$(-\infty, -3]$，$[-2, -1]$；

（3）根轨迹有 1 条渐近线，渐近线与实轴正方向的夹角：

$$\varphi_a = \frac{(2k+1)\pi}{n-m} = \frac{(2k+1)\pi}{1} = \pi \qquad k = 0$$

（4）根轨迹的分离点、会合点

$$K^* = \frac{(s+1)(s+2)}{(s+3)}$$

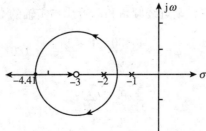

令 $\dfrac{\mathrm{d}K^*}{\mathrm{d}s} = 0$，即

$$s^2 + 6s + 7 = 0$$

解之得 $s_1 = -1.59$（分离点），$s_2 = -4.41$（会合点）。

2. 解：（1）根轨迹共有 3 条，起始于开环极点 $p_1 = 0$，$p_2 = -2$，$p_3 = -3$；随着 K^* 增大至 ∞，一条根轨迹趋向于开环零点 $z_1 = -1$，另两条则趋向无穷远处；

（2）实轴上的根轨迹区间为 $[-3，-2]$，$[-1，0]$；

（3）根轨迹的渐近线条数为 $n - m = 2$，渐近线的倾角为

$$\varphi_1 = 90°，\varphi_2 = -90°$$

渐近线与实轴的交点为

$$\sigma_a = \frac{\displaystyle\sum_{i=1}^{n} p_i - \sum_{j=1}^{m} z_j}{n - m} = -2$$

（4）根轨迹的分离点

$$\frac{1}{d} + \frac{1}{d+2} + \frac{1}{d+3} = \frac{1}{d+1}$$

用试探法求得分离点 $d = -2.47$。

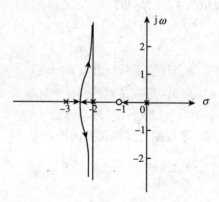

3. 解：（1）根轨迹共有两条，起始于开环极点 $-p_1 = -1 + \sqrt{2}\mathrm{j}$，$-p_2 = -1 - \sqrt{2}\mathrm{j}$；随着 K^* 增大至 ∞，一条根轨迹趋向于开环零点 $z_1 = -2$，另一条则趋向无穷远处；

（2）实轴上根轨迹区间为 $(-\infty，-2]$；

（3）根轨迹有两条渐近线，渐近线倾角和渐近线与实轴的交点为

$$\varphi_a = \frac{\mp 180°(1 + 2\mu)}{2 - 1} = 180°$$

$$\sigma_a = \frac{\displaystyle\sum_{i=1}^{n} p_i - \sum_{j=1}^{m} z_j}{n - m} = 0$$

（4）分离点与会合点

$$K^* = \frac{s^2 + 2s + 3}{(s + 2)}$$

令 $\dfrac{\mathrm{d}K^*}{\mathrm{d}s} = 0$，即

$$s^2 + 4s + 1 = 0$$

解之得 $s_1 = -0.27$（舍），$s_2 = -3.73$（分离点）。

　　绘出常规根轨迹图如下图所示，复平面上的根轨迹是以零点（-2，j0）为圆心，以分离点到零点的距离为半径的圆弧。

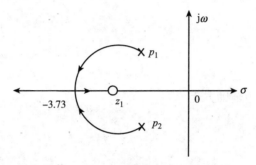

　　4. 解：（1）根轨迹共有两条，起始于开环极点 $p_1 = 0$，$p_2 = -2$；随着 K^* 增大至∞，一条根轨迹趋向于开环零点 $z_1 = -1$，另一条则趋向无穷远处；

　　（2）实轴上根轨迹区间为（-∞，-2]，[-1，0]；

　　（3）绘制出根轨迹如下图所示。

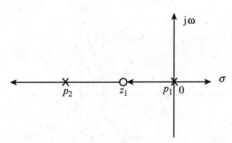

　　5. 解：（1）根轨迹共有 3 条，起始于开环极点 $p_1 = 0$，$p_2 = p_1 = -1$；3 条根轨迹随着 K^* 增大至∞而趋向于无穷远处；

　　（2）实轴上的根轨迹：（-∞，0]；

　　（3）根轨迹共有 3 条渐近线：

$$\sigma_a = -\frac{2}{3}, \varphi = \pm 60°, 180°$$

　　（4）根轨迹的分离点：

$$K^* = -s(s + 1)^2$$

令 $\dfrac{\mathrm{d}K^*}{\mathrm{d}s} = 0$，即

$$3s^2 + 4s + 1 = 0$$

解得 $s_1 = -1$，$s_2 = -\dfrac{1}{3}$，都位于实轴根轨迹段，因此均为分离点；

（5）根轨迹与虚轴的交点：

闭环特征方程为

$$s^3 + 2s^2 + s + K^* = 0$$

列劳斯表

s^3	1	1
s^2	2	K^*
s^1	$1 - \dfrac{K^*}{2}$	
s^0	K^*	

可见，交点处 $K^* = 2$。由辅助方程

$$2s^2 + 2 = 0$$

解得 $s_{1,2} = \pm\, \mathrm{j}$。

绘制该系统的根轨迹图，如下图所示。

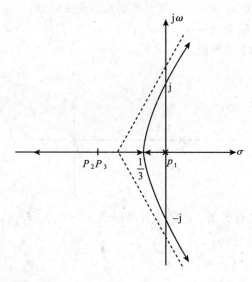

6. 解：系统的特征多项式为

$$D(s) = s^2 + (4 + p)s + 4p + 20 = s^2 + 4s + 20 + p(s + 4) = 0$$

系统的等效开环传递函数为

$$G_K^*(s) = \frac{p(s + 4)}{s^2 + 4s + 20} = \frac{p(s + 4)}{(s + 2 + \mathrm{j}4)(s + 2 - \mathrm{j}4)}$$

按照绘制常规根轨迹图的法则绘制根轨迹。

（1）$n = 2$，即根轨迹有 2 条，起点分别为 $p_1 = -2 + \mathrm{j}4, p_2 = -2 - \mathrm{j}4$；2 条根轨迹的终点其中一条为 $z_1 = -4$，另一条趋于无穷远处；

（2）实轴上的根轨迹为 $(-\infty, -4]$；

（3）根轨迹有一条渐近线 $n - m = 1$

$$\varphi_a = \frac{(2k+1)\pi}{n-m} = \frac{(2k+1)\pi}{1} = \pi$$

（4）根轨迹的分离点

$$p = -\frac{s^2 + 4s + 20}{(s+4)}$$

令 $\dfrac{\mathrm{d}p}{\mathrm{d}s} = 0$，即

$$s^2 + 8s - 4 = 0$$

解之得 $s_1 = -8.47, s_2 = 0.47$（舍去）；

（5）起始角如下

$$\theta_{P_2^1} = \pi \angle (p_1 - z_1) - \angle (p_1 - p_2)$$
$$= 180° + \arctan 2 - 90° \approx 153.43°$$
$$\theta_{P_2^2} = -153.43°$$

绘制系统的根轨迹如下图所示。

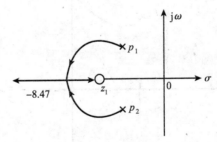

7. 解：闭环系统特征方程为

$$s(s+1)^2 + s + p = s^2 + 2s^2 + 2s + p = 0$$
$$1 + \frac{p}{s(s^2 + 2s + 2)} = 0$$

等效开环传递函数为

$$G_K^*(s) = \frac{p}{s(s^2 + 2s + 2)} = \frac{p}{s(s+1+\mathrm{j})(s+1-\mathrm{j})}$$

（1）$n = 3$，即根轨迹有 3 条，起点分别为 $p_1 = 0, p_2 = -1 + \mathrm{j}, p_3 = -1 - \mathrm{j}$；3 条根轨迹均趋于无穷远处；

（2）实轴上的根轨迹为 $(-\infty, 0]$；

（3）根轨迹有三条渐近线，$n - m = 3$

$$\sigma_a = \frac{-1 + j - 1 - j}{3} = -\frac{2}{3}$$

$$\varphi_a = \frac{(2k + 1)\pi}{n - m} = \frac{(2k + 1)\pi}{3} = -\frac{\pi}{3}, \frac{\pi}{3}, \pi$$

（4）根轨迹与虚轴交点：

s^3	1	2
s^2	2	p
s^1	$2 - \dfrac{p}{2}$	0
s^0	p	

令 $s_1 = 0$，则 $p = 4$，由辅助方程

$$2s^2 + 4 = 0$$

解得 $s_{1,2} = \pm j\sqrt{2}$。

绘制系统的根轨迹如下图所示。

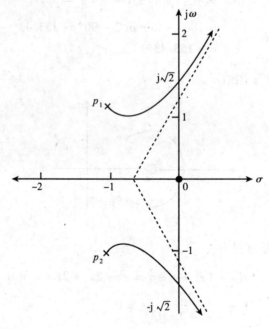

8. 解：系统的闭环特征方程为

$$D(s) = 5s^2 + s + 5T_a s + 5 = 0$$

$$G_K^*(s) = \frac{T_a s}{s^2 + 0.2s + 1}$$

按照常规根轨迹绘制法则，绘制 $T_a = 0 \to \infty$ 变化的广义根轨迹。

（1）$n = 2$，有两条根轨迹，分别起始于开环极点 $p_1 = -0.1 + j0.995$，

$p_2 = -0.1 - j0.995$，一条根轨迹趋于 $z_1 = 0$，令一条根轨迹趋于无穷远处；

（2）实轴上的根轨迹在 $(-\infty, 0)$ 区间；

（3）根轨迹有一条渐近线，$n - m = 1$

$$\varphi_a = \frac{(2k+1)\pi}{n-m} = \frac{(2k+1)\pi}{1} = \pi$$

（4）根轨迹的分离点

$$T_a = \frac{s^2 + 0.2s + 1}{s}$$

令 $\dfrac{\mathrm{d}T_a}{\mathrm{d}s} = 0$ ，即

$$s^2 - 1 = 0$$

解之得 $s_1 = 1$（舍去），$s_2 = -1$（分离点）。

该根轨迹在复平面上部分是以零点为圆心，以零点到分离点之间距离为半径的圆弧，根轨迹如下图所示。

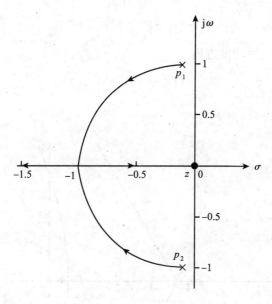

9. 解：绘制根轨迹图

（1）$n = 3$，有三条根轨迹，分别起于开环极点 $p_1 = 0$，$p_2 = -1$，$p_3 = -10$；三条根轨迹趋于无穷远处；

（2）实轴上的根轨迹在 $(-\infty, -10]$，$[-1, 0]$ 区间；

（3）根轨迹有三条渐近线，$n - m = 3$

$$\sigma_a = \frac{-1-10}{3} = -\frac{11}{3}$$

$$\varphi_a = \frac{(2k+1)\pi}{n-m} = \frac{(2k+1)\pi}{3} = -\frac{\pi}{3}, \frac{\pi}{3}, \pi$$

（4）根轨迹的分离点

$$K^* = -(s^3 + 11s^2 + 10s)$$

令 $\dfrac{\mathrm{d}K^*}{\mathrm{d}s} = 0$，即

$$3s^2 + 22s + 10 = 0$$

解之得 $s_1 = -6.85$（舍去），$s_2 = 0.49$，即分离点为 $s_2 = 0.49$；

（5）根轨迹与虚轴的交点：

闭环特征方程

$$s^3 + 11s^2 + 10s + K^* = 0$$

列劳斯表

s^3	1	10
s^2	11	K^*
s^1	$10 - \dfrac{K^*}{11}$	
s^0	K^*	

令 $s^1 = 0$，则 $K^* = 110$，由辅助方程

$$11s^2 + 110 = 0$$

解得 $s_{1,2} = \pm\, \mathrm{j}3.16$。

绘制系统概略根轨迹如下图所示

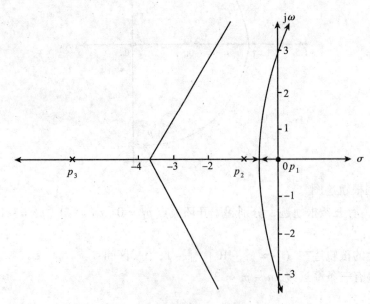

10. 解：由 $G_K(s) = \dfrac{K^*(1-s)}{s(s+2)} = -1$ 可得

$$\frac{K^*(s-1)}{s(s+2)} = 1$$

上式满足零度根轨迹绘制法则，因此应绘制零度根轨迹。

（1）绘制零度根轨迹。

1）$n = 2$，有两条根轨迹，分别起于开环极点 $p_1 = 0$，$p_2 = -2$；一条根轨迹趋于 $z_1 = 1$，另一条趋于无穷远处；

2）实轴上的根轨迹区间为 $[-2, 0]$ 和 $[1, +\infty)$；

3）根轨迹只有一条渐近线，$\varphi_a = 0°$；

4）根轨迹的分离点

$$K^* = \frac{s(s+2)}{(s-1)}$$

$$\frac{\mathrm{d}K^*}{\mathrm{d}s} = s^2 - 2s - 2 = 0$$

解得 $s_1 = 2.732$，$s_2 = -0.732$。

5）根轨迹与虚轴的交点

系统闭环特征方程为

$$D(s) = s^2 + 2s - K^*s + K^* = 0$$

当 $K^* = 2$ 时，闭环特征方程的根为 $s_{1,2} = \pm \mathrm{j}\sqrt{2}$。绘制系统根轨迹如下图所示，其复平面上的根轨迹为以 $(1, \mathrm{j}0)$ 为圆心、半径为 1.732 的圆。

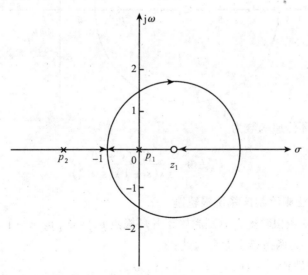

（2）使系统稳定的 K^* 范围：$0 < K^* < 2$。

11. 解：由特征方程式得根轨迹方程

$$\frac{K^*(s+4)}{s(s+2)} = -1$$

（1）$n = 2$，有两条根轨迹，分别起于开环极点 $p_1 = 0$，$p_2 = -2$；一条根轨迹趋于

$z_1 = -4$，另一条趋于无穷远处；

（2）实轴上的根轨迹：$[-2, 0]$，$(-\infty, -4]$；

（3）根轨迹只有一条渐近线，$\varphi_a = 0°$；

（4）根轨迹的分离点和会合点

$$K^* = -\frac{s(s+2)}{s+4}$$

令 $\dfrac{\mathrm{d}K^*}{\mathrm{d}s} = 0$，即

$$s^2 + 8s + 8 = 0$$

解得 $s_1 = -1.17$（分离点），$s_2 = -6.83$（会合点）。由 $s_1 = -1.17$ 和 $s_2 = -6.83$ 对应的分离点和会合点的 K^* 值分别为 $K_1^* = 0.34$，$K_2^* = 11.66$。

复平面上的根轨迹为一个以零点 $z_1 = -4$ 为圆心、以零点到分离点（或会合点）的距离为半径的圆，如下图所示系统无超调意味着特征根全部为实数。对应负实轴上 $[-2, 0]$，$(-\infty, -4]$ 区间，因此对应的 K^* 值范围分别为：$0 \leq K_1^* \leq 0.34$，$11.66 \leq K_2^* \leq \infty$。

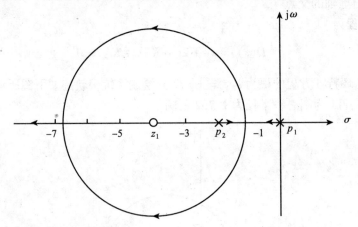

12. 解：等效开环传递函数为

$$G_K^*(s) = \frac{K^*(s+10)}{s(s+1)(s+2)}$$

根据常规根轨迹法则绘制该系统根轨迹。

（1）$n = 3$，有 3 条根轨迹，分别起始于开环极点 $p_1 = 0$，$p_2 = -1$，$p_2 = -2$；一条根轨迹趋于 $z_1 = -10$，另两条趋于无穷远处；

（2）实轴上的根轨迹 $[-10, -2]$，$[-1, 0]$；

（3）根轨迹有两条渐近线

$$\sigma_a = \frac{-1-2+10}{3-1} = 3.5 \qquad \varphi_a = \frac{(2k+1)\pi}{3-1} = \pm\frac{\pi}{2}$$

（4）根轨迹的分离点 $K^* = -\dfrac{s(s+1)(s+2)}{s+10}$

令 $\dfrac{\mathrm{d}K^*}{\mathrm{d}s} = 0$，即 $2s^3 + 33s^2 + 60s + 20 = 0$

由试凑法可得 $s \approx -0.433$，此时对应的 K^* 值分别为 $K^* = 0.04$。

（5）根轨迹与虚轴的交点

将 $s = \mathrm{j}\omega$ 代入题目所给多项式，再令实部、虚部都为零可得

$$\begin{cases} -3\omega^2 + 10K^* = 0 \\ -\omega^3 + (K^* + 2)\omega = 0 \end{cases}$$

解之得 $K^* = \dfrac{6}{7}, \omega = \pm 1.69$

绘制根轨迹如下图所示。

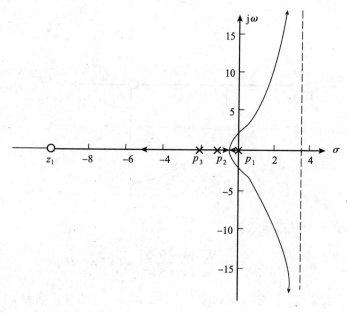

13. 解：系统的特征方程式为

$$s^2 + as + 16 = 0$$

根轨迹方程为

$$\frac{as}{s^2 + 16} = -1$$

（1）绘制根轨迹。

① $n = 3$，有 3 条根轨迹，起点为 $p_1 = \mathrm{j}4$，$p_2 = -\mathrm{j}4$；终点为开环零点 $z_1 = 0$ 和无穷远零点；

② 实轴上的根轨迹：$[-\infty, 0]$；

③ 根轨迹的会合点：$\dfrac{1}{d - 4\mathrm{j}} + \dfrac{1}{d + 4\mathrm{j}} = \dfrac{1}{d}$

解得 $d_1 = 4$（舍），$d_2 = -4$。

    根轨迹如下页图所示，由于系统为二阶带零点的系统，因此根轨迹为以零点（即原点）为圆心，以 4 为半径的一个半圆。由于根轨迹均在 s 平面虚轴左侧，因此只要满足 $a > 0$，系统总是稳定的。

    （2）当 $\zeta = 0.5$ 时的 a 值，可由特征方程求取：

$$s^2 + as + 16 = s^2 + 2\zeta\omega_n s + \omega_n^2$$

其中 $\omega_n = 4, 2\zeta\omega_n = a$，则当 $\zeta = 0.5$ 时，$a = 4$。

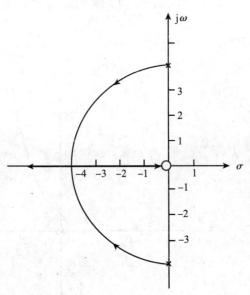

    14. 解：系统的开环传递函数为

$$G_K(s) = \frac{K^*(s + 0.5)}{s^2(s + 5)^2} \quad (K^* = 50K)$$

    （1）根轨迹共有 4 条，起始于开环极点 $p_{1,2} = 0$，$p_{3,4} = -5$；随着 K^* 增大至 ∞，一条根轨迹趋向于零点 $z_1 = -0.5$，其余三条根轨迹均趋向于无穷远处；

    （2）实轴上根轨迹区间为 $[-\infty, -0.5]$；

    （3）根轨迹有 3 条渐近线

$$\sigma_a = \frac{-5 - 5 - (-0.5)}{4} = -2.375$$

$$\varphi_a = \frac{(2k + 1)\pi}{n - m} = \frac{(2k + 1)\pi}{3} = -\frac{\pi}{3}, \frac{\pi}{3}, \pi$$

    （4）根轨迹与虚轴的交点

系统特征方程为

$$s^4 + 10s^3 + 25s^2 + K^*s + 0.5K^* = 0$$

列劳斯表得

s^4	1	25	$0.5K^*$
s^3	10	K^*	
s^2	$25-\dfrac{K^*}{10}$	$0.5K^*$	
s^1	$K^*-\dfrac{50K^*}{250-K^*}$		
s^0	$0.5K^*$		

令 s_1 首列元素为 0，即 $K^*-\dfrac{50K^*}{250-K^*}=0$，解得 $K^*=200$，此时 $K=4$，因此有辅助方程

$$5s^2+100=0$$

解得 $s_{1,2}=\pm2\sqrt{5}\mathrm{j}$。

概略绘制根轨迹如下图所示。

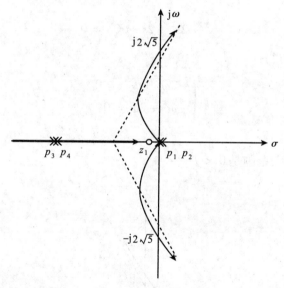

15. 解：求取开环传递函数

$$G_K(s)=\frac{K^*}{s(s^2+2s+2)}$$

根轨迹方程为

$$\frac{K^*}{s(s^2+2s+2)}=-1$$

（1）根轨迹共有 3 条，起始于开环极点 $p_1=0$，$p_2=-1+\mathrm{j}$，$p_3=-1-\mathrm{j}$。根轨迹的终点：三条根轨迹趋于无穷远，由于系统无有限开环零点，3 条根轨迹分支随着 K^* 增大至 ∞ 而趋向于无穷远处；

（2）实轴上的根轨迹：$(-\infty,0]$；

（3）根轨迹的渐近线与实轴的交点：

$$\sigma_a = \frac{\sum\limits_{i=1}^{n} p_i - \sum\limits_{j=1}^{m} z_j}{(n-m)} = \frac{(-1+j)+(-1-j)}{3-0} = -\frac{2}{3}$$

渐近线与实轴正方向的夹角：

$$\varphi_a = \frac{(2k+1)\pi}{n-m} = \frac{(2k+1)\pi}{3} \qquad k = 0,1,2$$

取 $k=0$ 时，$\varphi_0 = 60°$；$k=1$ 时，$\varphi_1 = 180°$；$k=2$ 时，$\varphi_2 = -60°$。

（4）根轨迹与虚轴的交点：

闭环系统的特征方程式：

$$1 + \frac{K^*}{s(s^2 + 2s + 2)} = 0$$

即

$$s^3 + 2s^2 + 2s + K^* = 0$$

令 $s = j\omega$ 代入上式，可得：

$$\begin{cases} -2\omega^2 + K^* = 0 \\ -\omega^3 + 2\omega = 0 \end{cases}$$

解得 $\omega = \pm\sqrt{2}$，$K^* = 4$。

能使系统稳定工作的 K^* 范围是 $0 < K^* < 4$。

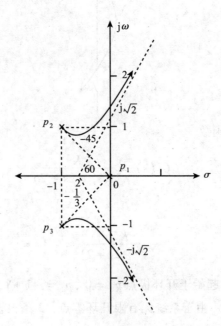

16. 解：根轨迹方程为

$$\frac{K^*}{s^2(s+1)} = -1$$

（1）根轨迹共有 3 条，起始于开环极点：0，0，−1，根轨迹随着 $p_3 = -1$ 增大至 ∞ 而趋向于无穷远处；

（2）实轴上的根轨迹：$(-\infty, -1]$；

（3）根轨迹有 3 条渐近线：

渐近线与实轴的交点：

$$\sigma_a = \frac{\sum\limits_{i=1}^{n} p_i - \sum\limits_{j=1}^{m} z_j}{(n-m)} = -\frac{1}{3}$$

渐近线与实轴正方向的夹角：

$$\varphi_a = \frac{(2k+1)\pi}{n-m} = \frac{(2k+1)\pi}{3} \quad k = 0,1,2$$

取 $k = 0$，2 时，$\varphi_a = \pm 60°$；$k = 1$ 时，$\varphi_a = 180°$；

根轨迹如下图所示。

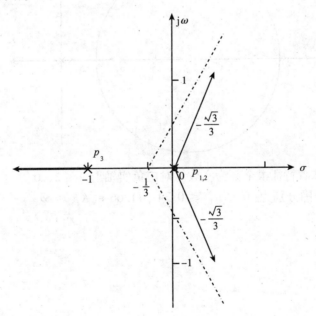

（4）根轨迹与虚轴无交点。

由于三条根轨迹中有两条均位于 s 平面虚轴右侧，因此系统不稳定。

17. 解：由特征方程式得根轨迹方程

$$\frac{K^*(s+4)}{s(s+2)} = -1$$

（1）$n = 2$，有两条根轨迹，分别起于开环极点 $p_1 = 0$，$p_2 = -2$；一条根轨迹趋于 $z_1 = -4$，另一条趋于无穷远处；

（2）实轴上的根轨迹：$[-2,0]$，$(-\infty,-4]$；

（3）根轨迹只有一条渐近线，$\varphi_a = 0°$；

（4）根轨迹的分离点和会合点

$$K^* = -\frac{s(s+2)}{s+4}$$

令 $\dfrac{\mathrm{d}K^*}{\mathrm{d}s} = 0$，即

$$s^2 + 8s + 8 = 0$$

解得 $s_1 = -1.17$（分离点），$s_2 = -6.83$（会合点）。由 $s_1 = -1.17$ 和 $s_2 = -6.83$ 对应的分离点和会合点的 K^* 值分别为 $K_1^* = 0.34$，$K_2^* = 11.66$。

复平面上的根轨迹为一个以零点 $z_1 = -4$ 为圆心、以零点到分离点（或会合点）的距离为半径的圆，如下图所示。

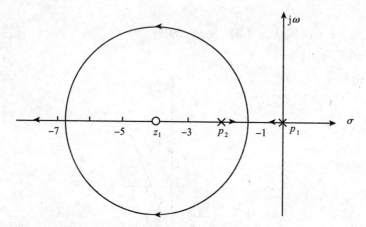

系统无超调意味着特征根全部为实数。对应负实轴上 $[-2,0]$，$(-\infty,-4]$ 区间，因此对应的 K^* 值范围分别为：$0 \leqslant K_1^* \leqslant 0.34$，$11.66 \leqslant K_2^* \leqslant \infty$。

第 5 章　频域法

5.1　频域法题库

5.1.1　填空题

1. 在正弦输入信号的作用下，系统输出的（　　）称为频率响应。

2. 应用频率特性作为数学模型来分析和设计系统的方法称为频域分析法简称（　　）。

3. 频域法是一种图解分析方法，可以根据系统的（　　）频率特性去判断闭环系统的性能。

4. 比例环节的频率特性中输出与输入的相位差为（　　）。

5. 系统开环幅相频率特性的特点为：当 $v =$（　　）时，$G(\mathrm{j}\omega)$ 曲线从负虚轴开始。

6. 增益裕度用字母（　　）表示。

7. 理想微分环节 $\varphi(\omega) = 90°$ 在 $0 \leqslant \omega < \infty$ 范围内的相频特性为（　　）。

8. $G(s) = 1 + Ts$ 的相频特性为（　　）。

9. 惯性环节的指数形式中，当 $\omega = 0$ 时，$\varphi(\omega) =$（　　）。

10. $\varphi(\omega)$——频率特性的幅角或相位移，即（　　）。

11. 积分环节的对数相频特性，在 $0 \leqslant \omega < \infty$ 范围内，为（　　）。

12. 若开环系统是稳定的，即位于 s 平面的右半部的开环极点数 $p = 0$，则闭环系统稳定的充要条件是：当 ω 由 $-\infty$ 变到 $+\infty$ 时，开环频率特性包围 $(-1, \mathrm{j}0)$（　　）圈。

13. 稳定裕度是衡量一个闭环系统（　　）的指标。

14. 非最小相位系统常在传递函数中包含（　　）的零点或极点。

15. 惯性环节的对数频率特性中，高频段渐近线与低频段渐近线的交点为（　　）。

16. 在频率范围内，其相频特性由上往下穿越 $-\pi$ 线，称为（　　）。

17. 频率特性主要适用于（　　）。

18. 高频渐近线与低频渐近线的交点频率称为交接频率或（　　）。

19. 惯性环节的幅频特性随频率升高而（　　）。

20. 在传递函数分子中存在因子 $(\mathrm{j}\omega T + 1)$ 时，当 ω 由 0 变到 ∞ 时，每一因子使相位位移由（　　）。

21. $G(\mathrm{j}\omega)$ 是 RC 电路的频率响应与输入正弦信号的复数比，称之为（　　）。

22. 在正弦输入信号的作用下，系统输出的（　　）称为频率响应。

23. 系统开环幅相频率特性的特点为：当 $v =$（　　）时，$G(\mathrm{j}\omega)$ 曲线从负实轴开始。

24. 比例环节的幅频特性和相频特性均与频率（　　）无关。

25. 具有相同频率特性的一些环节，其中相角位移有最小可能值的环节，称为（　　）。

26. 对于一阶系统和二阶系统，频域性能指标和时域性能指标有明确的对应关系；对于（　　），可建立近似的对应关系。

27. 具有相同频率特性的一些环节，其中相角位移大于最小可能值的环节，称为（　　）。

28. 频率特性虽然是一种稳态特性，但是它不仅能够反映系统的稳态性能，而且能用来研究系统的（　　）。

29. 求解幅相频率特性曲线与负实轴交点坐标的办法为令（　　），解出 ω_x。

30. 最小相位环节或系统有一个重要的特性，当给出了环节或系统的相频特性时，就决定了（　　）。

31. 系统开环幅相频率特性的特点为：当 $\nu =$（　　）时，$G(j\omega)$ 曲线从负实轴开始。

32. I 型系统的幅相频率特性曲线在 $\omega =0$ 时，相当于增加一个恒值信号；由于系统中有积分环节，所以开环系统的输出量将（　　）。

33. 当频率 $\omega =0$ 时，其开环幅相频率特性完全由（　　）环节和积分环节决定。

34. 微分环节的相角为（　　）。

35. 惯性环节的幅频特性随频率升高而下降。在同等振幅下，不同频率的正弦信号加于惯性环节，其输出信号的振幅必不相同，（　　）。

36. 最小相位环节或系统有一个重要的特性，当给出了环节或系统的幅频特性时，就决定了（　　）。

37. 一阶微分环节，当 $\omega = 0$ 时，其相频特性 $\varphi(\omega) =$（　　）。

38. 当频率 $\omega =0$ 时，其开环幅相频率特性完全由比例环节和（　　）环节决定。

39. 比例环节的频率特性与频率（　　）。

40. 积分环节的幅相频率特性，在 $0 \leq \omega < \infty$ 范围内，幅相频率特性为（　　）。

41. 系统开环幅相频率特性的特点为：当 $\nu =$（　　）时，$G(j\omega)$ 曲线从正实轴开始。

42. 若开环系统是稳定的，即位于 s 平面的右半部的开环极点数 $p =1$ 时，则闭环系统稳定的充要条件是：（　　）。

43. 一阶微分环节的对数幅频特性和相频特性与惯性环节的相应特性互以（　　）为镜像。

44. $A(\omega)$ ——为频率特性的模，即（　　）。

45. 相位裕量用字母（　　）表示。

46. 理想微分环节 $G(j\omega) = \omega e^{j\frac{\pi}{2}}$ 的幅相特性为（　　）。

47. 一阶惯性环节的频率特性为（　　）。

5.1.2　单项选择题

1. 比例环节的幅频特性和相频特性均与（　　）无关。
   A. ω 　　　　　　B. f 　　　　　　C. τ 　　　　　　D. t
2. 一阶微分环节的对数幅频特性和相频特性与惯性环节的相应特性互以（　　）为镜像。
   A. 横轴 　　　　　　B. 纵轴 　　　　　　C. 45° 　　　　　　D. 225°

3. 低频段的开环幅相频率特性完全由(　　　)环节和积分环节决定。
   A. 惯性环节　　　　B. 比例环节　　　　C. 微分环节　　　　D. 时滞环节

4. 在对数幅相频率特性中，其相频特性由上往下穿越 $-\pi$ 线，称为(　　　)。
   A. 正穿越　　　　B. 负穿越　　　　C. 下穿越　　　　D. 上穿越

5. 对于一阶系统和二阶系统，频域性能指标和时域性能指标有明确的对应关系；对于(　　　)，可建立近似的对应关系。
   　　A. 低阶系统　　B. 中阶系统　　　C. 高阶系统　　　D. 以上均不对

6. 应用频率特性作为数学模型来分析和设计系统的方法称为频域分析法简称(　　　)。
   A. 根轨迹法　　　　B. 频域法　　　　C. 时域法　　　　D. 以上均不对

7. 比例环节的频率特性中输出与输入的相位差为(　　　)。
   A. 0°　　　　　　　B. 90°　　　　　　C. 180°　　　　　D. 270°

8. 在正弦输入信号的作用下，系统输出的(　　　)称为频率响应。
   A. 稳态分量　　　　B. 暂态分量　　　　C. 参量　　　　D. 以上均不对

9. 在对数幅相频率特性中，其相频特性由下往上穿越 $-\pi$ 线，称为(　　　)。
   A. 正穿越　　　　B. 负穿越　　　　C. 下穿越　　　　D. 上穿越

10. 系统开环幅相频率特性的特点为：当(　　　)时，$G(j\omega)$ 曲线从负实轴开始。
    A. $\nu = 0$　　　　B. $\nu = 1$　　　　C. $\nu = 2$　　　　D. $\nu = 3$

11. 对数频率特性在低频段只有积分环节和开环增益起作用。积分环节决定低频阶段的斜率，开环增益决定低频段的(　　　)。
    A. 宽度　　　　　　B. 幅值　　　　　　C. 高度　　　　　D. 裕度

12. 积分环节的对数相频特性，在 $0 \leqslant \omega < \infty$ 范围内，为(　　　)。
    A. 平行于虚轴的一条直线　　　　　B. 平行于横轴的一条直线
    C. 交叉于横轴的一条直线　　　　　D. 交叉于虚轴的一条直线

13. 在对数幅相频率特性中，其对数幅频率特性完全由比例环节和(　　　)环节决定。
    A. 惯性环节　　　　B. 积分环节　　　　C. 微分环节　　　　D. 时滞环节

14. (　　　)是衡量一个闭环稳定系统稳定程度的指标。
    A. 裕度　　　　　　B. 相位裕度　　　　C. 增益裕度　　　D. 稳定裕度

15. 具有相同频率特性的一些环节，其中相角位移大于最小可能值的环节，称为(　　　)。
    A. 相位环节　　　　　　　　　　　　B. 最小相位环节
    C. 非最小相位环节　　　　　　　　　D. 无法确定

16. 惯性环节的幅频特性随频率升高而下降。在同等振幅下，不同频率的正弦信号加于惯性环节，其输出信号的振幅必不相同，(　　　)。
    A. 频率越低，振幅越小　　　　　　　B. 频率越低，振幅越大
    C. 频率越高，振幅越小　　　　　　　D. 频率越高，振幅越大

17. 应用频率特性作为数学模型来分析和设计系统的方法称为频域分析法，简称(　　　)。
    A. 根轨迹法　　　　B. 频域法　　　　C. 时域法　　　　D. 以上均不对

18. 频率特性虽然是一种稳态特性，但是它不仅能够反映系统的稳态性能，而且能用来研究系统的(　　　)。

    A. 稳态分量   B. 暂态性能   C. 参量   D. 以上均不对

19. 高频渐近线与低频渐近线的交点频率称为交接频率或(　　)。

    A. 接点频率   B. 衔接频率   C. 转折频率   D. 连接频率

20. $\varphi(\omega)$ 表示频率特性的幅角或相位移，即(　　)。

    A. 频率特性   B. 相频特性   C. 对数频率特性   D. 幅频特性

21. $A(\omega)$ 表示频率特性的模，即(　　)。

    A. 频率特性   B. 相频特性   C. 对数频率特性   D. 幅频特性

22. 理想微分环节 $G(j\omega) = \omega e^{j\frac{\pi}{2}}$ 的幅相频特性为(　　)。

    A. 正实轴   B. 负实轴   C. 正虚轴   D. 负虚轴

23. 若开环传递函数在右半 s 平面上有 P 个极点，则当 ω 由 0 变到 $+\infty$ 时，如果开环频率特性的轨迹在复平面上逆时针围绕 $(-1, j0)$ 点转(　　)圈，则系统是稳定的，否则，是不稳定的。

    A. 0   B. $P/2$ C. P D. $2P$

24. 惯性环节的对数频率特性中，高频段渐近线与低频段渐近线的交点为(　　)

    A. $\omega = \dfrac{1}{\pi}$ B. $\omega = \pi$ C. $\omega = T$ D. $\omega = \dfrac{1}{T}$

25. 增益裕度用字母(　　)表示。

    A. γ B. α C. h D. ω

26. 在闭环系统稳定的条件下，系统的 γ 和 h(　　)，系统的稳定程度(　　)。

    A. 越大、越高   B. 越大、越低   C. 越小、越高   D. 越小、越低

27. 如果开环传递函数没有极点位于右半 s 平面，那么闭环系统的稳定的充要条件是：开环频率特性不包围(　　)这一点，幅相频率特性越接近这一点，系统稳定程度(　　)。

    A. $(+1, j0)$、越好   B. $(+1, j0)$、越差

    C. $(-1, j0)$、越好   D. $(-1, j0)$、越差

28. 频率特性主要适用于(　　)。

    A. 线性定常系统   B. 非线性定常系统

    C. 线性非定常系统   D. 非线性非定常系统

29. 若开环系统是不稳定的，即位于 s 平面的右半部的开环极点数 $p = 1$ 时，则闭环系统稳定的充要条件是：(　　)。

    A. $z = -1$ B. $z = 0$ C. $z = 1$ D. $z = 2$

30. 系统开环幅相频率特性的特点为：当(　　)时，$G(j\omega)$ 曲线从正实轴开始。

    A. $\nu = 0$ B. $\nu = 1$ C. $\nu = 2$ D. $\nu = 3$

31. 穿越频率用(　　)表示

    A. ω_c B. φ C. τ D. θ

32. Ⅰ 型系统的幅相频率特性曲线在 $\omega = 0$ 时，相当于增加一个恒值信号；由于系统中有积分环节，所以系统的输出量将位于(　　)。

    A. 无穷远点   B. 无限减小   C. 有限增长   D. 有限减小

33. 惯性环节的(　　)随频率升高而下降。
    A. 频率特性　　　　B. 相频特性　　　　C. 对数频率特性　　D. 幅频特性

34. 求解幅相频率特性曲线与负实轴交点坐标的办法为令(　　)，解出 ω_x。
    A. $P(\omega)=\infty$　　B. $P(\omega)=0$　　C. $Q(\omega)=\infty$　　D. $Q(\omega)=0$

35. 在传递函数分子中存在因子 $(j\omega T+1)$ 时，当 ω 由 0 变到∞时，该因子使相位位移由(　　)。
    A. 0 变到 $-90°$　　B. 0 变到 $90°$　　C. 0 变到 $-180°$　　D. 0 变到 $180°$

36. 最小相位环节或系统有一个重要的特性，当给出了环节或系统的幅频特性时，就决定了(　　)。
    A. 频率特性　　　　B. 相频特性　　　　C. 对数频率特性　　D. 幅频特性

37. 理想微分环节 $\varphi(\omega)=90°$，在 $0\leqslant\omega<\infty$ 范围内的相频特性为(　　)。
    A. 平行于横轴的一条直线　　　　B. 平行于虚轴的一条直线
    C. 曲线　　　　　　　　　　　　D. 无法确定

38. 惯性环节的指数形式中，当 $\omega=0$ 时，$\varphi(\omega)=$(　　)。
    A. $-90°$　　　　B. $0°$　　　　C. $90°$　　　　D. $180°$

39. $G(j\omega)$ 是 RC 电路的频率响应与输入正弦信号的复数比，称之为(　　)。
    A. 稳态分量频率特性　　　　　　B. 暂态分量频率特性
    C. 稳态分量时域特性　　　　　　D. 暂态分量时域特性

40. 若开环系统是稳定的，即位于 s 平面的右半部的开环极点数 $p=0$，则闭环系统稳定的充要条件是：当 ω 由 $-\infty$ 变到 $+\infty$ 时，开环频率特性包围 $(-1,j0)$ (　　)圈。
    A. -1　　　　B. 0　　　　C. $+1$　　　　D. $+2$

41. 具有相同频率特性的一些环节，其中相角位移有最小可能值的环节，称为(　　)。
    A. 相位环节　　　　　　　　　　B. 最小相位环节
    C. 非最小相位环节　　　　　　　D. 无法确定

42. 系统开环幅相频率特性的特点为：当(　　)时，$G(j\omega)$ 曲线从负虚轴开始。
    A. $\nu=0$　　　　B. $\nu=1$　　　　C. $\nu=2$　　　　D. $\nu=3$

43. 积分环节的幅相频率特性，在 $0\leqslant\omega<\infty$，幅相频率特性为(　　)。
    A. 正实轴　　　　B. 负实轴　　　　C. 正虚轴　　　　D. 负虚轴

44. 非最小相位系统常在传递函数中包含(　　)的零点或极点。
    A. 右半 Z 平面　　B. 左半 Z 平面　　C. 右半 s 平面　　D. 左半 s 平面

45. 相位裕量用字母(　　)表示。
    A. γ　　　　B. α　　　　C. h　　　　D. ω

46. 系统开环幅相频率特性的特点为：当(　　)时，$G(j\omega)$ 曲线从正虚轴开始。
    A. $\nu=0$　　　　B. $\nu=1$　　　　C. $\nu=2$　　　　D. $\nu=3$

47. 最小相位环节或系统有一个重要的特性，当给出了环节或系统的相频特性时，就决定了(　　)。
    A. 频率特性　　　　B. 相频特性　　　　C. 对数频率特性　　D. 幅频特性

5.1.3　多项选择题

1. 对于比例环节说法正确是：（　　　）
   A. 传递函数为 $G(s) = K$
   B. 频率特性为 $G(j\omega) = K$
   C. 幅频特性为 $A(\omega) = K$
   D. 相率特性为 $\varphi(\omega) = 0°$

2. 对于惯性环节说法正确是：（　　　）
   A. 传递函数为 $G(s) = \dfrac{1}{Ts + 1}$
   B. 频率特性为 $G(j\omega) = \dfrac{1}{j\omega T + 1}$
   C. 幅频特性为 $A(\omega) = \dfrac{1}{\sqrt{1 + (\omega T)^2}}$
   D. 相率特性为 $\varphi(\omega) = -\arctan\omega T$

3. 对于微分环节说法正确是：（　　　）
   A. 传递函数为 $G(s) = s$
   B. 频率特性为 $G(j\omega) = j\omega$
   C. 幅频特性为 $A(\omega) = \omega$
   D. 相率特性为 $\varphi(\omega) = +90°$

4. 对于积分环节说法正确是：（　　　）
   A. 传递函数为 $G(s) = \dfrac{1}{s}$
   B. 频率特性为 $G(j\omega) = \dfrac{1}{j\omega}$
   C. 幅频特性为 $A(\omega) = \dfrac{1}{\omega}$
   D. 相率特性为 $\varphi(\omega) = -90°$

5. 对于一阶微分环节说法正确是：（　　　）
   A. 传递函数为 $G(s) = Ts + 1$
   B. 频率特性为 $G(j\omega) = j\omega T + 1$
   C. 幅频特性为 $A(\omega) = \sqrt{1 + (\omega T)^2}$
   D. 相率特性为 $\varphi(\omega) = \arctan\omega T$

6. 对于振荡环节说法正确是：（　　　）
   A. 传递函数为 $G(s) = \dfrac{\omega_n^2}{s^2 + 2\xi\omega_n + \omega_n^2}$
   B. 频率特性为 $G(j\omega) = \dfrac{\omega_n^2}{\omega_n^2 - \omega^2 + j2\xi\omega_n\omega}$
   C. 幅频特性为 $A(\omega) = \dfrac{1}{\sqrt{(1 - \dfrac{\omega^2}{\omega_n^2})^2 + (\dfrac{2\xi\omega}{\omega_n})^2}}$
   D. 相率特性为 $\varphi(\omega) = -\arctan\dfrac{2\xi\omega_n\omega}{\omega_n^2 - \omega^2}$

7. 对于时滞环节说法正确是：（　　　）
   A. 传递函数为 $G(s) = e^{-\tau s}$
   B. 频率特性为 $G(j\omega) = e^{j\omega\tau}$
   C. 幅频特性为 $A(\omega) = 1$
   D. 相率特性为 $\varphi(\omega) = -\tau\omega$

8. 对于非最小相位环节说法正确是：（　　　）
   A. 传递函数为 $G(s) = \dfrac{1}{Ts - 1}$
   B. 频率特性为 $G(j\omega) = \dfrac{1}{j\omega T - 1}$

C. 幅频特性为 $A(\omega) = \dfrac{1}{\sqrt{1 + (\omega T)^2}}$

D. 相率特性为 $\varphi(\omega) = -\arctan\dfrac{\omega T}{-1}$

9. 对于比例环节说法正确是：（　　　）

  A. 传递函数为 $G(s) = K$　　　　　　B. $L(\omega)$ 斜率 0dB/dec

  C. $\omega : 0 \sim \infty$, $L(\omega) = 20\lg K$　　　D. $\varphi(\omega) = 0°$

10. 对于积分环节说法正确是：（　　　）

  A. 传递函数为 $G(s) = \dfrac{1}{s}$　　　　　B. $L(\omega)$ 斜率 -20dB/dec

  C. $\omega = 1$ 时 $L(\omega) = 0$　　　　　D. $\varphi(\omega) = -90°$

11. 对于双积分环节说法正确是：（　　　）

  A. 传递函数为 $G(s) = \dfrac{1}{s^2}$　　　　B. $L(\omega)$ 斜率 -40dB/dec

  C. $\omega = 1$ 时 $L(\omega) = 0$　　　　　D. $\varphi(\omega) = -180°$

12. 对于惯性环节说法正确是：（　　　）

  A. 传递函数为 $G(s) = \dfrac{1}{Ts + 1}$　　　B. $L(\omega)$ 斜率 0, -20dB/dec

  C. 转折频率 $\omega = \dfrac{1}{T}$　　　　　D. $\varphi(\omega) : 0 \sim -90°$

13. 对于比例微分环节说法正确是：（　　　）

  A. 传递函数为 $G(s) = \tau s + 1$　　　B. $L(\omega)$ 斜率 0, 20dB/dec

  C. 转折频率 $\omega = \dfrac{1}{\tau}$　　　　　D. $\varphi(\omega) : 0 \sim 90°$

14. 对于振荡环节说法正确是：（　　　）

  A. 传递函数为 $G(s) = \dfrac{\omega_n^2}{s^2 + 2\xi\omega_n + \omega_n^2}$

  B. $L(\omega)$ 斜率 0, -40dB/dec

  C. 转折频率 $\omega = \omega_n$

  D. $\varphi(\omega) : 0° \sim -180°$

15. 频率特性的表示方法有：（　　　）。

  A. 数学表示形式　　　　　　　B. 几何表示形式

  C. 函数表示形式　　　　　　　D. 极坐标表示形式

16. 频率特性的数学表示形式包括（　　　）。

  A. 代数形式　　　　　　　　　B. 指数形式

  C. 极坐标形式　　　　　　　　D. 奈奎斯特曲线

17. 频率特性的几何表示形式包括（　　　）。

  A. 代数形式　　　　　　　　　B. 指数形式

  C. 极坐标形式　　　　　　　　D. 奈奎斯特曲线形式

5.1.4　伯德图分析

5.1.4.1　绘制下列各传递函数的伯德图

1. $G(s) = \dfrac{K}{s}, (K = 5, 0.5)$

2. $G(s) = \dfrac{8}{5s + 1}$

3. $G(s) = \dfrac{s + 1}{s(0.1s + 1)(10s + 1)}$

4. $G(s) = \dfrac{10(s + 0.2)}{s^2(s + 0.1)}$

5. $G(s) = Ks^{-N}(K = 10, N = 1 \text{ 或 } N = 2)$

6. $G(s) = \dfrac{10}{0.1s + 1}$

7. $G(s) = \dfrac{10}{0.1s - 1}$

8. $G(s) = Ks^N(K = 10, N = 1 \text{ 或 } N = 2)$

9. $G(s) = 10(0.1s + 1)$

10. $G(s) = 10(0.1s - 1)$

11. $G(s) = \dfrac{4}{s(s + 2)}$

12. $G(s) = \dfrac{4}{(s + 1)(s + 2)}$

13. $G(s) = \dfrac{s + 3}{s + 20}$

14. $G(s) = \dfrac{s + 0.2}{s(s + 0.02)}$

15. $G(s) = T^2 + 2\xi Ts + 1, (\xi = 0.707)$

16. $G(s) = \dfrac{25(0.2s + 1)}{s^2 + 2s + 1}$

17. $G(s) = \dfrac{K(T_3s + 1)}{s(T_1s + 1)(T_2s + 1)}, (1 > T_1 > T_2 > T_3 > 0)$

18. $G(s) = \dfrac{500}{s(s^2 + s + 100)}$

19. $G(s) = \dfrac{e^{-0.2s}}{s + 1}$

20. $G(s) = \dfrac{2}{(s + 1)(8s + 1)}$

5.1.4.2　根据对数幅频特性曲线写传递函数（下列各题均为最小相位系统）

1.

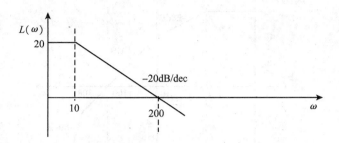

2.

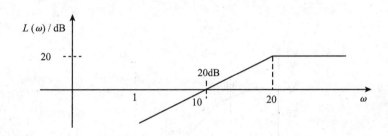

3.

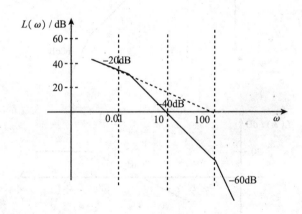

4.

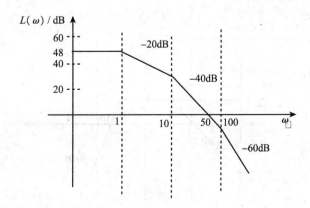

5.

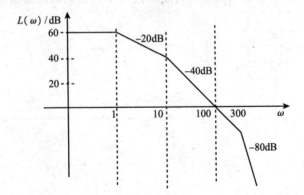

6.

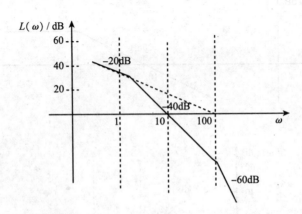

7.

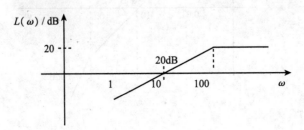

8.

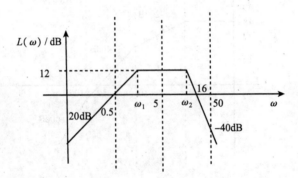

9.

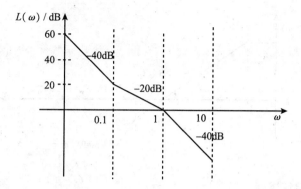

10.

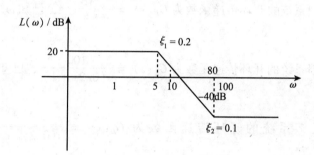

11.

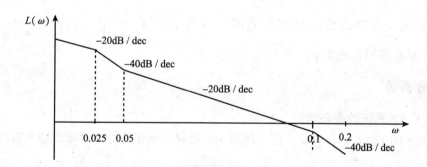

12.

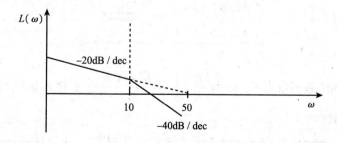

13.

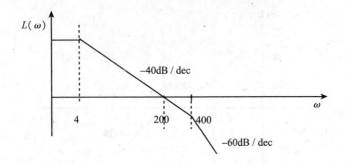

5.1.4.3 计算相角裕度

1. 设单位负反馈系统的开环传递函数为 $G_K(s) = \dfrac{16}{s(s+2)}$ ，已知 $\omega_c = 4$ ，试计算相角裕度 γ。

2. 设单位负反馈系统的开环传递函数为 $G_K(s) = \dfrac{100}{s(0.2s+1)}$ ，已知 $\omega_c = 22$ ，试计算相角裕度 γ。

3. 设单位负反馈系统的开环传递函数为 $G_K(s) = \dfrac{100}{s(0.25s+1)(0.0625s+1)} \cdot \dfrac{0.2s^2}{0.8s+1}$ ，已知 $\omega_c = 0.226$ ，试计算相角裕度 γ。

4. 设单位负反馈系统的开环传递函数为 $G_K(s) = \dfrac{10}{s(0.1s+1)(0.25s+1)}$ ，已知 $\omega_c = 5.31$ ，试计算相角裕度 γ。

5.1.5 分析题

5.1.5.1 求系统的稳态输出

1. 设输入的 $x_i(t) = A\sin\omega t$ ，求下图所示的电路的频率特性，并求出稳态输出响应。

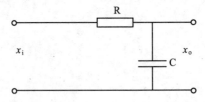

2. 系统的闭环传递函数为 $G_B(s) = \dfrac{C(s)}{R(s)} = \dfrac{K(T_2s+1)}{T_1s+1}$ ，输入信号为 $x(t) = R\sin\omega t$ ，求系统的稳态输出。

3. 已知单位反馈系统的开环传递函数为 $G_K(s) = \dfrac{10}{s+1}$ ，当系统的给定信号为 $x_i(t) = \sin(t+30°)$ 时，求系统的稳态输出。

4. 已知单位反馈系统的开环传递函数为 $G_K(s) = \dfrac{10}{s+1}$ ，当系统的给定信号为

$x_i(t) = 2\cos(2t - 45°)$ 时，求系统的稳态输出。

5. 已知单位反馈系统的开环传递函数为 $G_K(s) = \dfrac{10}{s + 1}$，当系统的给定信号为 $x_i(t) = \sin(t + 30°) - 2\cos(2t - 45°)$ 时，求系统的稳态输出。

6. 某系统开环传递函数为 $G_K(s) = \dfrac{1}{s(s + 1)}$，若 $r(t) = \sin(\omega t + 30°)$，试根据频率特性的物理意义分析求出当 $\omega = 0.1$ 情况下的 $c(t)$ 的静态值。

7. 某系统开环传递函数为 $G_K(s) = \dfrac{1}{s(s + 1)}$，若 $r(t) = \sin(\omega t + 30°)$，试根据频率特性的物理意义分析求出当 $\omega = 1$ 情况下的 $c(t)$ 的静态值。

8. 某系统开环传递函数为 $G_K(s) = \dfrac{1}{s(s + 1)}$，若 $r(t) = \sin(\omega t + 30°)$，试根据频率特性的物理意义分析求出当 $\omega = 10$ 情况下的 $c(t)$ 的静态值。

9. 已知系统的闭环传递函数为 $G_B(s) = \dfrac{\omega_n^2}{s^2 + 2\zeta\omega_n s + \omega_n^2}$，当输入 $r(t) = 2\sin t$ 时，测得输出 $c_s(t) = 4\sin(t - 45°)$，试确定系统的 ζ，ω_n。

10. 若系统单位阶跃响应为 $c(t) = 1 - 1.8\mathrm{e}^{-4t} + 0.8\mathrm{e}^{-9t}$（$t \geqslant 0$），试确定系统的频率特性。

5.1.5.2　绘制各传递函数对应的幅相频率特性

1. $G(s) = Ks^{-N}$（$K = 10, N = 1$ 或 $N = 2$）

2. $G(s) = \dfrac{10}{0.1s + 1}$

3. $G(s) = \dfrac{10}{0.1s - 1}$

4. $G(s) = Ks^N$（$K = 10, N = 1,2$）

5. $G(s) = 10(0.1s + 1)$

6. $G(s) = 10(0.1s - 1)$

7. $G(s) = \dfrac{4}{s(s + 2)}$

8. $G(s) = \dfrac{4}{(s + 1)(s + 2)}$

9. $G(s) = \dfrac{s + 3}{s + 20}$

10. $G(s) = \dfrac{s + 0.2}{s(s + 0.02)}$

11. $G(s) = T^2 + 2\xi Ts + 1$（$\xi = 0.707$）

12. $G(s) = \dfrac{25(0.2s + 1)}{s^2 + 2s + 1}$

13. $G(s) = \dfrac{10}{(s + 1)(0.1s + 1)}$

14. $G(s) = \dfrac{K}{s(Ts + 1)}$

15. $G(s) = \dfrac{K(1 + \tau S)}{Ts + 1}$，分别画出 $\tau < T, \tau > T$ 两种情况幅相频率特性。

16. $G(s) = \dfrac{10}{(Ts + 1)(\tau s - 1)}$，分别画出 $\tau < T, \tau = T, \tau > T$ 三种情况幅相频率特性。

17. $G(s) = \dfrac{K}{s}$

18. $G(s) = \dfrac{K}{s^2}$

19. $G(s) = \dfrac{1}{s(s + 1)(2s + 1)}$

20. $G(s) = \dfrac{4s + 1}{s^2(s + 1)(2s + 1)}$

21. $G(s) = \dfrac{1}{s^2 + 100}$

22. $G(s) = \dfrac{1}{s(s + 1)^2}$

23. $G(s) = \dfrac{750}{s(s + 5)(s + 15)}$

24. $G(s) = \dfrac{200}{s^2(s + 1)(110s + 1)}$

25. $G(s) = \dfrac{10}{(2s + 1)(8s + 1)}$

26. $G(s) = \dfrac{10}{s(s - 1)}$

27. $G(s) = \dfrac{10s + 1}{3s + 1}$

28. $G(s) = \dfrac{10(s + 0.2)}{s^2(s + 0.1)(s + 15)}$

5.1.5.3 试用奈氏判据判断下列幅相频率特性的稳定性

1.

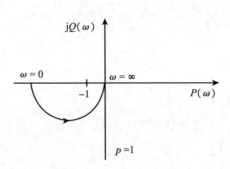

2.

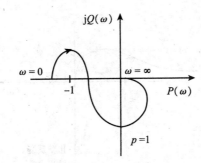

3.

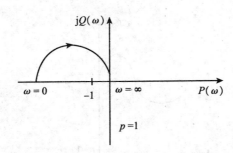

4.

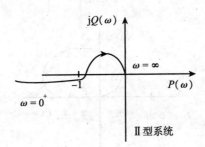

5.

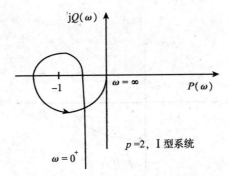

6.

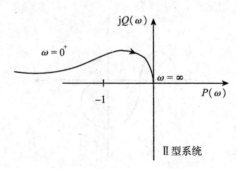

Ⅱ型系统

7.

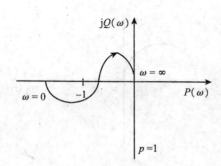

8.

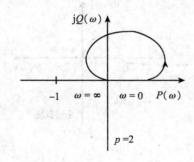

9.

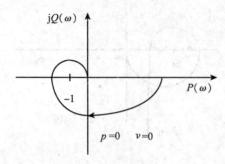

10.

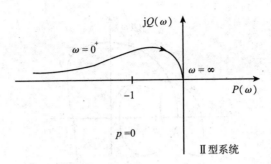

$p = 0$

Ⅱ型系统

11.

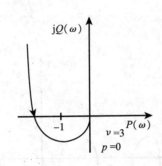

$\nu = 3$
$p = 0$

12.

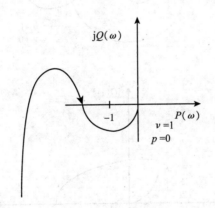

$\nu = 1$
$p = 0$

13.

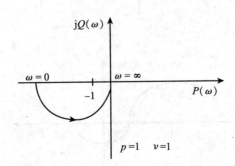

$p = 1 \quad \nu = 1$

14.

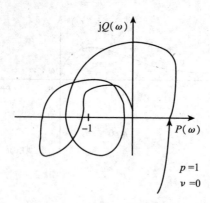

15.

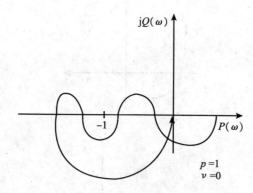

16.

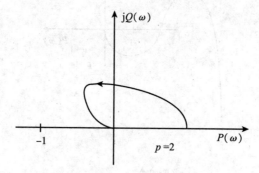

17.

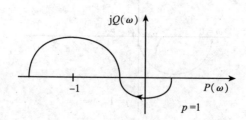

18.

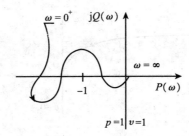

19.

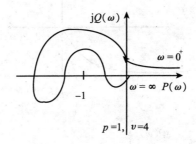

20.

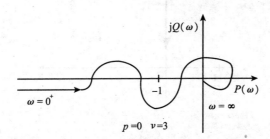

21.

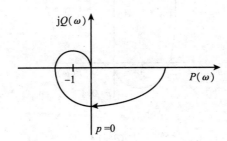

22.

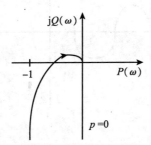

23.

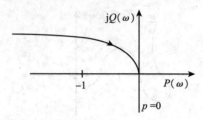

24.

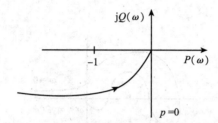

25.

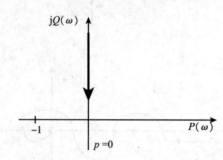

26.

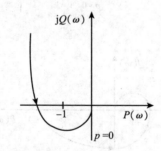

27.

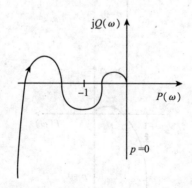

28.

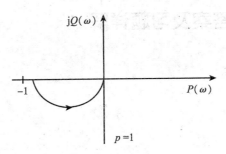

29.

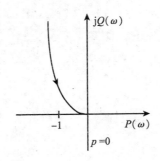

5.1.5.4 综合判断题

1. 已知开环传递函数为 $G_K(s) = \dfrac{K}{(s+0.5)(s+1)(s+2)}$，绘制 $K = 5$ 时奈氏图，并判定其稳定性。

2. 已知开环传递函数为 $G_K(s) = \dfrac{K}{(s+0.5)(s+1)(s+2)}$，绘制 $K = 15$ 时奈氏图，并判定其稳定性。

3. 已知开环传递函数为 $G_K(s) = \dfrac{10}{s(s+1)(s+2)}$，绘制其奈氏图，并判定其稳定性。

4. 已知开环传递函数为 $G(s) = \dfrac{1}{s(s+1)(2s+1)}$，绘制奈氏图，并判断其稳定性。

5. 已知系统开环传递函数 $G(s) = \dfrac{4s+1}{s^2(s+1)(2s+1)}$，绘制奈氏图，并判断其稳定性。

6. 已知系统开环传递函数 $G(s) = \dfrac{1}{s^2+100}$，绘制奈氏图，并判断其稳定性。

5.2　频域法标准答案及习题详解

5.2.1　填空题标准答案

1. 稳态分量
2. 频域法
3. 开环
4. 0°
5. 1
6. h
7. 平行于横轴的一条直线
8. $\varphi(\omega) = \arctan\omega T$
9. 0°
10. 相频特性
11. 平行于横轴的一条直线
12. 0
13. 稳定程度
14. 右半 s 平面
15. $\omega = T$
16. 负穿越
17. 线性定常系统
18. 转折频率
19. 下降
20. 0°变到 90°
21. 稳态分量频率特性
22. 稳态分量
23. 2
24. ω
25. 最小相位环节
26. 高阶系统
27. 非最小相位环节
28. 暂态性能
29. $Q(\omega) = 0$
30. 幅频特性
31. 2
32. 无限增长
33. 比例环节
34. +90°

35. 频率越高，振幅越小

36. 相频特性

37. 0

38. 积分环节

39. 无关

40. 负虚轴

41. 0

42. $z = 1$

43. 横轴

44. 幅频特性

45. γ

46. 正虚轴

47. $G(j\omega) = \dfrac{1}{1 + j\omega T}$

5.2.2　单项选择题标准答案

1. A   2. A   3. B   4. B   5. C   6. B   7. A   8. A   9. A   10. C

11. C   12. B   13. B   14. D   15. C   16. C   17. C   18. B   19. C   20. B

21. D   22. C   23. B   24. C   25. C   26. A   27. D   28. A   29. C   30. A

31. A   32. A   33. D   34. D   35. B   36. B   37. A   38. B   39. A   40. B

41. B   42. B   43. D   44. C   45. A   46. D   47. D

5.2.3　多项选择题标准答案

1. ABCD   2. ABCD   3. ABCD   4. ABCD   5. ABCD   6. ABCD   7. ABCD

8. ABCD   9. ABCD   10. ABCD   11. ABCD   12. ABCD   13. ABCD   14. ABCD

15. AB   16. AB   17. CD

5.2.4　伯德图分析习题详解

5.2.4.1　绘制下列各传递函数的伯德图

1. $G(s) = \dfrac{K}{s},(K = 5,0.5)$

解：$G(j\omega) = \dfrac{K}{j\omega}$，

$A(\omega) = 20\lg\dfrac{K}{\omega},\varphi(\omega) = -90°$

$A(\omega)\mid_{\omega=1} = 20\lg\dfrac{K}{\omega} = \begin{cases} 20\lg5, K = 5 \\ 20\lg0.5, K = 0.5 \end{cases}$

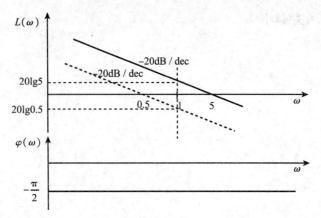

2. $G(s) = \dfrac{8}{5s + 1}$

解：$G(j\omega) = \dfrac{8}{j5\omega + 1}$，交接频率 $\omega_1 = \dfrac{1}{5} = 0.2$，

$A(\omega) = \dfrac{8}{\sqrt{25\omega^2 + 1}}, \varphi(\omega) = -\arctan 5\omega$

$L(\omega) = 20\lg A(\omega) = 20\lg \dfrac{8}{\sqrt{(5\omega)^2 + 1}}$

$\omega < \omega_1$ 时,$L(\omega) \approx 20\lg 8,\varphi_1(\omega) \approx 0°$

$\omega = \omega_1$ 时,$L(\omega) \approx 20\lg 10 = 20,\varphi_1(\omega) \approx -45°$

$\omega > \omega_1$ 时,$L(\omega) = 20\lg \dfrac{8}{\sqrt{(5\omega)^2 + 1}} \approx 20\lg 8 - 20\lg 5\omega$

$\omega = \infty$ 时,$L(\omega) = -\infty,\varphi(\omega) = -90°$

绘制系统伯德图如下图所示。

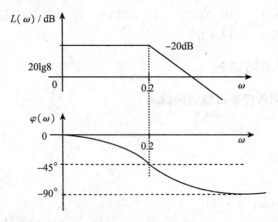

3. $G(s) = \dfrac{s + 1}{s(0.1s + 1)(10s + 1)}$

解：$G(j\omega) = \dfrac{j\omega + 1}{j\omega(j0.1\omega + 1)(j10\omega + 1)}$，

$$A(\omega) = \frac{\sqrt{\omega^2 + 1}}{\omega\sqrt{0.01\omega^2 + 1}\sqrt{100\omega^2 + 1}}, \varphi(\omega) = -90° - \arctan 10\omega + \arctan\omega - \arctan 0.1\omega$$

$$L(\omega) = 20\lg A(\omega) = 20\lg\frac{\sqrt{\omega^2 + 1}}{\omega\sqrt{0.01\omega^2 + 1}\sqrt{100\omega^2 + 1}}$$

交接频率 $\omega_1 = \dfrac{1}{10} = 0.1, \omega_2 = \dfrac{1}{1} = 1, \omega_3 = \dfrac{1}{0.1} = 10$,

$0 < \omega < \omega_1$ 时,斜率为 $-20\mathrm{dB/dec}$,$L(\omega)\,|_{\omega=0.01} \approx 40$,$\varphi_1(\omega) \approx 0°$。

$\omega_1 < \omega < \omega_2$ 时,斜率为 $-40\mathrm{dB/dec}$。

$\omega_2 < \omega < \omega_3$ 时,斜率为 $-20\mathrm{dB/dec}$。

$\omega > \omega_3$ 时,斜率为 $-40\mathrm{dB/dec}$;$\omega = \infty$ 时,$L(\omega) = -\infty$,$\varphi(\omega) = -90°$

绘制系统伯德图如下图所示。

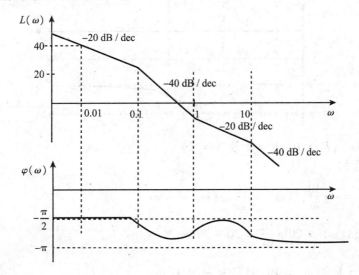

4. $G(s) = \dfrac{10(s + 0.2)}{s^2(s + 0.1)}$

解: $G(\mathrm{j}\omega) = -\dfrac{10(\mathrm{j}\omega + 0.2)}{\omega^2(\mathrm{j}\omega + 0.1)} = -\dfrac{20(\mathrm{j}5\omega + 1)}{\omega^2(\mathrm{j}10\omega + 1)}$,

$$A(\omega) = \frac{20\sqrt{25\omega^2 + 1}}{\omega\sqrt{100\omega^2 + 1}}, \varphi(\omega) = -180° - \arctan 10\omega + \arctan 5\omega$$

$$L(\omega) = 20\lg A(\omega) = 20\lg\frac{20\sqrt{25\omega^2 + 1}}{\omega\sqrt{100\omega^2 + 1}}$$

交接频率 $\omega_1 = \dfrac{1}{10} = 0.1, \omega_2 = \dfrac{1}{5} = 0.2$,

$0 < \omega < \omega_1$ 时,斜率为 $-40\mathrm{dB/dec}$,$L(\omega)\,|_{\omega=0.01} \approx 106$,$\varphi_1(\omega) \approx -180°$。

$\omega_1 < \omega < \omega_2$ 时,斜率为 $-60\mathrm{dB/dec}$。

$\omega > \omega_2$ 时,斜率为 $-40\mathrm{dB/dec}$;$\omega = \infty$ 时,$L(\omega) = -\infty$,$\varphi(\omega) = -180°$。

绘制系统伯德图如下图所示。

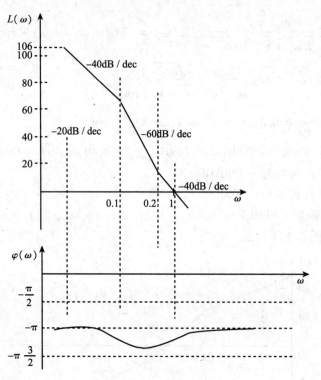

5. $G(s) = Ks^{-N}(K = 10, N = 1 \text{ 或 } N = 2)$

解：当 $N = 1$ 时，

$$G(\mathrm{j}\omega) = \frac{10}{\mathrm{j}\omega} = -\mathrm{j}\frac{10}{\omega}, A(\omega) = \frac{10}{\omega}, \varphi(\omega) = -90°$$

$$L(\omega) = 20\lg A(\omega) = 20\lg\frac{10}{\omega} = 20 - 20\lg\omega$$

$$A(\omega) = \frac{10}{\omega_c} = 1, \text{得 } \omega_c = 10, \text{斜率为} -20\mathrm{dB/dec}$$

当 $N = 2$ 时，

$$G(\mathrm{j}\omega) = -\frac{10}{\omega^2}, A(\omega) = \frac{10}{\omega^2}, \varphi(\omega) = -180°$$

$$L(\omega) = 20\lg A(\omega) = 20\lg\frac{10}{\omega} = 20 - 40\lg\omega$$

$$A(\omega) = \frac{10}{\omega_c} - 1, \text{得 } \omega_c = \sqrt{10}, \text{斜率为} -40\mathrm{dB/dec}$$

绘图为：

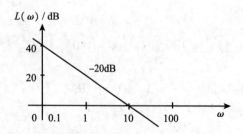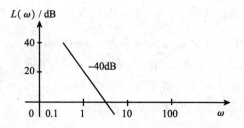

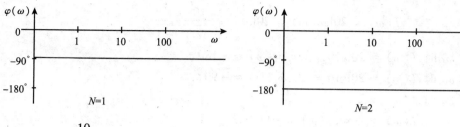

N=1　　　　　　　N=2

6. $G(s) = \dfrac{10}{0.1s + 1}$

解：$G(j\omega) = \dfrac{10}{j0.1\omega + 1}$，交接频率 $\omega_1 = \dfrac{1}{0.1} = 10$，$G(j\omega) = \dfrac{10}{j\dfrac{\omega}{\omega_1} + 1}$

$$A(\omega) = \dfrac{10}{\sqrt{0.01\omega^2 + 1}}, \varphi(\omega) = -\arctan\dfrac{\omega}{10}$$

$L(\omega) = 20\lg A(\omega) = 20\lg\dfrac{10}{\sqrt{(0.1\omega)^2 + 1}}$

$\omega < \omega_1$ 时，$L(\omega) \approx 20\lg10 = 20, \varphi_1(\omega) \approx 0°$

$\omega = \omega_1$ 时，$L(\omega) \approx 20\lg10 = 20, \varphi_1(\omega) \approx -45°$

$\omega > \omega_1$ 时，$L(\omega) = 20\lg\dfrac{10}{\sqrt{(\dfrac{\omega}{\omega_1})^2 + 1}} \approx 20\lg10 - 20\lg\dfrac{\omega}{\omega_1}$

$\omega = \infty$ 时，$L(\omega) = -\infty, \varphi(\omega) = -90°$

绘制系统伯德图如下图所示。

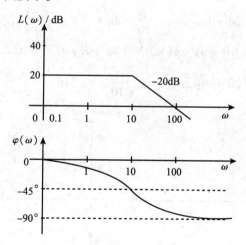

7. $G(s) = \dfrac{10}{0.1s - 1}$

解：$G(j\omega) = \dfrac{10}{j0.1\omega - 1}$，交接频率 $\omega_1 = \dfrac{1}{0.1} = 10$，$G(j\omega) = \dfrac{10}{j\dfrac{\omega}{\omega_1} - 1}$

$$A(\omega) = \dfrac{10}{\sqrt{0.01\omega^2 + 1}}, \varphi(\omega) = -180° + \arctan\dfrac{\omega}{10}$$

$$L(\omega) = 20\lg A(\omega) = 20\lg \frac{10}{\sqrt{(0.1\omega)^2 + 1}}$$

$\omega < \omega_1$ 时，$L(\omega) \approx 20\lg10 = 20, \varphi_1(\omega) \approx -180°$

$\omega = \omega_1$ 时，$L(\omega) \approx 20\lg10 = 20, \varphi_1(\omega) \approx -90°$

$\omega > \omega_1$ 时，$L(\omega) = 20$

$\omega = \infty$ 时，$L(\omega) = -\infty, \varphi(\omega) = -90°$

绘制系统伯德图如下图所示。

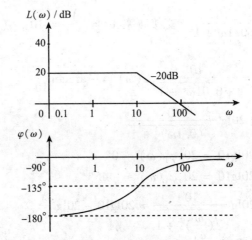

8. $G(s) = Ks^N (K = 10, N = 1$ 或 $N = 2)$

当 $N = 1$ 时，$G(j\omega) = j10\omega, A(\omega) = 10\omega, \varphi(\omega) = 90°$

$$L(\omega) = 20\lg A(\omega) = 20 + \lg\omega, \omega_c = \frac{1}{10} = 0.1$$

当 $N = 2$ 时，$G(j\omega) = 10(j\omega)^2, A(\omega) = 10\omega^2, \varphi(\omega) = 180°$

$$L(\omega) = 20\lg A(\omega) = 20 + 40\lg\omega, \omega_c = \sqrt{\frac{1}{10}} = 0.316$$

9. $G(s) = 10(0.1s + 1)$

解：$G(j\omega) = 10(0.1j\omega + 1) = j\omega + 10$

$A(\omega) = \sqrt{100 + \omega^2}, L(\omega) = 20\lg10 + 20\lg\sqrt{(0.1\omega)^2 + 1}, \varphi(\omega) = \arctan\dfrac{\omega}{10}$

交接频率

$\omega = 0$ 时，$L(\omega) \approx 20, \varphi(\omega) = 0°$，$\omega = \omega_1$ 时，$L(\omega) \approx 20, \varphi(\omega) = 45°$

$\omega = \infty$ 时，$L(\omega) = \infty, \varphi(\omega) = 90°$

绘制系统伯德图如下图所示。

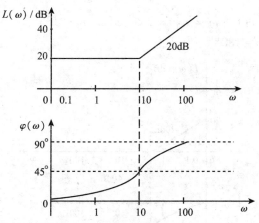

10. $G(s) = 10(0.1s - 1)$

解：$G(j\omega) = 10(0.1j\omega - 1) = j\omega - 10$

$A(\omega) = \sqrt{100 + \omega^2}, L(\omega) = 20\lg10 + 20\lg\sqrt{(0.1\omega)^2 + 1}, \varphi(\omega) = 180° - \arctan\dfrac{\omega}{10}$

交接频率

$\omega = 0$ 时，$L(\omega) \approx 20, \varphi(\omega) = 180°$，$\omega = \omega_1$ 时，$L(\omega) \approx 20, \varphi(\omega) = 135°$

$\omega = \infty$ 时，$L(\omega) = \infty, \varphi(\omega) = 90°$

绘制系统伯德图如下图所示。

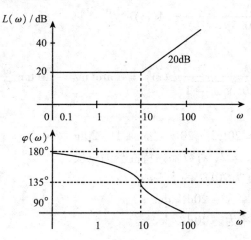

11. $G(s) = \dfrac{4}{s(s + 2)}$

解：$G(j\omega) = \dfrac{2}{j\omega(0.5j\omega + 1)}$

$$A(\omega) = \frac{2}{\omega \sqrt{0.25\omega^2 + 1}}, \varphi(\omega) = -90° - \arctan\frac{\omega}{2}$$

$$L(\omega) = 20\lg A(\omega) = 20\lg 2 - 20\lg\omega - 20\lg\sqrt{(0.5\omega)^2 + 1}$$

交接频率 $\omega = 2$。

过 $\omega = 1, L(\omega) = 20\lg 2 = 6$ 作斜率为 -20dB/dec 的直线，其延长线至 $\omega = 2$ 处作斜率为 -40dB/dec 的直线。

$\omega = 0$ 时，$\varphi(\omega) = -90°$；$\omega = \omega_1 = 2$ 时，$\varphi(\omega) = -135°$

$\omega = \infty$ 时，$\varphi(\omega) = -180°$

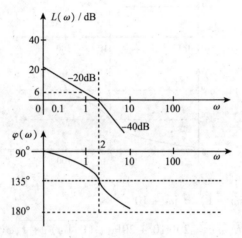

12. $G(s) = \dfrac{4}{(s+1)(s+2)}$

解：$G(s) = \dfrac{4}{(s+1)(s+2)} = \dfrac{2}{(s+1)(\frac{1}{2}s+1)}$

$$G(\mathrm{j}\omega) = \frac{2}{(\mathrm{j}\omega + 1)(0.5\mathrm{j}\omega + 1)} = A(\omega)\mathrm{e}^{\mathrm{j}\varphi(\omega)}$$

$$A(\omega) = \frac{2}{\sqrt{\omega^2 + 1}\,\sqrt{0.25\omega^2 + 1}}, \varphi(\omega) = -\arctan\omega - \arctan\frac{\omega}{2} = \begin{cases} 0°(\omega = 0) \\ -45°(\omega = 1) \\ -90°(\omega = 2) \\ -180°(\omega = \infty) \end{cases}$$

$$L(\omega) = 20\lg A(\omega) = 20\lg 2 - 20\lg\sqrt{\omega^2 + 1} - 20\lg\sqrt{(0.5\omega)^2 + 1}$$

交接频率 $\omega_1 = 1, \omega_2 = 2$，对数幅频特性分为三段：

$0 < \omega < \omega_1$ 时，高度为 $20\lg 2$ 的水平线；

$\omega_1 < \omega < \omega_2$ 时，斜率为 -20dB/dec；

$\omega_2 < \omega < \infty$ 时，斜率为 -40dB/dec；

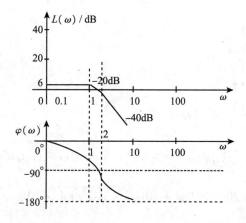

13. $G(s) = \dfrac{s+3}{s+20}$

解：$G(s) = \dfrac{s+3}{s+20} = \dfrac{3}{20}\dfrac{\dfrac{s}{3}+1}{\dfrac{s}{20}+1}$

$$G(j\omega) = \frac{3}{20}\frac{(\dfrac{1}{3}j\omega+1)}{(\dfrac{1}{20}j\omega+1)} = A(\omega)e^{j\varphi(\omega)}$$

$$A(\omega) = \frac{3}{20}\frac{\sqrt{(\dfrac{1}{3}\omega)^2+1}}{\sqrt{(\dfrac{1}{20}\omega)^2+1}},\varphi(\omega) = \arctan\frac{\omega}{3}-\arctan\frac{\omega}{20} = \begin{cases} 0° & (\omega=0) \\ 0° & (\omega=\infty) \end{cases}$$

$$L(\omega) = 20\lg A(\omega) = 20\lg\frac{3}{20}+20\lg\sqrt{(\frac{\omega}{3})^2+1}-20\lg\sqrt{(\frac{\omega}{20})^2+1}$$

交接频率 $\omega_1 = 3$，$\omega_2 = 20$，对数幅频特性分为三段：

$0 < \omega < \omega_1$ 时，高度为 $20\lg\dfrac{3}{20}$ 的水平线；

$\omega_1 < \omega < \omega_2$ 时，斜率为 $+20\text{dB/dec}$；

$\omega_2 < \omega < \infty$ 时，斜率为 0dB/dec；

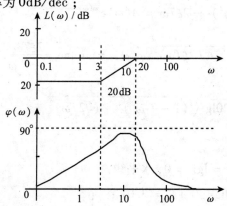

14. $G(s) = \dfrac{s + 0.2}{s(s + 0.02)}$

解：$G(s) = \dfrac{10(5s + 1)}{s(50s + 1)}$

$G(j\omega) = \dfrac{10}{j\omega} \dfrac{(5j\omega + 1)}{(50j\omega + 1)} = A(\omega)e^{j\varphi(\omega)}$

$A(\omega) = \dfrac{10}{\omega} \dfrac{\sqrt{(5\omega)^2 + 1}}{\sqrt{(50\omega)^2 + 1}}, \varphi(\omega) = -90° + \arctan 5\omega - \arctan 50\omega$

$L(\omega) = 20\lg A(\omega) = 20 - 20\lg\omega + 20\lg\sqrt{(5\omega)^2 + 1} - 20\lg\sqrt{(50\omega)^2 + 1}$

交接频率

$\omega = 0$ 时，$A(\omega) = \infty$，$\varphi(\omega) = -90°$；$\omega = 0^+$ 时，$A(\omega) = \infty$，$\varphi(\omega) = -90°$

$\omega = \infty$ 时，$A(\omega) = 0$，$\varphi(\omega) = -90°$；$\sigma_x = \lim\limits_{\omega \to 0^+}\left(-\dfrac{450}{1 + 50^2\omega^2}\right) = -450$

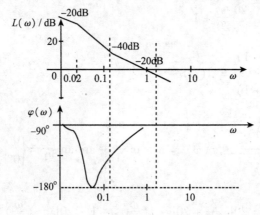

交接频率 $\omega_1 = 0.02$，$\omega_2 = 0.2$，对数幅频特性分为三段：

$0 < \omega < \omega_1$ 时，斜率为 -20dB/dec，延长线过 $L(0) = 10$；

$\omega_1 < \omega < \omega_2$ 时，斜率为 -40dB/dec；

$\omega_2 < \omega < \infty$ 时，斜率为 -20dB/dec。

15. $G(s) = T^2 + 2\xi Ts + 1,(\xi = 0.707)$

解：$G(j\omega) = (1 - T^2\omega^2) + j2\xi T\omega = A(\omega)e^{j\varphi(\omega)}$

$A(\omega) = \sqrt{(1 - T^2\omega^2)^2 + (2\xi T\omega)^2}, \varphi(\omega) = \arctan\dfrac{2\xi T\omega}{1 - T^2\omega^2} = \begin{cases} 0(\omega = 0) \\ 90°(\omega = \omega_1) \\ 180°(\omega = \infty) \end{cases}$

$L(\omega) = 20\lg A(\omega) = 20\lg\sqrt{(1 - T^2\omega^2)^2 + (\sqrt{2}T\omega)^2}$

交接频率 $\omega_1 = \dfrac{1}{T}$。

$0 < \omega < \omega_1$ 时，$L(\omega) = \lg 1 = 0$，水平线；

$\omega = \omega_1$ 时，$L(\omega) = 20\lg\sqrt{0 + 2} = 3.01$；

$\omega > \omega_1$ 时,$L(\omega) = 40\lg(T\omega)$

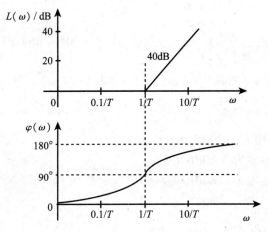

16. $G(s) = \dfrac{25(0.2s + 1)}{s^2 + 2s + 1}$

解: $G(\mathrm{j}\omega) = 25\dfrac{(0.2\mathrm{j}\omega + 1)}{(\mathrm{j}\omega + 1)^2} = A(\omega)\mathrm{e}^{\mathrm{j}\varphi(\omega)}$

$A(\omega) = \dfrac{25\sqrt{(0.2\omega)^2 + 1}}{\omega^2 + 1},\varphi(\omega) = \arctan 0.2\omega - 2\arctan\omega = \begin{cases} 0(\omega = 0) \\ -90^\circ(\omega = \omega_1) \\ -90^\circ(\omega = \infty) \end{cases}$

$L(\omega) = 20\lg A(\omega) = 20\lg 25 + 20\lg\sqrt{(0.2\omega)^2 + 1} - 20\lg(\omega^2 + 1)$

交接频率 $\omega_1 = 1,\omega_2 = 5$,对数频率分为三段:

$0 < \omega < \omega_1$ 时,斜率为 $0\mathrm{dB/dec}$,延长线过 $L(0) = 20\lg 25$;

$\omega_1 < \omega < \omega_2$ 时,斜率为 $-40\mathrm{dB/dec}$;

$\omega_2 < \omega < \infty$ 时,斜率为 $-20\mathrm{dB/dec}$ 。

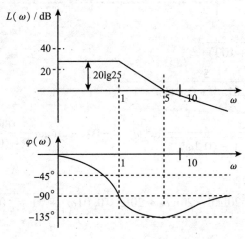

17. $G(s) = \dfrac{K(T_3 s + 1)}{s(T_1 s + 1)(T_2 s + 1)},(1 > T_1 > T_2 > T_3 > 0)$

解：$G(j\omega) = \dfrac{K(jT_3\omega + 1)}{j\omega(jT_1\omega + 1)(jT_2\omega + 1)} = A(\omega)e^{j\varphi(\omega)}$

$A(\omega) = \dfrac{K}{\omega}\dfrac{\sqrt{(T_3\omega)^2 + 1}}{\sqrt{(T_1\omega)^2 + 1}\sqrt{(T_2\omega)^2 + 1}}, \varphi(\omega) = -90° - \arctan T_1\omega - \arctan T_2\omega + \arctan$

$T_3\omega L(\omega) = 20\lg K - 20\lg\omega + 20\lg\sqrt{(T_3\omega)^2 + 1} - 20\lg\sqrt{(T_1\omega)^2 + 1} - 20\lg\sqrt{(T_2\omega)^2 + 1}$

交接频率 $\omega_1 = \dfrac{1}{T_1}$，$\omega_2 = \dfrac{1}{T_2}$，$\omega_3 = \dfrac{1}{T_3}$，且 $0 < \omega_1 < \omega_2 < \omega_3$，对数幅频特性分为四段：

$0 < \omega < \omega_1$ 时，斜率为 -20dB/dec；

$\omega_1 < \omega < \omega_2$ 时，斜率为 -40dB/dec；

$\omega_2 < \omega < \omega_3$ 时，斜率为 -60dB/dec；

$\omega_3 < \omega < \omega_4$ 时，斜率为 -40dB/dec。

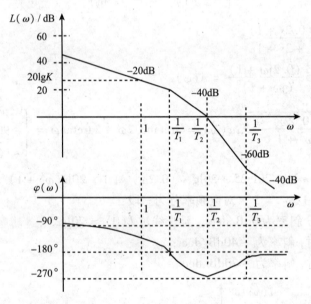

18. $G(s) = \dfrac{500}{s(s^2 + s + 100)}$

解：$G(j\omega) = \dfrac{5}{j\omega(-0.01\omega^2 + 0.01j\omega + 1)}$

$A(\omega) = \dfrac{5}{\omega\sqrt{0.01\omega^2 + [1 - (0.1\omega)^2]^2}}, \varphi(\omega) = -90° - \arctan\dfrac{0.01\omega}{1 - (0.1\omega)^2} = \begin{cases} -90°(\omega = 0) \\ -180°(\omega = 10) \\ -270°(\omega = \infty) \end{cases}$

$L(\omega) = 20\lg A(\omega) = 20\lg 5 - 20\lg\omega - 20\lg\sqrt{0.01\omega^2 + [1 - (0.1\omega)^2]^2}$

交接频率 $\omega = 10$

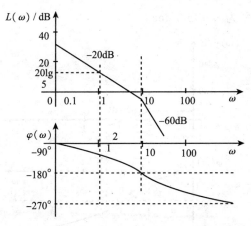

19. $G(s) = \dfrac{e^{-0.2s}}{s+1}$

解：$G(j\omega) = \dfrac{e^{-j0.2\omega}}{j\omega+1}$

$A(\omega) = \dfrac{1}{\sqrt{\omega^2+1}}, \varphi(\omega) = -0.2\omega - \arctan\omega = \begin{cases} 0°(\omega=0) \\ -\infty(\omega=\infty) \end{cases}$

$L(\omega) = 20\lg A(\omega) = -20\lg\sqrt{\omega^2+1}$

交接频率 $\omega = 1$

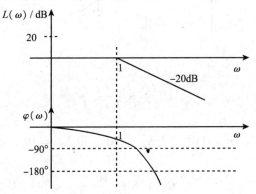

20. $G(s) = \dfrac{2}{(s+1)(8s+1)}$

解：$G(j\omega) = \dfrac{2}{(j2\omega+1)(j8\omega+1)}$

$A(\omega) = \dfrac{2}{\sqrt{4\omega^2+1}\sqrt{(8\omega)^2+1}}, \varphi(\omega) = -\arctan2\omega - \arctan8\omega = \begin{cases} 0(\omega=0) \\ -180°(\omega=\infty) \end{cases}$

$L(\omega) = 20\lg A(\omega) = 20\lg 2 - 20\lg\sqrt{(2\omega)^2+1} - 20\lg\sqrt{(8\omega)^2+1}$

交接频率 $\omega_1 = \dfrac{1}{8}$，$\omega_2 = \dfrac{1}{2}$，对数频率分为三段：

$0 < \omega < \omega_1$ 时，斜率为 0dB/dec，高度为 $20\lg 2$ 的水平线；

$\omega_1 < \omega < \omega_2$ 时，斜率为 -20dB/dec；

$\omega_2 < \omega < \infty$ 时，斜率为 -40dB/dec。

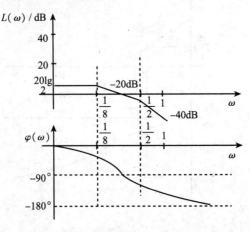

5.2.4.2 根据对数幅频特性曲线写传递函数（均为最小相位系统）

1.

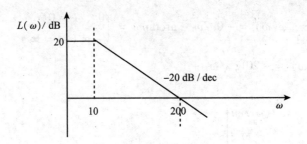

由图可知：

$$G(s) = \frac{K_K}{T_1 s + 1}$$

其中：$T_1 = \dfrac{1}{10}$，又知 $\omega = 0$ 时，$20\lg K_K = 20$，得 $K_K = 10$，所以

$$G(s) = \frac{10}{0.1 s + 1}$$

2.

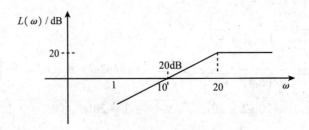

解：由图可知：

$$G(s) = \frac{K_K s}{T_1 s + 1}$$

其中：$T_1 = \dfrac{1}{20}$，又知 $\omega = 10$ 时，$20\lg K_K + 20\lg\omega = 0$，得 $K_K = 0.1$，所以

$$G(s) = \frac{0.1s}{0.05s + 1}$$

3.

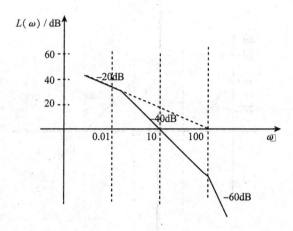

解：由图可知：

$$G(s) = \frac{K_K}{s(T_1 s + 1)(T_2 s + 1)}$$

其中：$T_1 = \dfrac{1}{0.01} = 100, T_2 = \dfrac{1}{100} = 0.01$，又知 $\omega = 100$ 时，$20\lg K_K - 20\lg\omega = 0$，得 $K_K = 100$，所以

$$G(s) = \frac{100}{s(100s + 1)(0.01s + 1)}$$

4.

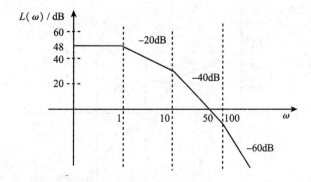

解：由图可知：

$$G(s) = \frac{K_K}{(T_1 s + 1)(T_2 s + 1)(T_3 s + 1)}$$

其中：$T_1 = 1$，$T_2 = \dfrac{1}{10} = \dfrac{1}{10}$，$T_3 = \dfrac{1}{100}$，又知 $20\lg K_K = 48$，得 $K_K = 250$，所以

$$G(s) = \frac{250}{(s+1)\left(\dfrac{1}{10}s+1\right)\left(\dfrac{1}{100}s+1\right)}$$

5.

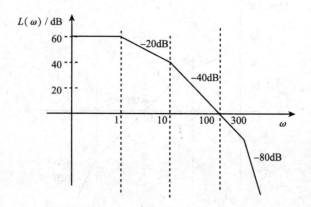

解：由图可知：

$$G(s) = \frac{K_K}{(T_1 s+1)(T_2 s+1)(T_3 s+1)^2}$$

其中：$T_1 = 1$，$T_2 = \dfrac{1}{10} = 0.1$，$T_3 = \dfrac{1}{300}$，又知 $20\lg K_K = 60$，得 $K_K = 1000$，所以

$$G(s) = \frac{1000}{(s+1)(0.1s+1)\left(\dfrac{1}{300}s+1\right)^2}$$

6.

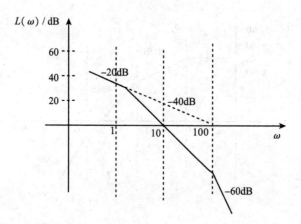

解：由图可知：

$$G(s) = \frac{K_K}{s(T_1 s + 1)(T_2 s + 1)}$$

其中：$T_1 = 1, T_2 = \frac{1}{100} = 0.01$，又知 $\omega = 100$ 时，$20\lg K_K - 20\lg\omega = 0$，得 $K_K = 100$，所以

$$G(s) = \frac{100}{s(s + 1)(0.01s + 1)}$$

7.

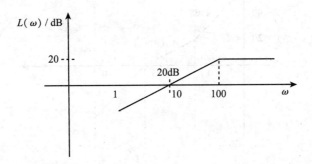

解：由图可知：

$$G(s) = \frac{K_K s}{T_1 s + 1}$$

其中：$T_1 = 0.01$，又知 $\omega = 10$ 时，$20\lg K_K + 20\lg\omega = 0$，得 $K_K = 0.1$，所以

$$G(s) = \frac{0.1s}{0.01s + 1}$$

8.

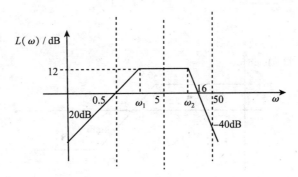

解：由图可知：

$$G(s) = \frac{K_K s}{(T_1 s + 1)(T_2 s + 1)^2}$$

其中：$\omega = 0.5$ 时，$L(\omega) \approx 20\lg K_K + 20\lg\omega = 0$，得 $K_K = 2$，

又由 $L(\omega) = 20\lg 2 + 20\lg\omega_1 = 12$，得 $T_1 = \frac{1}{\omega_1} = 0.5$

$\omega = \omega_2 = 16$ 时，$L(\omega) = 20\lg2 + 20\lg\omega - 20\lg0.5\omega - 40\lg T_2\omega = 0$，得 $T_2 = \dfrac{1}{8} = 0.125$，所以

$$G(s) = \frac{2s}{(0.5s + 1)(0.125s + 1)^2}$$

9.

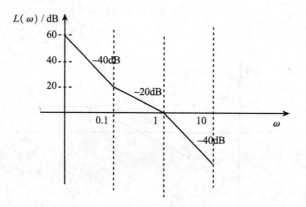

解：由图可知：

$$G(s) = \frac{K_K(T_1s + 1)}{s^2(T_2s + 1)}$$

其中：$T_1 = \dfrac{1}{0.1} = 10, T_2 = 1$，又知，得 $\omega_c = 1$ 时，$L(\omega_c) \approx 20\lg\dfrac{K_K \cdot 100\omega_c}{\omega_c^2} = 0$，得 $K_K = 0.1$，所以

$$G(s) = \frac{0.1(10s + 1)}{s^2(s + 1)}$$

10.

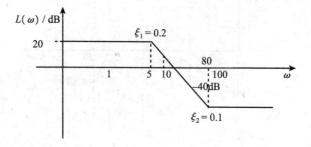

解：由图可知：

$$G(s) = \frac{K_K(T_2^2s^2 + 2\xi_2 T_2s + 1)}{T_1^2s^2 + 2\xi_1 T_1s + 1}$$

其中：$T_1 = \dfrac{1}{5} = 0.2, T_2 = \dfrac{1}{80} = 0.0125$，又知 $20\lg K_K = 20$，得 $K_K = 10$，所以

$$G(s) = \frac{10(1.5623 \times 10^{-4} s^2 + 0.0025s + 1)}{0.04s^2 + 0.08s + 1}$$

11.

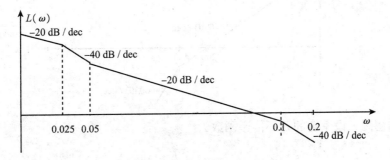

解：（1）由 Bode 图，设系统的开环传递函数为

$$G(s) = \frac{K(T_2 s + 1)}{s(T_1 s + 1)(T_3 s + 1)}$$

其中：$T_1 = \dfrac{1}{0.025} = 40, T_2 = \dfrac{1}{0.05} = 20, T_3 = \dfrac{1}{0.1} = 10$，又知

$20\lg\dfrac{K}{0.025} = 20\lg\dfrac{0.1}{0.05} + 40\lg\dfrac{0.05}{0.025}$，求得 $K = 0.2$，

所以，系统的开环传递函数为

$$G(s) = \frac{0.2(20s + 1)}{s(40s + 1)(10s + 1)}$$

12.

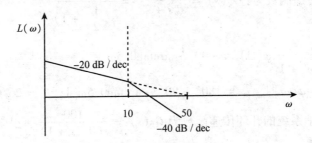

解：由图可知：

$$G(s) = \frac{K_K}{s(T_1 s + 1)}$$

其中：$T_1 = \dfrac{1}{10} = 0.1$，又知 $20\lg K_K - 20\lg\omega = 0$，得 $K_K = 50$，

所以，系统的开环传递函数为

$$G(s) = \frac{50}{s(0.1s + 1)}$$

13.

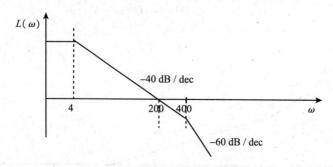

解：由伯德图，设系统的开环传递函数为

$$G(s) = \frac{K}{(T_1 s + 1)^2 (T_2 s + 1)}$$

其中：$T_1 = \frac{1}{4} = 0.25$，$T_2 = \frac{1}{400} = 0.0025$，又知 $20\lg K = 40\lg\frac{200}{4}$，求得 $K = 2500$，所以，系统的开环传递函数为

$$G(s) = \frac{2500}{(0.25s + 1)^2 (0.0025s + 1)}$$

5.2.4.3 计算相角裕度

1. 设单位负反馈系统的开环传递函数为 $G_K(s) = \dfrac{16}{s(s + 2)}$，已知 $\omega_c = 4$，试计算相角裕度 γ。

解：系统开环传递函数为：$G_K(s) = \dfrac{16}{s(s + 2)} = \dfrac{8}{s(\frac{1}{2}s + 1)}$

$A(\omega) = \dfrac{8}{\omega\sqrt{4\omega^2 + 1}}$，$\varphi(\omega) = -90° - \arctan 0.5\omega$

$\gamma(\omega) = 180° + \varphi(\omega)\,|_{\omega_c = 4} = 180° - 90° - \arctan 0.5\omega_c\,|_{\omega_c = 4} = 26.6°$

2. 设单位负反馈系统的开环传递函数为 $G_K(s) = \dfrac{100}{s(0.2s + 1)}$，已知 $\omega_c = 22$，试计算相角裕度 γ。

解：系统开环传递函数为：

$$G_K(s) = \frac{100}{s(0.2s + 1)}$$

$A(\omega) = \dfrac{100}{\omega\sqrt{0.04\omega^2 + 1}}$，$\varphi(\omega) = -90° - \arctan 0.2\omega$

$\gamma(\omega) = 180° + \varphi(\omega)\,|_{\omega_c = 22} = 180° - 90° - \arctan 0.2\omega_c\,|_{\omega_c = 22} = 12.8°$

3. 设单位负反馈系统的开环传递函数为 $G_K(s) = \dfrac{100}{s(0.25s + 1)(0.0625s + 1)} \times \dfrac{0.2s^2}{0.8s + 1}$，

已知 $\omega_c = 0.226$，试计算相角裕度 γ。

解：系统开环传递函数为：$G_K(s) = \dfrac{100}{s(0.25s+1)(0.0625s+1)} \times \dfrac{0.2s^2}{0.8s+1}$

$$A(\omega) = \dfrac{20\omega^2}{\sqrt{(0.25\omega)^2+1}\,\sqrt{(0.0625\omega)^2+1}\,\sqrt{(0.8\omega)^2+1}}$$

$\varphi(\omega) = 180° - \arctan 0.25\omega - \arctan 0.0625\omega - \arctan 0.8\omega$

$\gamma(\omega) = 180° + \varphi(\omega)\,|_{\omega_c=0.226}$

$\qquad = 180° + 180° - \arctan 0.25\omega - \arctan 0.0625\omega - \arctan 0.8\omega\,|_{\omega_c=22} = 165.7°$

4. 设单位负反馈系统的开环传递函数为 $G_K(s) = \dfrac{10}{s(0.1s+1)(0.25s+1)}$，已知 $\omega_c = 5.31$，试计算相角裕度 γ。

解：系统开环传递函数为：$G_K(s) = \dfrac{10}{s(0.1s+1)(0.25s+1)}$

$$A(\omega) = \dfrac{10}{\omega\,\sqrt{(0.25\omega)^2+1}\,\sqrt{(0.1\omega)^2+1}}$$

$\varphi(\omega) = -90° - \arctan 0.25\omega - \arctan 0.1\omega$

$\gamma(\omega) = 180° + \varphi(\omega)\,|_{\omega_c=5.31}$

$\qquad = 180° - 90° - \arctan 0.25\omega - \arctan 0.1\omega\,|_{\omega_c=5.31} = 9.01°$

5.2.5　分析题习题详解

5.2.5.1　求系统的稳态输出

1. 设输入的 $x_i(t) = A\sin\omega t$，求下图所示的电路的频率特性，并求出稳态输出响应。

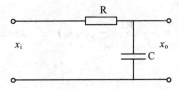

解：RC 电路的传递函数为 $G_K(s) = \dfrac{1}{Ts+1}$，$T = RC$

频率特性：$G_K(j\omega) = \dfrac{1}{jT\omega+1} = \dfrac{1}{1+(T\omega)^2} - j\dfrac{\omega T}{1+(T\omega)^2}$

$A(\omega) = \dfrac{1}{\sqrt{(T\omega)^2+1}}$，$\varphi(\omega) = -\arctan \omega T$

$x_o(t) = A(\omega)e^{j\varphi(\omega)}x_i(t) = \dfrac{A}{\sqrt{1+(\omega T)^2}}\sin(\omega t - \arctan \omega T)$

2. 系统的闭环传递函数为 $G_B(s) = \dfrac{C(s)}{R(s)} = \dfrac{K(T_2 s+1)}{T_1 s+1}$，输入信号为 $r(t) = R\sin\omega t$，求系统的稳态输出。

解：系统的频率特性

$$G_B(j\omega) = \frac{K(j\omega T_2 + 1)}{j\omega T_1 + 1} = \frac{K(j\omega T_2 + 1)(j\omega T_1 - 1)}{(j\omega T_1 + 1)(j\omega T_1 - 1)} = K\left[\frac{(\omega^2 T_1 T_2 + 1)}{\omega^2 T^2 + 1} - j\frac{\omega(T_1 - T_2)}{\omega^2 T^2 + 1}\right]$$

幅频特性

$$A(\omega) = |G_B(j\omega)| = K\frac{\sqrt{(\omega T_2)^2 + 1}}{\sqrt{(\omega T_1)^2 + 1}}$$

相频特性

$$\varphi(\omega) = -\arctan\frac{\omega(T_1 - T_2)}{(\omega^2 T_1 T_2 + 1)}$$

系统的稳态输出

$$c(t) = A|G_B(j\omega)|\sin(\omega t + \varphi(\omega)) = RK\frac{\sqrt{(\omega T_2)^2 + 1}}{\sqrt{(\omega T_1)^2 + 1}}\sin\left[\omega t - \arctan\frac{\omega(T_1 - T_2)}{(\omega^2 T_1 T_2 + 1)}\right]$$

3. 已知单位反馈系统的开环传递函数为 $G_K(s) = \dfrac{10}{s + 1}$，当系统的给定信号为 $x_i(t) = \sin(t + 30°)$ 时，求系统的稳态输出。

解：$G_B(s) = \dfrac{G_K(s)}{1 + G_K(s)} = \dfrac{\dfrac{10}{s + 1}}{1 + \dfrac{10}{s + 1}} = \dfrac{10}{s + 11}$

将 $s = j\omega$ 代入得：

$$A(\omega) = \frac{10}{\sqrt{\omega^2 + 11^2}}, \varphi(\omega) = -\arctan\frac{\omega}{11}$$

所以

$$A(\omega) = A(1) = \frac{10}{\sqrt{1 + 121}} = 0.905$$

$$\varphi(\omega) = \varphi(1) = -\arctan\frac{1}{11} = -5.19°$$

$$x_o(t) = A(\omega)e^{j\varphi(\omega)}x_i(t) = 0.905\sin(t + 30° - 5.19°)$$

4. 已知单位反馈系统的开环传递函数为 $G_K(s) = \dfrac{10}{s + 1}$，当系统的给定信号为 $x_i(t) = 2\cos(2t - 45°)$ 时，求系统的稳态输出。

解：$G_B(s) = \dfrac{G_K(s)}{1 + G_K(s)} = \dfrac{\dfrac{10}{s + 1}}{1 + \dfrac{10}{s + 1}} = \dfrac{10}{s + 11}$，因为 $x_i(t) = 2\cos(2t - 45°) = 2\sin(2t + 45°)$

将 $s = j\omega$ 代入得：

$$A(\omega) = \frac{10}{\sqrt{\omega^2 + 11^2}}, \varphi(\omega) = - \arctan\frac{\omega}{11}$$

所以

$$A(\omega) = A(2) = \frac{10}{\sqrt{2^2 + 121}} = 0.89$$

$$\varphi(\omega) = \varphi(2) = - \arctan\frac{2}{11} = - 10.3°$$

$$x_o(t) = A(\omega)e^{j\varphi(\omega)}x_i(t) = 0.89 \times 2\sin(2t + 45° - 10.3°) = 1.78\sin(2t + 45° - 10.3°)$$

5. 已知单位反馈系统的开环传递函数为 $G_K(s) = \dfrac{10}{s + 1}$，当系统的给定信号为 $x_i(t) = \sin(t + 30°) - 2\cos(2t - 45°)$ 时，求系统的稳态输出。

解：$G_B(s) = \dfrac{G_K(s)}{1 + G_K(s)} = \dfrac{\frac{10}{s+1}}{1 + \frac{10}{s+1}} = \dfrac{10}{s + 11}$，因为 $x_i(t) = \sin(t + 30°) - 2 \times$

$\cos(2t - 45°) = \sin(t + 30°) - 2\sin(2t + 45°)$，可以看成 $x_i(t) = x_{i1}(t) - x_{i2}(t), x_{i1}(t) = \sin(t + 30°), x_{i2}(t) = 2\sin(2t + 45°)$

（1）将 $s = j\omega$ 代入得：

$$A(\omega) = \frac{10}{\sqrt{\omega^2 + 11^2}}, \varphi(\omega) = - \arctan\frac{\omega}{11}$$

所以

$$A(\omega) = A(1) = \frac{10}{\sqrt{1 + 121}} = 0.905$$

$$\varphi(\omega) = \varphi(1) = - \arctan\frac{1}{11} = - 5.19°$$

$$x_o(t) = A(\omega)e^{j\varphi(\omega)}x_i(t) = 0.905\sin(t + 30° - 5.19°)$$

（2）将 $s = j\omega$ 代入得：

$$A(\omega) = \frac{10}{\sqrt{\omega^2 + 11^2}}, \varphi(\omega) = - \arctan\frac{\omega}{11}$$

所以

$$A(\omega) = A(2) = \frac{10}{\sqrt{2^2 + 121}} = 0.89$$

$$\varphi(\omega) = \varphi(2) = - \arctan\frac{2}{11} = - 10.3°$$

$$x_o(t) = A(\omega)e^{j\varphi(\omega)}x_i(t) = 0.89 \times 2\sin(2t + 45° - 10.3°) = 1.78\sin(2t + 45° - 10.3°)$$

最后得：$x_o(t) = 0.905\sin(t + 30° - 5.19°) - 1.78\sin(2t + 45° - 10.3°)$

6. 一系统为 $G_K(s) = \dfrac{1}{s(s+1)}$，若 $x_i(t) = \sin(\omega t + 30°)$，试根据频率特性的物理意义分析求出当 $\omega = 0.1$ 情况下的 $x_o(t)$ 的静态值。

解：$G(j\omega) = \dfrac{1}{j\omega(1 + j\omega)}$，$A(\omega) = \dfrac{1}{\omega\sqrt{(1 + \omega^2)}}$，$\varphi(\omega) = -\dfrac{\pi}{2} - \arctan\omega$

系统的稳态输出

$$x_o(t) = A(\omega)\sin[\omega t + 30° + \varphi(\omega)]$$

当 $\omega = 0.1$ 时，系统的稳态输出

$$x_o(t) = 10\sin[0.1t + 30° - 95.7°]$$

7. 一系统为 $G_K(s) = \dfrac{1}{s(s+1)}$，若 $x_i(t) = \sin(\omega t + 30°)$，试根据频率特性的物理意义分析求出当 $\omega = 1$ 情况下的 $x_o(t)$ 的静态值。

解：$G(j\omega) = \dfrac{1}{j\omega(1 + j\omega)}$，$A(\omega) = \dfrac{1}{\omega\sqrt{(1 + \omega^2)}}$，$\varphi(\omega) = -\dfrac{\pi}{2} - \arctan\omega$

系统的稳态输出

$$x_o(t) = A(\omega)\sin[\omega t + 30° + \varphi(\omega)]$$

当 $\omega = 1$ 时，系统的稳态输出

$$x_o(t) = 0.707\sin[t - 105°]$$

8. 一系统为 $G_K(s) = \dfrac{1}{s(s+1)}$，若 $x_i(t) = \sin(\omega t + 30°)$，试根据频率特性的物理意义分析求出当 $\omega = 10$ 情况下的 $x_o(t)$ 的静态值。

解：$G(j\omega) = \dfrac{1}{j\omega(1 + j\omega)}$，$A(\omega) = \dfrac{1}{\omega\sqrt{(1 + \omega^2)}}$，$\varphi(\omega) = -\dfrac{\pi}{2} - \arctan\omega$

系统的稳态输出

$$x_o(t) = A(\omega)\sin[\omega t + 30° + \varphi(\omega)]$$

$\omega = 10$ 时，系统的稳态输出

$$x_o(t) = 0.01\sin[10t + 30° - 174.3°]$$

9. 已知系统的闭环传递函数为 $G(s) = \dfrac{\omega_n^2}{s^2 + 2\zeta\omega_n s + \omega_n^2}$，当输入 $x_i(t) = 2\sin t$ 时，测得输出 $x_o(t) = 4\sin(t - 45°)$，试确定系统的 ζ，ω_n。

解：系统的闭环传递函数为

$$G(s) = \dfrac{\omega_n^2}{s^2 + 2\zeta\omega_n s + \omega_n^2}$$

系统的频率特性函数为

$$G(j\omega) = \frac{\omega_n^2}{j2\zeta\omega_n\omega + \omega_n^2 - \omega^2} = \frac{1}{1 - T^2\omega^2 + j2\zeta T\omega}$$

由输入 $x_i(t) = 2\sin t$ 时，稳态输出为 $x_o(t) = 4\sin(t - 45°)$，可知

$$G(j) = 2e^{-j45°} = \sqrt{2} - \sqrt{2}j$$

即

$$\frac{1}{1 - T^2 + j^2\zeta T} = \sqrt{2} - \sqrt{2}j$$

系统参数

$$\zeta = 0.22,\ \omega_n = \frac{1}{T} = 1.24$$

10. 若系统单位阶跃响应为 $c(t) = 1 - 1.8e^{-4t} + 0.8e^{-9t}$（$t \geqslant 0$），试确定系统的频率特性。

解：系统的单位阶跃响应为 $c(t) = 1 - 1.8e^{-4t} + 0.8e^{-9t}$，所以

单位脉冲响应为

$$c'(t) = 7.2e^{-4t} - 7.2e^{-9t}\ (t \geqslant 0)$$

则传递函数为

$$G(s) = \frac{7.2}{s+4} - \frac{7.2}{s+9} = \frac{36}{(s+4)(s+9)}$$

所以频率特性为：

$$G(j\omega) = \frac{36}{(j\omega+4)(j\omega+9)}$$

5.2.5.2　绘制下列各传递函数对应的幅相频率特性

1. $G(s) = Ks^{-N}(K = 10, N = 1$ 或 $N = 2)$

解：当 $N = 1$ 时，

$$G(j\omega) = \frac{10}{j\omega} = -j\frac{10}{\omega}$$

$$A(\omega) = \frac{10}{\omega},\varphi(\omega) = -90°$$

当 $N = 2$ 时，

$$G(j\omega) = -\frac{10}{\omega^2}$$

$$A(\omega) = \frac{10}{\omega^2},\varphi(\omega) = -180°$$

绘出幅相频率特性如下图所示。

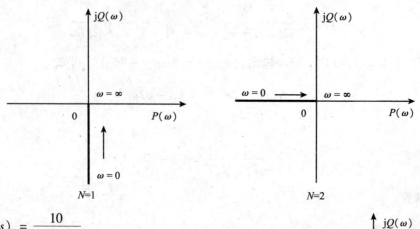

N=1　　　　　　　　　　　　N=2

2. $G(s) = \dfrac{10}{0.1s + 1}$

解：$G(j\omega) = \dfrac{10}{j0.1\omega + 1}$

$$P(\omega) = \frac{10}{0.01\omega^2 + 1}, Q(\omega) = -\frac{\omega}{0.01\omega^2 + 1}$$

$$A(\omega) = \frac{10}{\sqrt{0.01\omega^2 + 1}}, \varphi(\omega) = -\arctan\frac{\omega}{10}$$

$\omega = 0$ 时，$P(\omega) = 10, Q(\omega) = 0$

$A(\omega) = 10, \varphi(\omega) = 0$

$\omega = \infty$ 时，$P(\omega) = 0, Q(\omega) = 0$

$A(\omega) = 0, \varphi(\omega) = -90°$

绘出幅相频率特性如右图所示。

3. $G(s) = \dfrac{10}{0.1s - 1}$

解：当 $G(j\omega) = \dfrac{10}{j0.1\omega - 1}$

$$P(\omega) = -\frac{10}{0.01\omega^2 + 1}, Q(\omega) = -\frac{\omega}{0.01\omega^2 + 1}$$

$$A(\omega) = \frac{10}{\sqrt{0.01\omega^2 + 1}}, \varphi(\omega) = -(180° - \arctan\frac{\omega}{10})$$

$\omega = 0$ 时，$P(\omega) = -10, Q(\omega) = 0$

$A(\omega) = 10, \varphi(\omega) = -180°$

$\omega = \infty$ 时，$P(\omega) = 0, Q(\omega) = 0$

$A(\omega) = 0, \varphi(\omega) = -90°$

绘出幅相频率特性如下图所示。

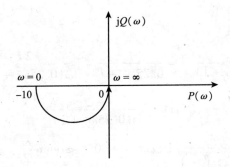

4. $G(s) = Ks^N (K = 10, N = 1, 2)$

当 N = 1 时, $G(j\omega) = j10\omega, A(\omega) = 10\omega, \varphi(\omega) = 90°$

当 N = 2 时, $G(j\omega) = 10(j\omega)^2, A(\omega) = 10\omega^2, \varphi(\omega) = 180°$

绘出幅相频率特性如下图所示。

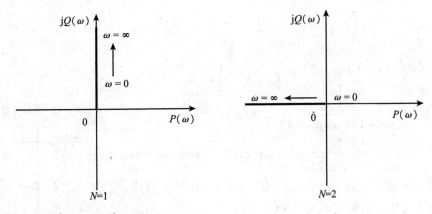

5. $G(s) = 10(0.1s + 1)$

解: $G(j\omega) = 10(0.1j\omega + 1) = j\omega + 10$

$$P(\omega) = 10, Q(\omega) = 0$$

$$A(\omega) = \sqrt{100 + \omega^2}, \varphi(\omega) = \arctan\frac{\omega}{10}$$

$\omega = 0$ 时, $P(\omega) = 10, Q(\omega) = 0$, $A(\omega) = 10, \varphi(\omega) = 0°$

$\omega = \infty$ 时, $P(\omega) = 10, Q(\omega) = \infty$, $A(\omega) = \infty, \varphi(\omega) = 90°$

绘出幅相频率特性如右图所示。

6. $G(s) = 10(0.1s - 1)$

解: $G(j\omega) = 10(0.1j\omega - 1) = j\omega - 10$

$$P(\omega) = -10, Q(\omega) = \omega$$

$$A(\omega) = \sqrt{100 + \omega^2}, \varphi(\omega) = 180° - \arctan\frac{\omega}{10}$$

$\omega = 0$ 时, $P(\omega) = -10, Q(\omega) = 0$, $A(\omega) = 10, \varphi(\omega) = 180°$

$\omega = \infty$ 时, $P(\omega) = -10, Q(\omega) = \infty$, $A(\omega) = \infty, \varphi(\omega) = 90°$

绘出幅相频率特性如右图所示。

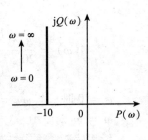

7. $G(s) = \dfrac{4}{s(s+2)}$

解：$G(j\omega) = \dfrac{2}{j\omega(0.5j\omega+1)} = -\dfrac{1}{0.25\omega^2+1} - j\dfrac{2}{\omega(0.25\omega^2+1)}$

$$P(\omega) = \dfrac{-1}{0.25\omega^2+1}, Q(\omega) = \dfrac{-2}{\omega(0.25\omega^2+1)}$$

$$A(\omega) = \dfrac{2}{\omega\sqrt{0.25\omega^2+1}}, \varphi(\omega) = -90° - \arctan\dfrac{\omega}{2}$$

$\omega = 0$ 时，$P(\omega) = -1, Q(\omega) = -\infty$，$A(\omega) = \infty, \varphi(\omega) = -90°$

$\omega = \infty$ 时，$P(\omega) = 0, Q(\omega) = 0$，$A(\omega) = 0, \varphi(\omega) = -180°$

绘出幅相频率特性如右图所示。

8. $G(s) = \dfrac{4}{(s+1)(s+2)}$

解：$G(s) = \dfrac{4}{(s+1)(s+2)} = \dfrac{2}{(s+1)(\frac{1}{2}s+1)}$

$$G(j\omega) = \dfrac{2}{(j\omega+1)(0.5j\omega+1)} = A(\omega)e^{j\varphi(\omega)}$$

$$A(\omega) = \dfrac{2}{\sqrt{\omega^2+1}\sqrt{0.25\omega^2+1}}, \varphi(\omega) = -\arctan\omega - \arctan\dfrac{\omega}{2}$$

$\omega = 0 \sim \infty$ 时，$A(\omega) = 2 \sim 0, Q(\omega) = 0 \sim -180°$ 单调连续变化。

$\omega = 0$ 时，$A(\omega) = 2, \varphi(\omega) = 0°$

$\omega = \infty$ 时，$A(\omega) = 0, \varphi(\omega) = -180°$

绘出幅相频率特性如右图所示。

9. $G(s) = \dfrac{s+3}{s+20}$

解：$G(s) = \dfrac{s+3}{s+20} = \dfrac{3}{20}\dfrac{\frac{s}{3}+1}{\frac{s}{20}+1}$

$$G(j\omega) = \dfrac{3}{20}\dfrac{(\frac{1}{3}j\omega+1)}{(\frac{1}{20}j\omega+1)} = A(\omega)e^{j\varphi(\omega)}$$

$$A(\omega) = \dfrac{3}{20}\dfrac{\sqrt{(\frac{1}{3}\omega)^2+1}}{\sqrt{(\frac{1}{20}\omega)^2+1}}, \varphi(\omega) = \arctan\dfrac{\omega}{3} - \arctan\dfrac{\omega}{20}$$

$\omega = 0$ 时，$A(\omega) = 0.15, \varphi(\omega) = 0°$

$\omega = \infty$ 时，$A(\omega) = 1, \varphi(\omega) = 0°$

绘出幅相频率特性如右图所示。

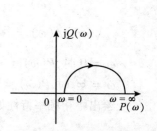

10. $G(s) = \dfrac{s + 0.2}{s(s + 0.02)}$

解：$G(s) = \dfrac{10(5s + 1)}{s(50s + 1)}$

$$G(j\omega) = \frac{10}{j\omega} \frac{(5j\omega + 1)}{(50j\omega + 1)} = A(\omega)e^{j\varphi(\omega)}$$

$$A(\omega) = \frac{10}{\omega} \frac{\sqrt{(5\omega)^2 + 1}}{\sqrt{(50\omega)^2 + 1}}, \varphi(\omega) = -90° + \arctan 5\omega - \arctan 50\omega$$

$\omega = 0$ 时，$A(\omega) = \infty$，$\varphi(\omega) = -90°$；$\omega = 0^+$ 时，$A(\omega) = \infty$，$\varphi(\omega) = -90°$

$\omega = \infty$ 时，$A(\omega) = 0$，$\varphi(\omega) = -90°$；$\sigma_x = \lim\limits_{\omega \to 0^+} \left(-\dfrac{450}{1 + 50^2\omega^2} \right) = -450$

绘出幅相频率特性如下图所示。

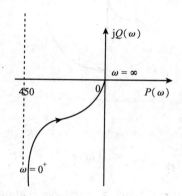

11. $G(s) = T^2 + 2\xi Ts + 1,(\xi = 0.707)$

解：$G(j\omega) = (1 - T^2\omega^2) + j2\xi T\omega = A(\omega)e^{j\varphi(\omega)}$

$A(\omega) = \sqrt{(1 - T^2\omega^2)^2 + (2\xi T\omega)^2}, \varphi(\omega) = \arctan \dfrac{2\xi T\omega}{1 - T^2\omega^2}$

$\omega = 0$ 时，$A(\omega) = 1$，$\varphi(\omega) = 0°$；$\omega = \dfrac{1}{T}$ 时，$A(\omega) = \sqrt{2}$，$\varphi(\omega) = 90°$

$\omega = \infty$ 时，$A(\omega) = \infty$，$\varphi(\omega) = 180°$

绘出幅相频率特性如下图所示。

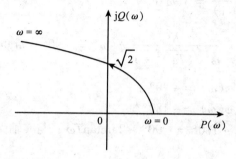

12. $G(s) = \dfrac{25(0.2s + 1)}{s^2 + 2s + 1}$

解：$G(j\omega) = 25 \dfrac{(0.2j\omega + 1)}{(j\omega + 1)^2} = A(\omega)e^{j\varphi(\omega)}$

$A(\omega) = \dfrac{25\sqrt{(0.2\omega)^2 + 1}}{\omega^2 + 1}$,

$\varphi(\omega) = \arctan 0.2\omega - 2\arctan\omega$

$\omega = 0$ 时，$A(\omega) = 25, \varphi(\omega) = 0°$

$\omega = \infty$ 时，$A(\omega) = 0, \varphi(\omega) = -90°$

绘出幅相频率特性如下图所示。

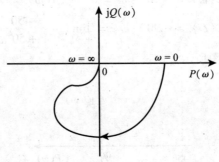

13. $G(s) = \dfrac{10}{(s+1)(0.1s+1)}$

解：$G(j\omega) = \dfrac{10}{(j\omega + 1)(0.1j\omega + 1)} = A(\omega)e^{j\varphi(\omega)}$

$A(\omega) = \dfrac{10}{\sqrt{\omega^2 + 1}\sqrt{0.01\omega^2 + 1}}, \varphi(\omega) = -\arctan\omega - \arctan 0.1\omega$

$\omega = 0 \sim \infty$ 时，$A(\omega) = 2 \sim 0, Q(\omega) = 0 \sim -180°$ 单调连续变化。

$\omega = 0$ 时，$A(\omega) = 10, \varphi(\omega) = 0°$

$\omega = \infty$ 时，$A(\omega) = 0, \varphi(\omega) = -180°$

绘出幅相频率特性如右图所示。

14. $G(s) = \dfrac{K}{s(Ts + 1)}$

解：$G(j\omega) = \dfrac{K}{j\omega(Tj\omega + 1)} = A(\omega)e^{j\varphi(\omega)}$

$$A(\omega) = \dfrac{K}{\omega\sqrt{(T\omega)^2 + 1}}, \varphi(\omega) = -90° - \arctan T\omega$$

$\omega = 0$ 时，$A(\omega) = \infty, \varphi(\omega) = -90°$

$\omega = \infty$ 时，$A(\omega) = 0, \varphi(\omega) = -180°$

当 $\varphi(\omega) = -180°$ 时，$-180° = -90° - 2\arctan T\omega$，与实轴无交集。

绘出幅相频率特性如下图所示。

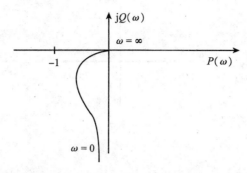

15. $G(s) = \dfrac{K(1 + \tau S)}{Ts + 1}$,分别画出 $\tau < T, \tau > T$ 二种情况幅相频率特性

解:$G(j\omega) = \dfrac{K(1 + \tau j\omega)}{jT\omega s + 1}$

$A(\omega) = \dfrac{K\sqrt{(\tau\omega)^2 + 1}}{\sqrt{(T\omega)^2 + 1}}, \varphi(\omega) = \arctan\tau\omega - \arctan T\omega$

1) $\tau > T$:

$\omega = 0$ 时,$A(\omega) = K, \varphi(\omega) = 0°$

$\omega > 0$ 时,$A(\omega) > K, \varphi(\omega) > 0°$

$\omega = \infty$ 时,$A(\omega) = \dfrac{\tau}{T}K > K, \varphi(\omega) = 0°$

2) $\tau < T$:

$\omega = 0$ 时,$A(\omega) = K, \varphi(\omega) = 0°$

$\omega > 0$ 时,$A(\omega) < K, \varphi(\omega) < 0°$

$\omega = \infty$ 时,$A(\omega) = \dfrac{\tau}{T}K < K, \varphi(\omega) = 0°$

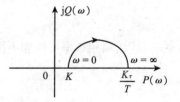

绘出幅相频率特性如右图所示。

16. $G(s) = \dfrac{10}{(Ts + 1)(\tau s - 1)}$,分别画出 $\tau < T, \tau = T, \tau > T$ 三种情况幅相频率特性

解:$G(j\omega) = \dfrac{10}{(jT\omega + 1)(j\omega\tau - 1)} = -\dfrac{1 + \omega^2 T\tau}{(1 + \omega^2 T^2)(1 + \omega^2 \tau^2)} + j\dfrac{\omega(T - \tau)}{(1 + \omega^2 T^2)(1 + \omega^2 \tau^2)}$

$\qquad = P(\omega) + jQ(\omega)$

$\varphi(\omega) = -\arctan\omega T - \pi + \arctan\tau\omega$

可知 $P(\omega) < 0, Q(\omega)$ 的正负则看 T 和 τ 之间的大小关系

$\omega = 0$ 时,$P(\omega) = -1, Q(\omega) = 0$;$\omega = \infty$ 时,$P(\omega) = 0, \varphi(\omega) = 0$

1) $\tau < T$ 时,$P(\omega) < 0, Q(\omega) > 0, \varphi(\omega) = -\pi + \arctan\omega\tau - \arctan\omega T < -\pi$

2) $\tau = T$ 时,$P(\omega) = -\dfrac{1}{1 + \omega^2 T^2}, Q(\omega) = 0, \varphi(\omega) = -\pi$,曲线位于负实轴上

3) $\tau > T$ 时,$P(\omega) < 0, Q(\omega) < 0, \varphi(\omega) = -\pi + \arctan\omega\tau - \arctan\omega T > -\pi$

绘出幅相频率特性如下图所示。

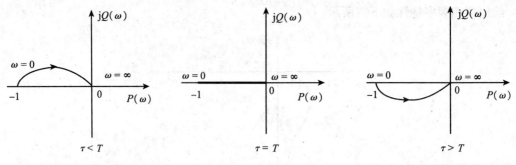

$$\tau < T \qquad\qquad \tau = T \qquad\qquad \tau > T$$

17. $G(s) = \dfrac{K}{s}$

解:

$$G(j\omega) = \frac{K}{j\omega} = -j\frac{K}{\omega}$$

$$A(\omega) = \frac{K}{\omega}, \varphi(\omega) = -90°$$

绘出幅相频率特性如下图所示。

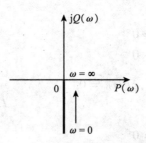

18. $G(s) = \dfrac{K}{s^2}$

解:

$$G(j\omega) = -\frac{K}{\omega^2}$$

$$A(\omega) = \frac{K}{\omega^2}, \varphi(\omega) = -180°$$

绘出幅相频率特性如右图所示。

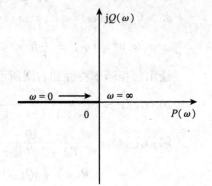

19. $G(s) = \dfrac{1}{s(s+1)(2s+1)}$

解: $G(j\omega) = \dfrac{1}{j\omega(j\omega+1)(2j\omega+1)} = A(\omega)e^{j\varphi(\omega)}$

$$A(\omega) = \frac{1}{\omega\sqrt{\omega^2+1}\sqrt{(2\omega)^2+1}}, \varphi(\omega) = -90° - \arctan\omega - \arctan2\omega$$

$\omega = 0$ 时, $A(\omega) = \infty$, $\varphi(\omega) = -90°$; $\omega = \infty$ 时, $A(\omega) = 0$, $\varphi(\omega) = -270°$

当 $\varphi(\omega) = -180°$ 时，$-180° = -90° - \arctan\omega - \arctan2\omega$。得 $\omega = \dfrac{\sqrt{2}}{2}$

此时 $A(\omega) = 0.66$，所以交点坐标是（-0.66，j0）。

绘出幅相频率特性如下图所示。

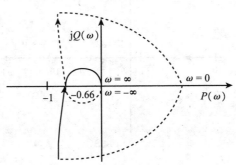

20. $G(s) = \dfrac{4s + 1}{s^2(s + 1)(2s + 1)}$

解：$G(j\omega) = \dfrac{4j\omega + 1}{-\omega^2(j\omega + 1)(2j\omega + 1)} = A(\omega)e^{j\varphi(\omega)}$

$A(\omega) = \dfrac{\sqrt{(4\omega)^2 + 1}}{\omega^2\sqrt{\omega^2 + 1}\sqrt{(2\omega)^2 + 1}}$，$\varphi(\omega) = -180° - \arctan\omega - \arctan2\omega + \arctan4\omega$

$\omega = 0$ 时，$A(\omega) = \infty$，$\varphi(\omega) = -180°$；$\omega = \infty$ 时，$A(\omega) = 0$，$\varphi(\omega) = -270°$

当 $\varphi(\omega) = -180°$ 时，$-180° = -180° - \arctan\omega - \arctan2\omega + \arctan4\omega$。得 $\omega = \dfrac{1}{2\sqrt{2}}$

此时 $A(\omega) = 10.7$，所以交点坐标是（-10.7，j0）。

绘出幅相频率特性如下图所示。

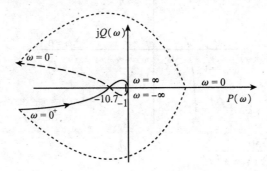

21. $G(s) = \dfrac{1}{s^2 + 100}$

解：$G(j\omega) = \dfrac{1}{-\omega^2 + 100} = A(\omega)e^{j\varphi(\omega)}$

$$A(\omega) = \dfrac{1}{-\omega^2 + 100}, \varphi(\omega) = 0°、180°$$

$\omega = 0$ 时，$A(\omega) = 100$，$\varphi(\omega) = 0°$；$\omega = \infty$ 时，$A(\omega) = 0$，$\varphi(\omega) = 0°$

注：ω 由 0 增大到 10^- 过程中，$G(\mathrm{j}\omega)$ 的模随 ω 的增大而单调增大，相角为 $0°$，ω 由 10^- 增大到 10^+ 过程中，$G(\mathrm{j}\omega)$ 的模为无穷大，相角由 $0°$ 突变到 $-180°$；ω 由 10^+ 增大到 ∞ 过程中，$G(\mathrm{j}\omega)$ 的模由无穷大减小到 0，相角为 $-180°$。

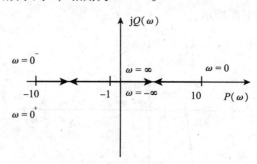

22. $G(s) = \dfrac{1}{s(s+1)^2}$

解：$G(\mathrm{j}\omega) = \dfrac{1}{\mathrm{j}\omega(\mathrm{j}\omega+1)^2} = A(\omega)\mathrm{e}^{\mathrm{j}\varphi(\omega)}$

$$A(\omega) = \dfrac{1}{\omega(\sqrt{\omega^2+1})^2}, \varphi(\omega) = -90° - 2\arctan\omega$$

$\omega = 0$ 时，$A(\omega) = \infty$，$\varphi(\omega) = -90°$

$\omega = \infty$ 时，$A(\omega) = 0$，$\varphi(\omega) = -270°$

当 $\varphi(\omega) = -180°$ 时，$-180° = -90° - 2\arctan\omega$。得 $\omega = 1$，此时 $A(\omega) = \dfrac{1}{2}$

绘出幅相频率特性如下图所示。

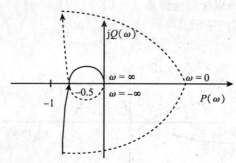

23. $G(s) = \dfrac{750}{s(s+5)(s+15)}$

解：$G(s) = \dfrac{10}{s(\frac{1}{5}s+1)(\frac{1}{15}s+1)}$，$G(\mathrm{j}\omega) = \dfrac{10}{\mathrm{j}\omega(\mathrm{j}\frac{1}{5}\omega+1)(\frac{1}{15}\mathrm{j}\omega+1)} = A(\omega)\mathrm{e}^{\mathrm{j}\varphi(\omega)}$

$$A(\omega) = \dfrac{10}{\omega\sqrt{(\frac{1}{5}\omega)^2+1}\sqrt{(\frac{1}{15}\omega)^2+1}}, \varphi(\omega) = -90° - \arctan\frac{1}{5}\omega - \arctan\frac{1}{15}\omega$$

$\omega = 0$ 时，$A(\omega) = \infty$，$\varphi(\omega) = -90°$；$\omega = \infty$ 时，$A(\omega) = 0$，$\varphi(\omega) = -270°$

当 $\varphi(\omega) = -180°$ 时, $-180° = -90° - \arctan\omega - \arctan2\omega$ 。得 $\omega = \dfrac{1}{2}$

此时 $A(\omega) = 10$ ，所以交点坐标是（-10，$j0$）。

绘出幅相频率特性如下图所示。

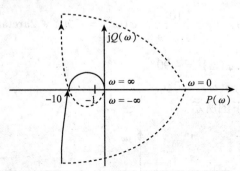

24. $G(s) = \dfrac{200}{s^2(s+1)(110s+1)}$

解: $G(j\omega) = \dfrac{200}{-\omega^2(j\omega+1)(110j\omega+1)} = A(\omega)e^{j\varphi(\omega)}$

$A(\omega) = \dfrac{200}{\omega^2\sqrt{\omega^2+1}\sqrt{(110\omega)^2+1}}, \varphi(\omega) = -180° - \arctan\omega - \arctan110\omega$

$\omega = 0$ 时, $A(\omega) = \infty, \varphi(\omega) = -180°$; $\omega = \infty$ 时, $A(\omega) = 0, \varphi(\omega) = -360°$

绘出幅相频率特性如下图所示。

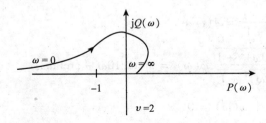

25. $G(s) = \dfrac{10}{(2s+1)(8s+1)}$

解: $G(j\omega) = \dfrac{10}{(j2\omega+1)(8j\omega+1)} = A(\omega)e^{j\varphi(\omega)}$

$A(\omega) = \dfrac{10}{\sqrt{4\omega^2+1}\sqrt{64\omega^2+1}}, \varphi(\omega) = -\arctan2\omega - \arctan8\omega$

$\omega = 0 \sim \infty$ 时, $A(\omega) = 2 \sim 0, Q(\omega) = 0 \sim -180°$ 单调连续变化。

$\omega = 0$ 时, $A(\omega) = 10, \varphi(\omega) = 0°$

$\omega = \infty$ 时, $A(\omega) = 0, \varphi(\omega) = -180°$

绘出幅相频率特性如右图所示。

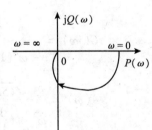

26. $G(s) = \dfrac{10}{s(s-1)}$

解：$G(j\omega) = \dfrac{10}{j\omega(j\omega - 1)} = A(\omega)\,e^{j\varphi(\omega)}$

$$A(\omega) = \dfrac{10}{\omega\sqrt{\omega^2 + 1}},\ \varphi(\omega) = -90° + 2\arctan\omega$$

$\omega = 0$ 时，$A(\omega) = \infty$，$\varphi(\omega) = -90°$

$\omega = \infty$ 时，$A(\omega) = 0$，$\varphi(\omega) = 0°$

绘出幅相频率特性如下图所示。

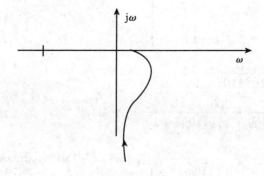

27. $G(s) = \dfrac{10s + 1}{3s + 1}$

解：

$$G(j\omega) = \dfrac{10j\omega + 1}{3j\omega + 1} = A(\omega)\,e^{j\varphi(\omega)}$$

$$A(\omega) = \dfrac{\sqrt{(10\omega)^2 + 1}}{\sqrt{(3\omega)^2 + 1}},\ \varphi(\omega) = \arctan 10\omega - \arctan 3\omega$$

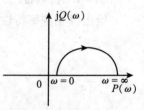

$\omega = 0$ 时，$A(\omega) = 1$，$\varphi(\omega) = 0°$

$\omega = \infty$ 时，$A(\omega) = \dfrac{10}{3}$，$\varphi(\omega) = 0°$

绘出幅相频率特性如右图所示。

28. $G(s) = \dfrac{10(s + 0.2)}{s^2(s + 0.1)(s + 15)}$

解：$G(s) = \dfrac{10(s + 0.2)}{s^2(s + 0.1)(s + 15)} = \dfrac{3(5s + 1)}{s^2(10s + 1)(\frac{1}{15}s + 1)}$

$$G(j\omega) = \dfrac{3(5j\omega + 1)}{-\omega^2(10j\omega + 1)(\frac{1}{15}j\omega + 1)}$$

$$A(\omega) = \dfrac{3\sqrt{(5\omega)^2 + 1}}{\omega^2\sqrt{(\frac{1}{15}\omega)^2 + 1}},\ \varphi(\omega) = -180° - \arctan 10\omega + \arctan 5\omega - \arctan \frac{1}{15}\omega$$

$\omega = 0$ 时 $, A(\omega) = \infty , \varphi(\omega) = -180°$

$\omega = \infty$ 时 $, A(\omega) = 0, \varphi(\omega) = -270°$

绘出幅相频率特性如下图所示。

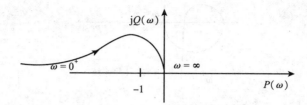

5.2.5.3　试用奈氏判据判断系统稳定性

1.

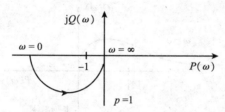

解：$P = 1, N = 1, P = N$, 系统稳定。

2.

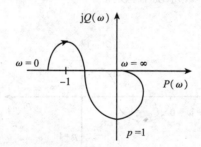

解：$P = 1, N = -1, P \neq N$, 系统不稳定。

3.

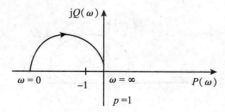

解：$P = 1, N = -1, P \neq N$, 系统不稳定。

4.

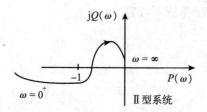

解：$P = 0, N = 0, P = N$，系统稳定。

5.

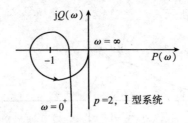

解：$P = 2, N = 2, P = N$，系统稳定。

6.

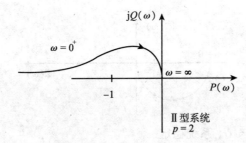

解：$P = 2, N = -2, P \neq N$，系统不稳定。

7.

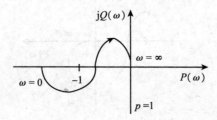

解：$P = 1, N = 1, P = N$，系统稳定。

8.

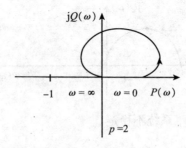

解：$P = 2, N = 0, P \neq N$，系统不稳定。

9.

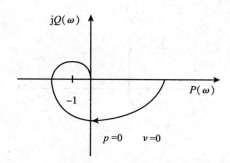

解：$P = 0, N = -2, P \neq N$，系统不稳定。

10.

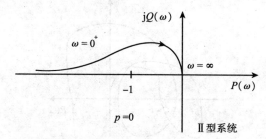

解：$P = 0, N = -2, P \neq N$，系统不稳定。

11.

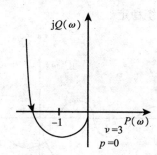

解：$P = 0, N = 0, P = N$，系统稳定。

12.

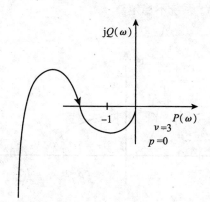

解：$P = 0, N = 0, P = N$，系统稳定。

13.

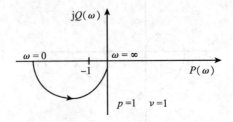

解：$P = 1, N = 1, P = N$，系统稳定。

14.

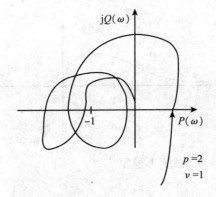

解：$P = 2, N = 2, P = N$，系统稳定。

15.

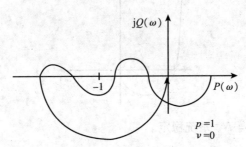

解：$P = 1, N = 0, P \neq N$，系统不稳定。

16.

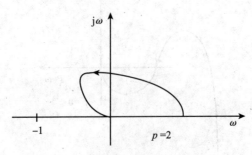

解: $P = 2, N = 0, P \neq N$, 系统不稳定。

17.

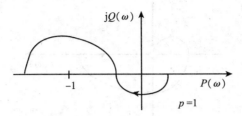

解: $P = 1, N = 1, P = N$, 系统稳定。

18.

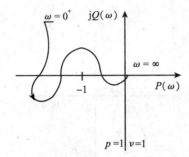

解: $P = 1, N = -1, P \neq N$, 系统不稳定。

19.

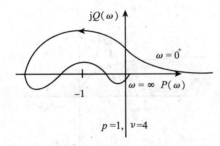

解: $P = 1, N = -2, P \neq N$, 系统不稳定。

20.

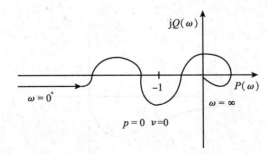

解: $P = 0, N = 0, P = N$, 系统稳定

21.

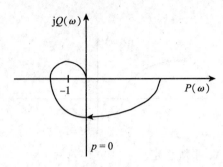

解：$P = 0, N = -2, P \neq N$，系统不稳定。

22.

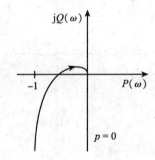

解：$P = 0, N = 0, P = N$，系统稳定。

23.

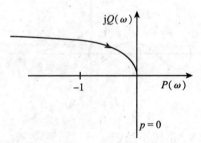

解：$P = 0, N = -2, P \neq N$，系统不稳定。

24.

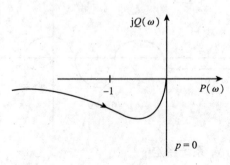

解：$P = 0, N = 0, P = N$，系统稳定。

25.

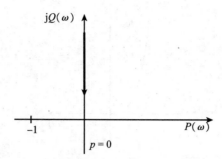

解：$P = 0, N = -2, P \neq N$，系统不稳定。

26.

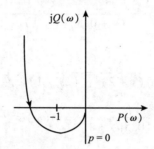

解：$P = 0, N = +1, P \neq N$，系统不稳定。

27.

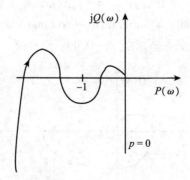

解：$P = 0, N = 0, P = N$，系统稳定。

28.

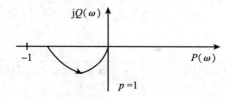

解：$P = 1, N = 0, P \neq N$，系统不稳定。

29.

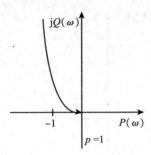

解：$P = 1, N = -1, P \neq N$，系统不稳定。

5.2.5.4　综合判断题

1. 已知开环传递函数为 $W_K(s) = \dfrac{K}{(s + 0.5)(s + 1)(s + 2)}$，绘制 $K = 5$ 时奈氏图，并判定其稳定性。

解：$G_K(s) = \dfrac{5}{(s + 0.5)(s + 1)(s + 2)} = \dfrac{5}{(2s + 1)(s + 1)(0.5s + 1)}$

$G_K(j\omega) = \dfrac{5}{(2j\omega + 1)(j\omega + 1)(0.5j\omega + 1)} = A(\omega)e^{j(\omega)}$

$A(\omega) = \dfrac{5}{\sqrt{4\omega^2 + 1}\sqrt{\omega^2 + 1}\sqrt{0.25\omega^2 + 1}}$，$\varphi(\omega) = -\arctan 2\omega - \arctan \omega - \arctan 0.5\omega$

$\omega = 0$ 时，$A(\omega) = 5, \varphi(\omega) = 0°$；$\omega = \infty$ 时，$A(\omega) = 0, \varphi(\omega) = -270°$

当 $\varphi(\omega) = -180°$ 时，$-180° = -\arctan 2\omega - \arctan \omega - \arctan 0.5\omega$，得 $\omega = 1.87$

此时 $A(\omega) = 0.44$，所以交点坐标是（-0.44，$j0$）。

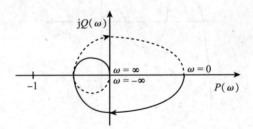

所以：$P = 0, N = 0, P = N$，系统稳定。

2. 已知开环传递函数为 $G_K(s) = \dfrac{K}{(s + 0.5)(s + 1)(s + 2)}$，绘制 $K = 15$ 时奈氏图，并判定其稳定性。

解：$G_K(s) = \dfrac{15}{(s + 0.5)(s + 1)(s + 2)} = \dfrac{15}{(2s + 1)(s + 1)(0.5s + 1)}$

$G_K(j\omega) = \dfrac{15}{(2j\omega + 1)(j\omega + 1)(0.5j\omega + 1)} = A(\omega)e^{j(\omega)}$

$A(\omega) = \dfrac{15}{\sqrt{4\omega^2 + 1}\sqrt{\omega^2 + 1}\sqrt{0.25\omega^2 + 1}}$，$\varphi(\omega) = -\arctan 2\omega - \arctan \omega - \arctan 0.5\omega$

$\omega = 0$ 时,$A(\omega) = 15$,$\varphi(\omega) = 0°$;$\omega = \infty$ 时,$A(\omega) = 0$,$\varphi(\omega) = -270°$

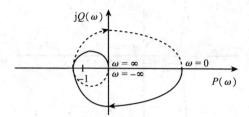

当 $\varphi(\omega) = -180°$ 时,$-180° = -\arctan 2\omega - \arctan\omega - \arctan 0.5\omega$。得 $\omega = 1.87$
此时 $A(\omega) = 1.32$,所以交点坐标是(-1.32,j0)。
所以:$P = 0$,$N = -2$,$P \neq N$,系统不稳定。

3. 已知开环传递函数为 $G_K(s) = \dfrac{10}{s(s+1)(s+2)}$,绘制其奈氏图,并判定其稳定性。

解:$G_K(s) = \dfrac{10}{s(s+1)(s+2)} = \dfrac{5}{s(s+1)(0.5s+1)}$

$$G_K(j\omega) = \frac{5}{j\omega(j\omega+1)(0.5j\omega+1)} = A(\omega)e^{j(\omega)}$$

$$A(\omega) = \frac{5}{\omega\sqrt{\omega^2+1}\sqrt{0.25\omega^2+1}},\varphi(\omega) = -90° - \arctan\omega - \arctan 0.5\omega$$

$\omega = 0$ 时,$A(\omega) = \infty$,$\varphi(\omega) = -90°$;$\omega = \infty$ 时,$A(\omega) = 0$,$\varphi(\omega) = -270°$
当 $\varphi(\omega) = -180°$ 时,$-180° = -90° - \arctan\omega - \arctan 0.5\omega$。得 $\omega = 1.414$
此时 $A(\omega) = 1.67$,所以交点坐标是(-1.67,j0)。

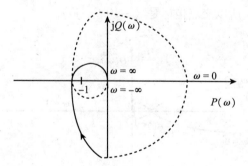

所以:$P = 0$,$N = -2$,$P \neq N$,系统不稳定。

4. $G(s) = \dfrac{1}{s(s+1)(2s+1)}$

解:$G(j\omega) = \dfrac{2}{j\omega(j\omega+1)(2j\omega+1)} = A(\omega)e^{j\varphi(\omega)}$

$$A(\omega) = \frac{10}{\omega\sqrt{\omega^2+1}\sqrt{(2\omega)^2+1}},\varphi(\omega) = -90° - \arctan\omega - \arctan 2\omega$$

$\omega = 0$ 时,$A(\omega) = \infty$,$\varphi(\omega) = -90°$;$\omega = \infty$ 时,$A(\omega) = 0$,$\varphi(\omega) = -270°$

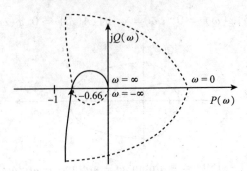

当 $\varphi(\omega) = -180°$ 时，$-180° = -90° - \arctan\omega - \arctan2\omega$。得 $\omega = \dfrac{\sqrt{2}}{2}$，

此时 $A(\omega) = 0.66$，所以交点坐标是（-0.66，$j0$）。

所以：$P = 0$，$N = 0$，$P = N$，系统稳定。

5. $G(s) = \dfrac{4s+1}{s^2(s+1)(2s+1)}$

解：$G(j\omega) = \dfrac{4j\omega+1}{-\omega^2(j\omega+1)(2j\omega+1)} = A(\omega)e^{j\varphi(\omega)}$

$A(\omega) = \dfrac{\sqrt{(4\omega)^2+1}}{\omega^2\sqrt{\omega^2+1}\sqrt{(2\omega)^2+1}}$，$\varphi(\omega) = -180° - \arctan\omega - \arctan2\omega + \arctan4\omega$

$\omega = 0$ 时，$A(\omega) = \infty$，$\varphi(\omega) = -180°$；$\omega = \infty$ 时，$A(\omega) = 0$，$\varphi(\omega) = -270°$

当 $\varphi(\omega) = -180°$ 时，$-180° = -180° - \arctan\omega - \arctan2\omega + \arctan4\omega$。得 $\omega = \dfrac{1}{2\sqrt{2}}$，

此时 $A(\omega) = 10.7$，所以交点坐标是（-10.7，$j0$）。

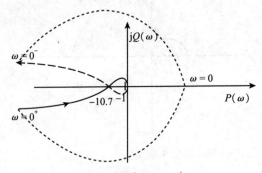

所以：$P = 0$，$N = -2$，$P \neq N$，系统不稳定。

6. $G(s) = \dfrac{1}{s^2+100}$

解：$G(j\omega) = \dfrac{1}{-\omega^2+100} = A(\omega)e^{j\varphi(\omega)}$

$A(\omega) = \dfrac{1}{-\omega^2+100}$，$\varphi(\omega) = 0°、180°$

$\omega = 0$ 时，$A(\omega) = 100$，$\varphi(\omega) = 0°$；$\omega = \infty$ 时，$A(\omega) = 0$，$\varphi(\omega) = 0°$

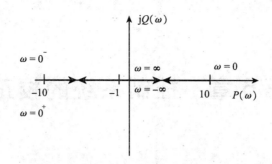

注：ω 由 0 增大到 10^- 过程中，$G(j\omega)$ 的模随 ω 的增大而单调增大，相角为 $0°$，ω 由 10^- 增大到 10^+ 过程中，$G(j\omega)$ 的模为无穷大，相角由 $0°$ 突变到 $-180°$；ω 由 10^+ 增大到 ∞ 过程中，$G(j\omega)$ 的模由无穷大减小到 0，相角为 $-180°$。

系统开环幅相曲线穿越（-1.0）点，所以为临界稳定。

第6章 控制系统的校正

6.1 控制系统的校正题库

6.1.1 填空题

1. 确定下图所示系统控制器类型为(　　)。

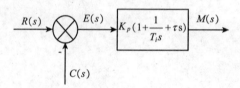

2. 校正装置与系统的不可变部分成串联连接的方式称为(　　)。
3. 比例控制器能改变信号的增益,(　　)其相角。
4. 具有比例-积分控制规律的控制器称为(　　)。
5. 具有比例控制规律的控制器,称为(　　)。
6. P控制器的增益用(　　)表示。
7. 动态性能又可分为(　　)。
8. 校正装置与系统的可变部分或不可变部分中的一部分按反馈方式连接称为(　　)也称为并联校正。
9. 一个控制系统可以包含被控对象和控制器两部分,被控对象是指要求实现自动控制的(　　)。
10. 具有比例-积分-微分控制规律的控制器称为(　　)。
11. 确定如下图所示系统控制器类型为(　　)。

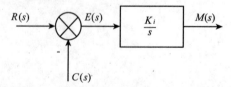

12. 相位滞后校正装置又称为(　　)调节器,其校正作用是使相位滞后。
13. 系统的校正所依据的性能指标分为(　　)和动态性能指标。
14. 确定如下图所示系统控制器类型为(　　)。

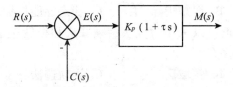

15. 确定如下图所示系统控制器类型为(　　)。

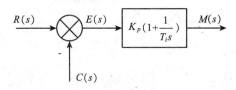

16. 前馈较正一般不单独使用，总是和其他校正方式结合起来构成(　　)，以满足某些性能要求较高的系统的需要。

17. 对于控制系统的校正可以采用时域法、频域法和根轨迹法，这三种方法互为补充，且以(　　)应用较多。

18. 确定如下图所示系统控制器类型为(　　)

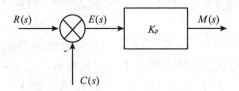

19. 一个控制系统可以包含被控对象和控制器两部分，(　　)是指对控制对象起作用的装置。

20. 校正信号取自闭环外的输入信号，由输入法直接去校正系统，故称为(　　)。

21. 系统的校正所依据的性能指标分为稳态性能指标和(　　)。

6.1.2　单项选择题

1. 校正信号取自闭环外的输入信号，由输入端直接去校正系统，故称为(　　)。
　　A. 串联校正　　　　B. 反馈校正　　　　C. 复合校正　　　　D. 前馈校正

2. 一个控制系统可以包含被控对象和控制器两部分，(　　)是指要求实现自动控制的机器。
　　A. 被控对象　　　　B. 控制器　　　　C. 控制系统　　　　D. 无法确定

3. 确定如下图所示系统控制器类型为(　　)。

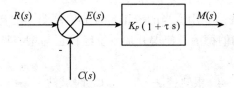

　　A. 比例　　　　B. 比例－积分　　　　C. 积分　　　　D. 比例－微分

4. (　　)又可分为时域动态性能指标和频域动态性能指标。

A. 静态指标　　　　B. 误差指标　　　　C. 稳态性能指标　　D. 动态性能指标

5. 对于控制系统的校正可以采用时域法、频域法和根轨迹法，这三种方法互为补充，且以（　　　）应用较多。

A. 时域法　　　　　B. 频域法　　　　　C. 根轨迹法　　　　D. 无法确定

6. 确定如下图所示系统控制器类型为（　　　）。

A. 比例　　　　　　B. 比例－积分　　　C. 积分　　　　　　D. 比例－积分－微分

7. （　　　）表示系统对于跟踪给定信号稳定性的定量描述。

A. 稳态误差　　　　B. 无差度　　　　　C. 静态误差　　　　D. 动态误差

8. P 控制器的增益用（　　　）表示。

A. I_p　　　　　　B. K_p　　　　　C. E_p　　　　　D. S_p

9. 系统校正所依据的性能指标分为（　　　）和动态性能指标。

A. 静态指标　　　　　　　　　　　B. 误差指标

C. 稳态性能指标　　　　　　　　　D. 动态性能指标

10. （　　　）控制器只改变信号的增益而不影响其相角。

A. 比例　　　　　　B. 比例－积分　　　C. 比例－微分　　　D. 比例－积分－微分

11. 一个控制系统可以包含被控对象和控制器两部分，（　　　）是指对控制对象起作用的装置。

A. 被控对象　　　　B. 控制器　　　　　C. 控制系统　　　　D. 无法确定

12. （　　　）的一个显著优点是可以抑制系统的参数波动及非线性因素对系统性能的影响。缺点是调整不方便，设计相对较为复杂。

A. 串联校正　　　　B. 反馈校正　　　　C. 复合校正　　　　D. 前馈校正

13. 确定如下图所示系统控制器类型为（　　　）。

A. 比例　　　　　　B. 比例－积分　　　C. 积分　　　　　　D. 比例－积分－微分

14. （　　　）的基本做法是利用适当的校正装置的伯德图，配合开环增益的调整，来修改原有的开环系统的伯德图，使得开环系统经校正与增益调整后的伯德图符合性能指标的要求。

A. 频率法　　　　　B. 根轨迹法　　　　C. 时域法　　　　　D. 复平面法

15. 系统校正所依据的性能指标分为稳态性能指标和（　　　）。

A. 静态指标　　　　B. 误差指标　　　　C. 稳态性能指标　　D. 动态性能指标

16. 校正装置与系统的不可变部分成串联连接的方式称为(　　)。

    A. 串联校正　　　　　B. 反馈校正　　　　　C 复合校正　　　　　D. 前馈校正

17. 确定如下图所示系统控制器类型为(　　)。

    A. 比例　　　　　　B. 比例 – 积分　　　　　C. 积分　　　　　　D. 比例 – 积分 – 微分

18. (　　)一般不单独使用,总是和其他校正方式结合起来构成复合控制系统,以满足某些性能要求较高的系统的需要。

    A. 前馈校正　　　　B. 反馈校正　　　　　C. 并联校正　　　　　D. 复合校正

19. 校正装置与系统的可变部分或不可变部分中的一部分按反馈方式连接称为(　　),也称为并联校正。

    A. 串联校正　　　　　B. 反馈校正　　　　　C. 复合校正　　　　　D. 前馈校正

20. 具有比例 – 积分控制规律的控制器称为(　　)。

    A. I 控制器　　　　B. D 控制器　　　　　C. P 控制器　　　　D. PI 控制器

21. 应使 I 部分发生在系统频率的(　　),以提高系统的稳态性能;而使 D 部分发生在系统频率的(　　),以改善系统的动态性能。

    A. 低频段　中频段　　　　　　　　　　B. 中频段　高频段

    C. 低频段　高频段　　　　　　　　　　D. 高频段　低频段

22. 确定如下图所示系统控制器类型为(　　)。

    A. 比例　　　　　　B. 比例 – 积分　　　　　C. 积分　　　　　　D. 比例 – 积分 – 微分

23. 具有比例 – 积分 – 微分控制规律的控制器称为(　　)。

    A. I 控制器　　　　B. D 控制器　　　　　C. P 控制器　　　　D. PID 控制器

24. 具有比例控制规律的控制器,称为(　　)。

    A. I 控制器　　　　B. D 控制器　　　　　C. P 控制器　　　　D. PID 控制器

6.1.3　多项选择题

1. 常用的校正网络有(　　)。

    A. 无源网络　　　　B. 有源网络　　　　　C. 放大网络　　　　D. 映射网络

2. 动态性能指标包括:(　　)。

    A. 稳态误差　　　　　　　　　　　　　B. 系统的无差度

    C. 时域动态性能指标　　　　　　　　　D. 频域动态性能指标

3. ( )等组合控制规律，能实现对被控对象的有效控制。

　　A. 比例 – 微分　　B. 比例 – 积分　　C. 比例 – 常数　　D. 比例 – 积分 – 微分

4. 稳态性能指标包括：( )。

　　A. 稳态误差　　　　　　　　　B. 系统的无差度

　　C. 静态误差系数　　　　　　　D. 动态误差系数

5. 常见的系统校正的方法有( )。

　　A. 频率法　　　　B. 根轨迹法　　　　C. 时域法　　　　D. 复平面法

6. 校正装置加入系统中的位置不同，所起的校正作用不同，根据校正装置与系统不可变部分的连接方式，可分为( )基本的校正方式。

　　A. 串联校正　　　B. 反馈校正　　　　C. 复合校正　　　D. 前馈校正

7. 对于控制系统的校正可以采用( )这些方法互为补充。

　　A. 时域法　　　　B. 频域法　　　　　C. 根轨迹法　　　D. 无法确定

8. 串联校正一般包括( )。

　　A. 串联超前校正　　　　　　　B. 串联滞后校正

　　C. 串联滞后 – 超前校正　　　　D. 反馈校正

6.1.4 伯德图分析

1. 控制系统的开环传递函数为 $G_K(s) = \dfrac{10}{s(0.2s+1)}$，校正装置的传递函数为 $G_C(s) = \dfrac{0.2s+1}{0.02s+1}$，绘制校正前后的伯德图。

2. 控制系统的开环传递函数为 $G_K(s) = \dfrac{10}{s(0.2s+1)(2s+1)}$，校正后装置的伯德图如下图所示：

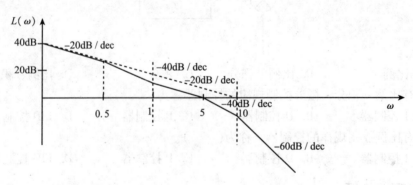

试求：

（1）校正后的传递函数；

（2）采用超前校正装置，写出校正的传递函数。

3. 已知最小相位系统校正前和串联校正后的对数频率特性图如下图所示，试写出：

（1）校正前、后的传递函数；

（2）采用滞后校正装置，写出校正装置的传递函数。

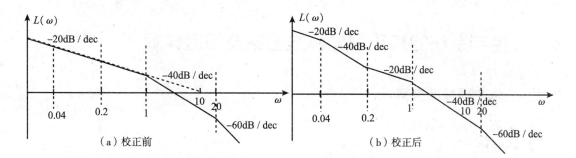

（a）校正前　　　　　　　　　　　（b）校正后

4. 控制系统的开环传递函数为 $G_K(s) = \dfrac{8}{s(2s + 1)}$，校正装置的传递函数为 $G_C(s) = \dfrac{(10s + 1)(2s + 1)}{(100s + 1)(0.2s + 1)}$，绘制校正前后的伯德图。

5. 最小相位系统开环传递函数 $G_K(s)$ 的开环对数幅频特性如下图所示，采用串联校正后，系统的开环对数幅频特性如下图所示，写出 $G_K(s)$ 和串联校正环节 $G_C(s)$ 的传递函数。

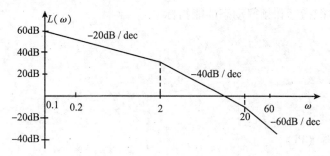

（a）$G_K(s)$ 的开环对数幅频特性

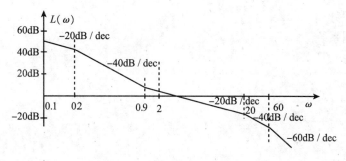

（b）$G_K(s) \cdot G_C(s)$ 的开环对数幅频特性

6. 控制系统的开环传递函数为 $G_K(s) = \dfrac{10}{s(0.5s + 1)(0.1s + 1)}$，其中 $\omega_c = \sqrt{20}$

（1）绘制系统的伯德图；

（2）采用传递函数为 $G_C(s) = \dfrac{0.37s + 1}{0.049s + 1}$ 的串联超前校正装置，绘制校正后的伯德图。

6.2　控制系统的校正习题标准答案及习题详解

6.2.1　填空题标准答案

1. 比例 – 积分 – 微分
2. 串联校正
3. 不影响
4. 稳态误差
5. 低频段
6. PI 控制器
7. P 控制器
8. K_p
9. 时域动态性能指标和频率动态性能指标
10. 反馈校正
11. 机器
12. PID 控制器
13. 频率法
14. 积分
15. 比例调节器（PI）
16. 稳态性能指标
17. 比例 – 微分
18. 比例 – 积分
19. 复合控制系统
20. 根轨迹法
21. 比例
22. 高频段
23. 控制器
24. 前馈校正
25. 动态性能指标
26. 反馈校正

6.2.2　单项选择题标准答案

1. D　　2. A　　3. B　　4. D　　5. C　　6. A　　7. A　　8. B　　9. C　　10. A
11. B　　12. B　　13. C　　14. A　　15. D　　16. A　　17. B　　18. A　　19. B　　20. D
21. C　　22. D　　23. D　　24. C

6.2.3　多项选择题标准答案

1. AB　　2. CD　　3. ABD　　4. ABCD　　5. AB　　6. ABC　　7. ABC　　8. ABC

6.2.4　伯德图分析习题详解

1. 控制系统的开环传递函数为 $G_K(s) = \dfrac{10}{s(0.2s+1)}$，校正装置的传递函数为 $G_C(s) = \dfrac{0.2s+1}{0.02s+1}$，绘制校正前后的伯德图。

校正前：$G_K(j\omega) = \dfrac{10}{j\omega(0.2j\omega+1)}$

$$A(\omega) = \frac{10}{\omega\sqrt{0.04\omega^2+1}}, \varphi(\omega) = -90° - \arctan 0.2\omega$$

$$L(\omega) = 20\lg A(\omega) = 20\lg 10 - 20\lg\omega - 20\lg\sqrt{(0.2\omega)^2+1}$$

交接频率 $\omega = 5$，

过 $\omega = 1, L(\omega) = 20\lg 10 = 20$ 做斜率为 -20dB/dec 的直线，在 $\omega = 5$ 处做斜率为 -40dB/dec 的直线。

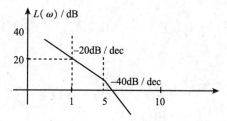

校正后：$G_K(s) \cdot G_C(s) = \dfrac{10}{s(0.2s+1)} \times \dfrac{0.2s+1}{0.02s+1} = \dfrac{10}{s(0.02s+1)}$

$$G_K(j\omega) \cdot G_C(j\omega) = \frac{10}{j\omega(0.02j\omega+1)}$$

$$A(\omega) = \frac{10}{\omega\sqrt{(0.02\omega)^2+1}}, \varphi(\omega) = -90° - \arctan 0.02\omega$$

$$L(\omega) = 20\lg A(\omega) = 20\lg 10 - 20\lg\omega - 20\lg\sqrt{(0.02\omega)^2+1}$$

交接频率 $\omega = 50$，

过 $\omega = 1, L(\omega) = 20\lg 10 = 20$ 做斜率为 -20dB/dec 的直线，在 $\omega = 50$ 处做斜率为 -40dB/dec 的直线。

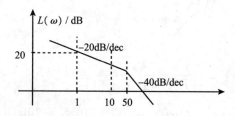

2. 控制系统的开环传递函数为 $G_K(s) = \dfrac{10}{s(0.2s+1)(2s+1)}$，校正后装置的伯德图如

下图所示。

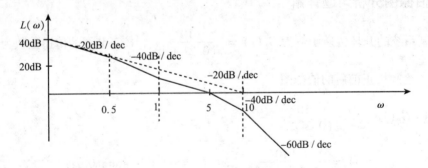

（1）校正后的传递函数；

（2）采用超前校正装置，写出校正的传递函数。

解：（1）由图可知：校正后的传递函数：

$$G_K(s) \cdot G_C(s) = \frac{K(T_1 s + 1)}{s(T_2 s + 1)(T_3 s + 1)(T_4 s + 1)}$$

其中：$T_1 = \frac{1}{1} = 1, T_2 = \frac{1}{0.5} = 2, T_3 = \frac{1}{5} = 0.2, T_4 = \frac{1}{10} = 0.1$ ，又知 $20 \lg K = 20 \lg 10$，求得 $K = 10$ 。

所以，系统的开环传递函数为 $G_K(s) \cdot G_C(s) = \frac{10(s + 1)}{s(2s + 1)(0.2_3 s + 1)(0.1s + 1)}$

（2）$G_K(s) \cdot G_C(s) = \frac{10(s + 1)}{s(2s + 1)(0.2s + 1)(0.1s + 1)}$，$G_K(s) = \frac{10}{s(0.2s + 1)(2s + 1)}$

所以：$G_C(s) = \frac{s + 1}{0.1s + 1}$

3. 已知最小相位系统校正前和串联校正后的对数频率特性图如下图所示，试写出：

（1）校正前、后的传递函数；

（2）采用滞后校正装置，写出校正装置的传递函数。

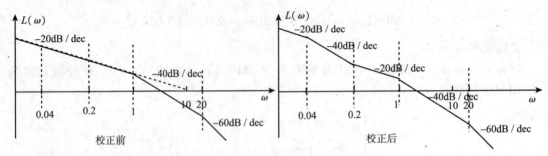

解：（1）校正前：$G_K(s) = \frac{K}{s(T_1 s + 1)(T_2 s + 1)}$

式中：$T_1 = \frac{1}{1} = 1, T_2 = \frac{1}{20} = 0.05$ ，又知 $20 \lg K = 20 \lg 10$ ，求得 $K = 10$

所以，系统的开环传递函数为 $G_K(s) = \frac{10}{s(s + 1)(0.05s + 1)}$

校正后：$G_K(s) \cdot G_C(s) = \dfrac{K(T_1 s + 1)}{s(T_2 s + 1)(T_3 s + 1)(T_4 s + 1)}$

式中：$T_1 = \dfrac{1}{0.2} = 5, T_2 = \dfrac{1}{0.04} = 25, T_3 = \dfrac{1}{1} = 1, T_4 = \dfrac{1}{20} = 0.05$，又知 $20\lg K = 20\lg 10$，求得 $K = 10$。

所以，系统的开环传递函数为 $G_K(s) \cdot G_C(s) = \dfrac{10(5s + 1)}{s(25s + 1)(s + 1)(0.05s + 1)}$

(2) $G_K(s) \cdot G_C(s) = \dfrac{10(5s + 1)}{s(25s + 1)(0.05s + 1)}$，$G_K(s) = \dfrac{10}{s(s + 1)(0.05s + 1)}$

所以：$G_C(s) = \dfrac{5s + 1}{25s + 1}$

4. 控制系统的开环传递函数为 $G_K(s) = \dfrac{8}{s(2s + 1)}$，校正装置的传递函数为 $G_C(s) = \dfrac{(10s + 1)(2s + 1)}{(100s + 1)(0.2s + 1)}$，绘制校正前后的伯德图。

解：校正前：$G_K(j\omega) = \dfrac{8}{j\omega(2j\omega + 1)}$

$$A(\omega) = \dfrac{8}{\omega \sqrt{4\omega^2 + 1}}, \varphi(\omega) = -90° - \arctan 4\omega$$

$$L(\omega) = 20\lg A(\omega) = 20\lg 8 - 20\lg\omega - 20\lg \sqrt{(2\omega)^2 + 1}$$

交接频率 $\omega = 0.5$，

过 $\omega = 0.1, L(\omega) = 20\lg 8 + 20 = 38$ 做斜率为 -20dB/dec 的直线，在 $\omega = 0.5$ 处做斜率为 -40dB/dec 的直线。

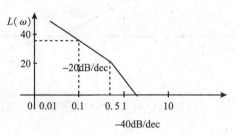

校正后：$G(s) = \dfrac{(10s + 1)(2s + 1)}{(100s + 1)(0.2s + 1)} \times \dfrac{8}{s(2s + 1)} = \dfrac{8(10s + 1)}{s(100s + 1)(0.2s + 1)}$

$$G(j\omega) = \dfrac{8(10j\omega + 1)}{j\omega(0.2j\omega + 1)(100j\omega + 1)}$$

$$G(j\omega) = \dfrac{8(j10\omega + 1)}{j\omega(j0.2\omega + 1)(j100\omega + 1)} = A(\omega)e^{j\varphi(\omega)}$$

$A(\omega) = \dfrac{8}{\omega} \dfrac{\sqrt{(10\omega)^2 + 1}}{\sqrt{(0.2_1\omega)^2 + 1} \sqrt{(100\omega)^2 + 1}}, \varphi(\omega) = -90° - \arctan 0.2\omega - \arctan 100\omega +$

$\arctan 10\omega L(\omega) = 20\lg 8 - 20\lg\omega + 20\lg \sqrt{(10\omega)^2 + 1} - 20\lg \sqrt{(0.2\omega)^2 + 1} -$

$$20\lg \sqrt{(100\omega)^2 + 1}$$

交接频率 $\omega_1 = \dfrac{1}{100}$，$\omega_2 = \dfrac{1}{10}$，$\omega_3 = 5$，且 $0 < \omega_1 < \omega_2 < \omega_3$，对数幅频特性分为四段：

$0 < \omega < \omega_1$ 时，斜率为 -20dB/dec，$L(\omega)\big|_{\omega = 0.001} = 78$

$\omega_1 < \omega < \omega_2$ 时，斜率为 -40dB/dec；

$\omega_2 < \omega < \omega_3$ 时，斜率为 -20dB/dec；

$\omega_3 < \omega < \infty$ 时，斜率为 -40dB/dec。

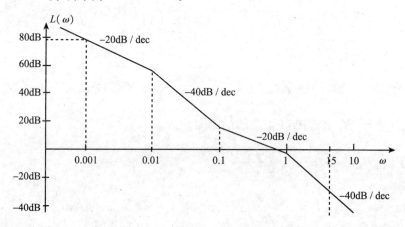

5. 最小相位系统开环传递函数 $G_K(s)$ 的开环对数幅频特性如下图所示，采用串联校正后，系统的开环对数幅频特性如下图所示，写出 $G_K(s)$ 和串联校正环节 $G_C(s)$ 的传递函数。

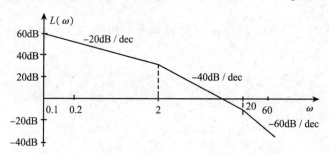

（a）$G_K(s)$ 的开环对数幅频特性

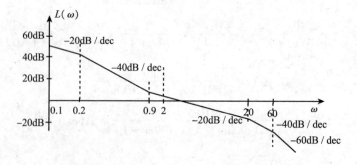

（b）$G_K(s) \cdot G_C(s)$ 的开环对数幅频特性

解: 由图可知:

$$G_K(s) = \frac{K_K}{s(T_1 s + 1)(T_2 s + 1)}$$

其中: $T_1 = \dfrac{1}{20} = 0.05$, $T_2 = \dfrac{1}{2} = 0.5$, 又知 $\omega = 0.1$ 时, $20\lg K_K - 20\lg\omega = 60$, 得 $K_K = 100$, 所以

$$G_K(s) = \frac{100}{s(0.05s + 1)(0.5s + 1)}$$

由图可知: $G_K(s) \cdot G_C(s)$:

$$G_K(s) \cdot G_C(s) = \frac{K_K(T_4 s + 1)}{s(T_1 s + 1)(T_2 s + 1)(T_3 s + 1)}$$

其中: $T_1 = \dfrac{1}{20} = 0.05$, $T_2 = \dfrac{1}{2} = 0.5$, $T_3 = \dfrac{1}{60}$, $T_4 = \dfrac{1}{0.9} = 1.1$, 又知 $\omega = 0.1$ 时, $20\lg K_K - 20\lg\omega = 50$, 得 $K = 31.6$, 所以

$$G_K(s) \cdot G_C(s) = \frac{100 \times 0.316\left(\dfrac{1}{0.9}s + 1\right)}{s(0.05s + 1)(0.5s + 1)\left(\dfrac{1}{60}s + 1\right)}$$

所以, $G_C(s) = \dfrac{0.316\left(\dfrac{1}{0.9}s + 1\right)\left(\dfrac{1}{2}s + 1\right)}{(5s + 1)\left(\dfrac{1}{60}s + 1\right)}$

6. 控制系统的开环传递函数为 $G_K(s) = \dfrac{10}{s(0.5s + 1)(0.1s + 1)}$, 其中 $\omega_c = \sqrt{20}$

(1) 绘制系统的伯德图;

(2) 采用传递函数为 $G_C(s) = \dfrac{0.37s + 1}{0.049s + 1}$ 的串联超前校正装置, 绘制校正后的伯德图。

解: (1) $G(s) = \dfrac{10}{s(0.5s + 1)(0.1s + 1)}$

$G(j\omega) = \dfrac{10}{j\omega(0.5j\omega + 1)(0.1j\omega + 1)} = A(\omega)e^{j\varphi(\omega)}$

$A(\omega) = \dfrac{10}{\omega\sqrt{0.25\omega^2 + 1}\sqrt{0.01\omega^2 + 1}}$, $\varphi(\omega) = -90° - \arctan\dfrac{\omega}{2} - \arctan\dfrac{\omega}{10}$

$L(\omega) = 20\lg A(\omega) = 20\lg 10 - 20\lg\omega - 20\lg\sqrt{(0.5\omega)^2 + 1} - 20\lg\sqrt{(0.1\omega)^2 + 1}$

交接频率 $\omega_1 = 2$, $\omega_2 = 10$, 对数幅频特性分为三段:

$0 < \omega < \omega_1$ 时, 斜率为 -20dB/dec, $L(\omega)|_{\omega=1} = 20\lg A(1) = 20$;

$\omega_1 < \omega < \omega_2$ 时, 斜率为 -40dB/dec; ($\omega_c = \sqrt{20}$)

$\omega_2 < \omega < \infty$ 时, 斜率为 -60dB/dec。

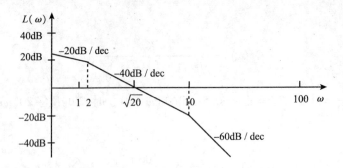

(2) $G_c(s) = \dfrac{0.37s + 1}{0.049s + 1} = \dfrac{\dfrac{s}{2.7} + 1}{\dfrac{s}{20.4} + 1}$

$$G(s) = \frac{10\left(\dfrac{s}{2.7} + 1\right)}{s\left(\dfrac{s}{2} + 1\right)\left(\dfrac{s}{10} + 1\right)\left(\dfrac{s}{20.4} + 1\right)}$$

$$G(j\omega) = \frac{10(0.37j\omega + 1)}{j\omega(0.5j\omega + 1)(0.1j\omega + 1)(0.049j\omega + 1)} = A(\omega)e^{j\varphi(\omega)}$$

$$A(\omega) = \frac{10\sqrt{(0.37\omega)^2 + 1}}{\omega\sqrt{0.25\omega^2 + 1}\sqrt{0.01\omega^2 + 1}\sqrt{(0.049\omega)^2 + 1}}$$

$$\varphi(\omega) = -90° - \arctan\frac{\omega}{2} + \arctan\frac{\omega}{2.7} - \arctan\frac{\omega}{10} - \arctan\frac{\omega}{20.4}$$

$L(\omega) = 20\lg A(\omega)$

$\quad = 20\lg 10 - 20\lg\omega - 20\lg\sqrt{(0.1\omega)^2 + 1} + 20\lg\sqrt{(0.37\omega)^2 + 1} -$

$\quad\quad 20\lg\sqrt{(0.5\omega)^2 + 1} - 20\lg\sqrt{(0.049\omega)^2 + 1}$

交接频率 $\omega_1 = 2$，$\omega_2 = 2.7$，$\omega_3 = 10$，$\omega_4 = 20.4$ 对数幅频特性分为五段：

$0 < \omega < \omega_1$ 时，斜率为 -20dB/dec，$L(\omega)\,|_{\omega=1} = 20\lg A(1) = 20$

$\omega_1 < \omega < \omega_2$ 时，斜率为 -40dB/dec;

$\omega_2 < \omega < \omega_3$ 时，斜率为 -20dB/dec;

$\omega_3 < \omega < \omega_4$ 时，斜率为 -40dB/dec;

$\omega_4 < \omega < \infty$ 时，斜率为 -60dB/dec。

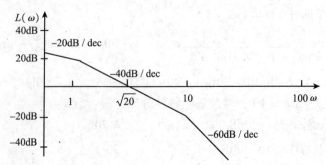

第7章 采样控制系统分析法

7.1 采样控制系统分析法题库

7.1.1 填空题

1. 在连续系统中，不论是输入量、输出量、反馈量还是偏差量，都是时间的连续函数，这种在时间上连续，在幅值上也连续的信号称为（   ）信号。

2. 在离散控制系统中，一处或多处信号不是连续的时间的模拟信号，而是在时间上离散的脉冲序列，我们称之为（   ）信号。

3. 离散信号通常是按照一定的时间间隔对连续的模拟信号进行采样得到的，故又称之为（   ）信号。

4. 在采样系统中，当离散信号为数字量时，称为（   ）控制系统。

5. 在采样控制系统中，采样误差信号是通过（   ）对连续误差信号采样后得到的。

6. 对采样控制系统的分析包括（   ）三个方面，这是采样控制系统和连续控制系统的共同点之一。

7. 按照一定的时间间隔对连续信号进行采样，将其变换成在时间上离散的脉冲序列的过程称之为（   ）。

8. 用来实现采样过程的装置称为（   ）。

9. 把周期信号展成复数形式的傅立叶级数，然后对它的频率和振幅进行分析，这就是（   ）。

10. 周期函数 $\delta_r(t)$ 的傅立叶级数为（   ）。

11. 为了准确浮现连续信号 $f(t)$，必须使离散信号的频谱中各个部分相互不重叠。相邻两部分频谱互不重叠的条件是（   ）。

12. 如果连续信号 $f(t)$ 是有限带宽信号，即 $\omega_s > 2\omega_m$ 时，$F(\omega) = 0$；而 $f^*(t)$ 是 $f(t)$ 的理想采样信号，若采样频率 $\omega_s \geq 2\omega_m$，则一定可以由采样信号 $f^*(t)$ 完全地恢复出 $f(t)$ 来，这就是（   ）采样定理。

13. 零阶保持器能够把前一时刻 kT 采样值 $f(kT)$（   ）下一个采样时刻 $(k+1)T$。

14. 零阶保持器的数学表达式为（   ）。

15. 零阶保持器的数学模型为（   ）。

16. 在采样控制系统中，为了避开求解差分方程的困难，通常把问题从离散的时间域转换到 z 域中，把解线性时不变差分方程转化为求解（   ）。

17. 求采样函数 $f^*(t)$ 的 z 变换的方法有( )。

18. z 变换的性质有( )，通过这些性质可以求出更多函数的 z 变换，并为求解差分方程打下基础。

19. 将 z 变换象函数变换成离散时域原函数的方法称为 ( )。

20. 常用的 z 反变换方法为( )两种。

21. 差分方程是采样系统输入输出关系的时域方程，通常用 ( ) 来求解差分方程。

22. 差分方程的解法除了 z 变换法之外还有另外一种方法为( )。

23. 在连续系统中，稳定性是由闭环传递函数的极点在 s 平面上的分布来确定的。在采样系统中，稳定性是由脉冲函数的极点在( )上的分布来确定的。

24. 在连续系统中，常在 s 平面上用劳斯判据判断其稳定性。在采样系统中，在 z 平面上能否直接使用劳斯判据判断系统的稳定性？( )。

25. 在采样系统的闭环脉冲函数中，p_k 为闭环脉冲函数的极点。当 $0 < p_k < 1$ 时，该极点所对应的暂态分量的是( )。

26. 在采样系统的闭环脉冲函数中，p_k 为闭环脉冲函数的极点。当 $p_k > 1$ 时，该极点所对应的暂态分量的是( )。

27. 在采样系统的闭环脉冲函数中，p_k 为闭环脉冲函数的极点。当 $-1 < p_k < 0$ 时，该极点所对应的暂态分量的是( )。

28. 在采样系统的闭环脉冲函数中，p_k 为闭环脉冲函数的极点。当 $p_k < -1$ 时，该极点所对应的暂态分量是( )。

29. 在采样控制系统中，一般采用 z 变换的 ( ) 确定其稳态误差或稳态误差系数。

30. 在采样控制系统中，当对 I 型系统施加单位阶跃函数时，其系统的稳态误差为( )。

31. 在采样控制系统中，当对 I 型以上系统施加单位阶跃函数时，其系统的稳态误差为( )。

32. 在采样控制系统中，当对 0 型系统施加单位斜坡函数时，其系统的稳态误差为( )。

33. 在采样控制系统中，当对 I 型系统施加单位斜坡函数时，其系统的稳态误差为( )。

34. 在采样控制系统中，当对 II 型及以上系统施加单位阶跃函数时，其系统的稳态误差为( )。

35. 在采样控制系统中，当对 0 型和 I 型系统施加单位加速度函数时，其系统的稳态误差为( )。

36. 在采样控制系统中，当对 II 型系统施加单位加速度函数时，其系统的稳态误差为( )。

37. 在采样控制系统中，当对 III 型及以上系统施加单位加速度函数时，其系统的稳态误差为( )。

7.1.2 单项选择题

1. 在连续系统中，不论是输入量、输出量、反馈量还是偏差量，都是时间的连续函数，这种在时间上连续，在幅值上也连续的信号称为( )信号。

  A. 连续　　　　　　　B. 采样　　　　　　　C. 离散　　　　　　　D. B 对

2. 在离散控制系统中，一处或多处信号不是连续的时间的模拟信号，而是在时间上离散的脉冲序列，我们称之为(　　)信号。

  A. 连续　　　　　　　B. 采样　　　　　　　C. 离散　　　　　　　D. B 对

3. 离散信号通常是按照一定的时间间隔对连续的模拟信号进行采样得到的，故又称之为(　　)信号。

  A. 连续　　　　　　　B. 采样　　　　　　　C. 离散　　　　　　　D. A 对

4. 在采样控制系统中，当离散信号为数字量时，称为(　　)控制系统。

  A. 连续　　　　　　　B. 采样　　　　　　　C. 离散　　　　　　　D. 数字

5. 在采样控制系统中，采样误差信号是通过(　　)对连续误差信号采样后得到的。

  A. 采样开关　　　　B. 离散开关　　　　C. 低通滤波器　　　　D. 运算放大器

6. 对采样控制系统的分析包括(　　)，这是采样控制系统和连续控制系统的共同点之一。

  A. 稳定性　　　　　　　　　　　　　　　B. 稳态性能

  C. 暂态性能　　　　　　　　　　　　　　D. 稳定性、稳态性能和暂态性能

7. 按照一定的时间间隔对连续信号进行采样，将其变换成在时间上离散的脉冲序列的过程称之为(　　)。

  A. 采样过程　　　　　　　　　　　　　　B. 采样系统的响应过程

  C. 采样系统的稳态响应过程　　　　　　　D. 采样系统的暂态响应过程

8. 用来实现采样过程的装置称为(　　)。

  A. 滤波器　　　　　　B. 低通滤波器　　　　C. 采样开关　　　　D. A、B、C 都对

9. 把周期信号展成复数形式的傅立叶级数，然后对它的频率和振幅进行分析，这就是(　　)。

  A. 采样系统的稳态性能分析　　　　　　　B. 频谱分析

  C. 主频谱分析　　　　　　　　　　　　　D. 高频频谱分析

10. 周期函数 $\delta_T(t)$ 的傅立叶级数为(　　)。

  A. $\dfrac{1}{T}\sum\limits_{k=-\infty}^{\infty} e^{jk\omega_s t}$ 　　　　　　　　B. $\dfrac{1}{T}\sum\limits_{k=-\infty}^{\infty} f(t)e^{jk\omega_s t}$

  C. $\dfrac{1}{T}\sum\limits_{k=-\infty}^{\infty} F(s-jk\omega_s)$ 　　　　　　D. B、C 对

11. 为了准确浮现连续信号 $f(t)$，必须使离散信号的频谱中各个部分相互不重叠。相邻两部分频谱互不重叠的条件是(　　)。

  A. $\omega_s < 2\omega_m$ 　　　B. $\omega > 2\omega_m$ 　　　C. $\omega_s \geqslant 2\omega_m$ 　　　D. $\omega_s \leqslant 2\omega_m$

12. 如果连续信号 $f(t)$ 是有限带宽信号，即 $\omega_s > 2\omega_m$ 时，$F(\omega)=0$；而 $f^*(t)$ 是 $f(t)$ 的理想采样信号，若采样频率 $\omega_s \geqslant 2\omega_m$，则一定可以由采样信号 $f^*(t)$ 完全地恢复出 $f(t)$ 来，这就是(　　)采样定理。

  A. 初值　　　　　　　B. 终值　　　　　　　C. 香农　　　　　　　D. C 不对

13. 零阶保持器能够把前一时刻 kT 采样值 $f(kT)$ (　　)下一个采样时刻 $(k+1)T$。

  A. 一直衰减到　　　　　　　　　　　　　B. 一直增加到

C. 稳定地保持到   D. 不增不减地保持到

14. 零阶保持器的数学表达式为(   )。

    A. $F(t) = f(kT)$ B. $F^*(t) = f(kT)$

    C. $f^*(t) = f(kT)$ D. $f(t) = f(kT)$

15. 零阶保持器的传递函数为(   )。

    A. $G_h(j\omega) = \dfrac{1 - e^{-j\omega T}}{j\omega}$ B. $|G_h(j\omega)| = T\dfrac{\left|\sin\dfrac{\pi\omega}{\omega_s}\right|}{\dfrac{\pi\omega}{\omega_s}}$

    C. $G_h(s) = \dfrac{1 - e^{-Ts}}{s}$ D. $\angle G_h(j\omega) = -\dfrac{\pi\omega}{\omega_s} + \angle\sin\dfrac{\pi\omega}{\omega_s}$

16. 在采样控制系统中，为了避开求解差分方程的困难，通常把问题从离散的时间域转换到 z 域中，把解线性时不变差分方程转化为求解(   )。

    A. 微分方程   B. 代数方程   C. 差分方程   D. 线性方程

17. 求采样函数 $f^*(t)$ 的 z 变换的方法有(   )。

    A. 级数求和法   B. 部分分式法

    C. 长除法   D. 级数求和法和部分分式法

18. z 变换的性质有(   )，通过这些性质可以求出更多函数的 z 变换，并为求解差分方程打下基础。

    A. 线性性质、滞后定理

    B. 超前定理、复位移定理

    C. 初值定理和峰值定理

    D. 线性性质、滞后定理、超前定理、复位移定理、初值定理和终值定理

19. 将 z 变换象函数变换成离散时域原函数的方法称为(   )。

    A. z 反变换   B. z 变换   C. 采样过程   D. 频谱分析法

20. 常用的 z 反变换方法为(   )两种。

    A. 级数求和法和部分分式法   B. 级数求和法和长除法

    C. 长除法   D. 长除法和部分分式法

21. 差分方程是采样系统输入输出关系的时域方程，通常用(   )来求解差分方程。

    A. z 变换   B. z 反变换

    C. 迭代法   D. z 变换和迭代法

22. 差分方程的解法除了 z 变换法之外还有另外一种方法为(   )。

    A. z 反变换   B. 代数法   C. 迭代法   D. 以上都对

23. 在连续系统中，稳定性是由闭环传递函数的极点在 s 平面上的分布来确定的。在采样系统中，稳定性是由脉冲函数的极点在(   )上的分布来确定的。

    A. 复平面   B. z 平面   C. Γ 平面   D. s 平面

24. 在采样系统的闭环脉冲函数中，p_k 为闭环脉冲函数的极点。当 $0 < p_k < 1$ 时，该极点所对应的暂态分量的是(   )。

    A. 单调收敛的   B. 单调发散的

C. 正负交替收敛的　　　　　　　　　　D. 正负交替发散的

25. 在采样系统的闭环脉冲函数中，p_k 为闭环脉冲函数的极点。当 $p_k > 1$ 时，该极点所对应的暂态分量的是(　　)。

A. 单调收敛的　　　　　　　　　　　　B. 单调发散的

C. 正负交替收敛的　　　　　　　　　　D. 正负交替发散的

26. 在采样系统的闭环脉冲函数中，p_k 为闭环脉冲函数的极点。当 $-1 < p_k < 0$ 时，该极点所对应的暂态分量的是(　　)。

A. 单调收敛的　　　　　　　　　　　　B. 单调发散的

C. 正负交替收敛的　　　　　　　　　　D. 正负交替发散的

27. 在采样系统的闭环脉冲函数中，p_k 为闭环脉冲函数的极点。当 $p_k < -1$ 时，该极点所对应的暂态分量的是(　　)。

A. 单调收敛的　　　　　　　　　　　　B. 单调发散的

C. 正负交替收敛的　　　　　　　　　　D. 正负交替发散的

28. 在采样系统中，一般采用 z 变换的(　　)确定其稳态误差或稳态误差系数。

A. 滞后定理　　　B. 超前定理　　　C. 初值定理　　　D. 终值定理

29. 在采样控制系统中，当对 Ⅰ 型系统施加单位阶跃函数时，其系统的稳态误差为(　　)。

A. $\dfrac{1}{1 + K_p}$　　　　　　　　　　　　B. 0

C. ∞　　　　　　　　　　　　　　　　　D. 常值

30. 在采样控制系统中，当对 Ⅰ 型以上系统施加单位阶跃函数时，其系统的稳态误差为(　　)。

A. $\dfrac{1}{1 + K_p}$　　　　　　　　　　　　B. 0

C. ∞　　　　　　　　　　　　　　　　　D. 常值

31. 在采样控制系统中，当对 0 型系统施加单位斜坡函数时，其系统的稳态误差为(　　)。

A. $\dfrac{1}{1 + K_p}$　　　　　　　　　　　　B. 0

C. ∞　　　　　　　　　　　　　　　　　D. 常值

32. 在采样控制系统中，当对 Ⅰ 型系统施加单位斜坡函数时，其系统的稳态误差为(　　)。

A. $\dfrac{1}{1 + K_p}$　　　　　　　　　　　　B. 0

C. ∞　　　　　　　　　　　　　　　　　D. 常值

33. 在采样控制系统中，当对 Ⅱ 型及以上系统施加单位阶跃函数时，其系统的稳态误差为(　　)。

A. $\dfrac{1}{1 + K_p}$　　　　　　　　　　　　B. 0

C. ∞　　　　　　　　　　　　　　　　　D. 常值

34. 在采样控制系统中，当对 0 型和 I 型系统施加单位加速度函数时，其系统的稳态误差为(   )。
    A. $\dfrac{1}{1 + K_p}$ B. 0
    C. ∞   D. 常值

35. 在采样控制系统中，当对 II 型系统施加单位加速度函数时，其系统的稳态误差为(   )。
    A. $\dfrac{1}{1 + K_p}$ B. 0
    C. ∞   D. 常值

36. 在采样控制系统中，当对 III 型及以上系统施加单位加速度函数时，其系统的稳态误差为(   )。
    A. $\dfrac{1}{1 + K_p}$ B. 0
    C. ∞   D. 常值

7.1.3 多项选择题

1. 在连续系统中，不论是输入量、输出量、反馈量还是偏差量，都是时间的连续函数，这种在时间上连续，在幅值上也连续的信号称为(   )信号。
    A. 连续   B. 采样   C. 离散   D. A 对

2. 在离散控制系统中，一处或多处信号不是连续的时间的模拟信号，而是在时间上离散的脉冲序列，我们称之为(   )信号。
    A. 连续   B. 采样   C. 离散   D. C 对

3. 离散信号通常是按照一定的时间间隔对连续的模拟信号进行采样得到的，故又称之为(   )信号。
    A. 连续   B. 采样   C. 离散   D. B 对

4. 在采样系统中，当离散信号为数字量时，称为(   )控制系统。
    A. 连续   B. 采样   C. 计算机   D. 数字

5. 在采样控制系统中，采样误差信号是通过(   )对连续误差信号采样后得到的。
    A. 采样开关   B. 离散开关   C. 低通滤波器   D. 采样器

6. 对采样控制系统的分析包括(   )，这是采样控制系统和连续控制系统的共同点之一。
    A. 稳定性   B. 稳态性能
    C. 暂态性能   D. 稳定性、稳态性能和暂态性能

7. 按照一定的时间间隔对连续信号进行采样，将其变换成在时间上离散的脉冲序列的过程称之为(   )。
    A. 采样过程   B. 采样系统的采样过程
    C. 采样系统的稳态响应过程   D. 连续系统的采样过程

8. 用来实现采样过程的装置称为(   )。

　　A. 滤波器　　　　B. 低通滤波器　　　C. 采样开关　　　D. 采样器

9. 说法正确的是：(　　)。

　　A. 周期函数 $\delta_\tau(t)$ 的傅立叶级数为 $\dfrac{1}{T}\sum\limits_{k=-\infty}^{\infty}\mathrm{e}^{jk\omega_s t}$

　　B. 采样函数 $f^*(t)$ 的数学描述为 $\dfrac{1}{T}\sum\limits_{k=-\infty}^{\infty}f(t)\mathrm{e}^{jk\omega_s t}$

　　C. 采样函数 $f^*(t)$ 的传递函数为 $\dfrac{1}{T}\sum\limits_{k=-\infty}^{\infty}F(s-jk\omega_s)$

　　D. 采样函数 $f^*(t)$ 的频谱为 $\dfrac{1}{T}\sum\limits_{k=-\infty}^{\infty}F(j\omega-jk\omega_s)$

10. 为了准确浮现连续信号 $f(t)$，必须使离散信号的频谱中各个部分相互不重叠。相邻两部分频谱互不重叠的条件是(　　)。

　　A. $\omega_s < 2\omega_m$　　B. $\omega > 2\omega_m$　　C. $\omega_s \geq 2\omega_m$　　D. C 对

11. 如果连续信号 $f(t)$ 是有限带宽信号，即 $\omega_s > 2\omega_m$ 时，$F(\omega)=0$；而 $f^*(t)$ 是 $f(t)$ 的理想采样信号，若采样频率 $\omega_s \geq 2\omega_m$，则一定可以由采样信号 $f^*(t)$ 完全地恢复出 $f(t)$ 来，这就是(　　)采样定理。

　　A. 初值　　　　　B. 终值　　　　　C. 香农　　　　D. A、B 不对

12. 零阶保持器能够把前一时刻 kT 采样值 $f(kT)$ (　　)下一个采样时刻 $(k+1)T$。

　　A. 一直衰减到　　　　　　　　　B. 一直增加到

　　C. 一直保持到　　　　　　　　　D. 不增不减地保持到

13. 求采样函数 $f^*(t)$ 的 z 变换的方法有(　　)。

　　A. 级数求和法　　　　　　　　　B. 部分分式法

　　C. 长除法　　　　　　　　　　　D. 级数求和法和部分分式法

14. z 变换的性质有(　　)，通过这些性质可以求出更多函数的 z 变换，并为求解差分方程打下基础。

　　A. 线性性质、滞后定理

　　B. 超前定理、复位移定理

　　C. 初值定理、终值定理

　　D. 线性性质、滞后定理、超前定理、复位移定理、初值定理和终值定理

15. 常用的 z 反变换方法为(　　)两种。

　　A. 部分分式法　　　　　　　　　B. 级数求和法

　　C. 长除法　　　　　　　　　　　D. 长除法和部分分式法

16. 差分方程是采样系统输入输出关系的时域方程，通常用(　　)来求解差分方程。

　　A. z 变换　　　　　　　　　　　B. z 反变换

　　C. 迭代法　　　　　　　　　　　D. z 变换和迭代法

17. 差分方程的解法为(　　)。

　　A. z 变换　　　B. 代数法　　　C. 迭代法　　　D. z 变换和迭代法

18. 在采样控制系统中，当对系统施加单位阶跃函数时，下列四种说法正确的是：(　　)

A. Ⅰ型系统的稳态误差是常值

B. Ⅱ型系统的稳态误差是0

C. Ⅲ或Ⅲ以上系统的稳态误差是 ∞

D. A、B、C 都对

19. 在采样控制系统的闭环脉冲函数中，p_k 为闭环脉冲函数的极点。下列四种说法正确的是：（　　）。

A. 当 $0 < p_k < 1$ 时，该极点所对应的暂态分量的是单调收敛的

B. 当 $p_k > 1$ 时，该极点所对应的暂态分量的是单调发散的

C. 当 $-1 < p_k < 0$ 时，该极点所对应的暂态分量的是正负交替收敛的

D. 当 $p_k < -1$ 时，该极点所对应的暂态分量的是正负交替发散的

7.1.4　计算题

7.1.4.1　求下例函数的 z 变换

1. $f(t) = 2te^{-2t}$

2. $f(t) = \sin\omega t$

3. $f(t) = 1 - e^{-at}$

4. $f(t) = e^{-at}\cos\omega t$

5. $f(t) = e^{-at}$

7.1.4.2　求下例拉氏变换式的 z 变换。

1. $F(s) = \dfrac{1}{(s+a)(s+b)}$

2. $F(s) = \dfrac{1}{s(s+1)}$

3. $F(s) = \dfrac{s+3}{(s+1)(s+2)}$

4. $F(s) = \dfrac{1 - e^{-s}}{s^2(s+1)}$，试求其 z 变换 $F(z)$。

7.1.4.3　求下例 z 变换 $F(z)$ 的 z 反变换。

1. $F(z) = \dfrac{z}{(z-1)(z-2)}$

2. $F(z) = \dfrac{2z^2}{(z-0.8)(z-0.1)}$

3. $F(z) = \dfrac{z^3 - 3z^2 + 3z}{(z-1)^2(z-2)}$

4. $F(z) = \dfrac{10z}{(z-1)(z-2)}$

5. $F(z) = \dfrac{(1 - e^{aT})z}{(z-1)(z-e^{-aT})}$

7.1.4.4　求解下例差分方程，结果用 $c(nT)$ 表示。

1. $c(k+2) + 4c(k+1) + 3c(k) = 2k$，$c(0) = c(1) = 0$

2. $c(k+3) + 6c(k+2) + 11c(k+1) + 6c(k) = 0$ ，其中 $c(0) = c(1) = 1$，$c(2) = 0$

7.1.4.5 确定下列 z 函数的初值和终值。

1. $F(z) = \dfrac{z^2}{(z-0.8)(z-0.1)}$

2. $F(z) = \dfrac{Tz^{-1}}{(1-z^1)^2}$

3. $F(z) = \dfrac{2+z^{-2}}{(1-0.5z^{-1})(1-z^{-1})}$

7.1.5 根据系统结构图计算

1. 已知采样控制系统结构图如下图所示，试求该系统的闭环传递函数。

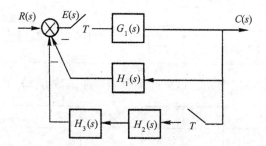

2. 已知采样控制系统结构图如下图所示，采样周期为 T，试求该采样系统的输出表达式 $C(z)$。

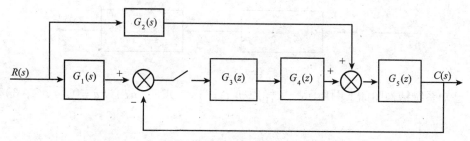

3. 采样系统如下图所示，其中 $G(s)$ 对应的 Z 变换式为 $G(z)$，已知：

$$G(z) = \frac{K(z+0.76)}{(z-1)(z-0.45)}, (K>0)$$，问：闭环系统稳定时，K 应如何取值？

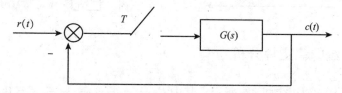

4. 设采样系统结构图如下图所示，其中 $r(t) = \delta(t)$，$T = 0.1\text{s}$。试求采样输出 $c(nT)$，$n = 0,1,2,3$。

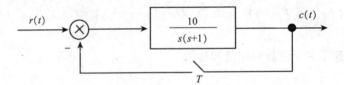

5. 已知采样系统如下图所示，采样周期 $T = 1\mathrm{s}$ 。试求闭环系统稳定时 K 的取值范围。

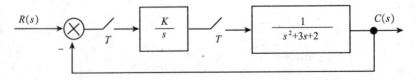

6. 已知采样系统结构图如下图所示，采样周期 $T = 0.5\mathrm{s}$, $G(s) = \dfrac{2}{s(s+2)}$, 设计 $D(z)$ 使系统在 $r(t) = 1(t)$ 作用下为最少拍无差系统。

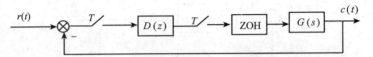

7. 设开环采样系统如下图所示，试求开环脉冲传递函数 $G(z)$ 。

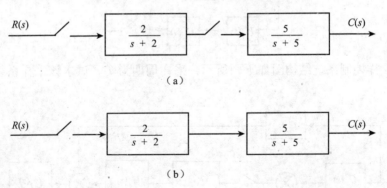

8. 已知系统结构图如下图所示，采样周期 $T = 1\mathrm{s}$, 求 $c(nT)$ $(n = 0, 1, 2, 3)$ 。

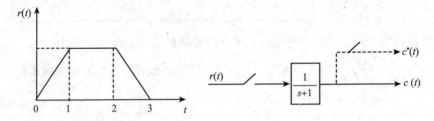

7.1.6　采样系统的稳定性分析

1. 设离散系统的结构图如下图所示，其中 $G(s) = \dfrac{1}{s(0.1s+1)}$, $T = 0.1\mathrm{s}$, 输入信号为 $r(t) = 1(t) + 5t$, 试求系统的稳态误差。

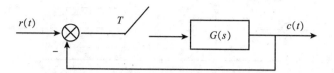

2. 采样系统结构图如下图所示，设 $T = 0.2\text{s}$，输入信号为 $r(t) = 1 + t + \dfrac{1}{2}t^2$，

试用静态误差系数法求系统的稳态误差。

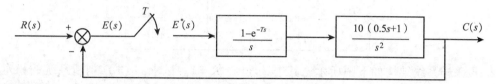

3. 已知系统结构图如下图所示，其中 $K = 10$，$T = 0.2\text{s}$，$r(t) = 1 + t + 3t^2$，试求其闭环脉冲传递函数，并计算其稳态误差。

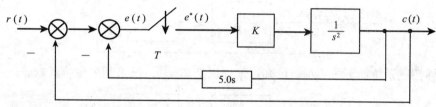

4. 已知采样系统的闭环特征式为

$$D(z) = (z^2 + z - 0.75)(z + 0.5)(z - 0.3)$$

试判断该闭环系统的稳定性，并说明原因。

5. 已知某采样系统 z 域的闭环特征方程为

$$45z^3 - 117z^2 + 119z - 39 = 0$$

试用双线性变换判别该系统的稳定性。

6. 求下图示采样控制系统的稳态位置误差，其中 $r(t) = 1(t)$，采样周期 $T = 1\text{s}$。

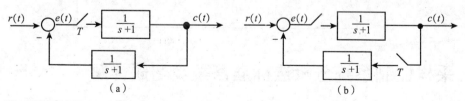

（a）　　　　　　　　　　　　　　　（b）

7. 设系统的结构如下图所示，设采样周期 $T = 1\text{s}$，$K = 10$，试分析系统的稳定性，并求系统的临界放大系数。

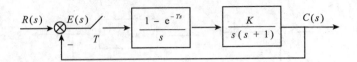

7.1.7 求采样系统的单位阶跃响应

1. 采样控制系统如下图所示，试求其单位阶跃响应。已知：采样周期 $T = 1\text{s}$。

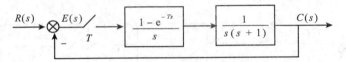

2. 设采样系统结构如下图所示，其中 $T = 1\text{s}$，$K = 1$。试求：（1）判断系统的稳定性；（2）求闭环脉冲传递函数和输入输出差分方程；（3）求单位阶跃响应第二拍及第三拍的值，其中初值 $c(0) = 0, c(1) = 0.368$。

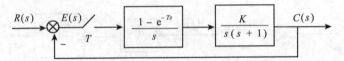

3. 采样控制系统如下图所示，已知：采样周期 $T = 1\text{s}$，试求其单位阶跃响应。

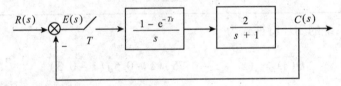

4. 已知采样系统结构图如下图所示，采样周期 $T = 1\text{s}$，$G(s) = \dfrac{1}{s(s+1)}$，设计 $D(z)$ 使系统在 $r(t) = 1(t)$ 作用下为最少拍无差系统，并说明系统经过几拍后输出完全跟踪输入，为什么？

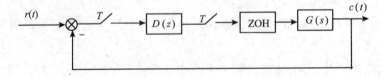

7.2 采样控制系统分析法标准答案及习题详解

7.2.1 填空题标准答案

1. 连续
2. 离散
3. 采样
4. 数字

5. 采样开关

6. 稳定性、稳态性能和暂态性能

7. 采样过程

8. 采样开关

9. 频谱分析

10. $\dfrac{1}{T}\displaystyle\sum_{k=-\infty}^{\infty} e^{jk\omega_s t}$

11. $\omega_s \geqslant 2\omega_m$

12. 香农

13. 不增不减地保持到

14. $f(t) = f(kT)$

15. $Gh(s) = \dfrac{1 - e^{-Ts}}{s}$

16. 代数方程

17. 级数求和法和部分分式法

18. 线性性质、滞后定理、超前定理复位移定理、初值定理和终值定理

19. z 反变换

20. 长除法和部分分式法

21. z 变换

22. 迭代法

23. z 平面

24. 不能

25. 单调收敛的

26. 单调发散的

27. 正负交替收敛的

28. 正负交替发散的

29. 终值定理

30. $e(\infty) = \dfrac{1}{1 + K_p}$

31. 0

32. 0

33. 常值

34. 0

35. ∞

36. 常值

37. 0

7.2.2　单项选择题标准答案

1. A　　2. C　　3. B　　4. D　　5. A　　6. D　　7. A　　8. C

9. B	10. A	11. C	12. C	13. D	14. D	15. C	16. B
17. D	18. D	19. A	20. D	21. D	22. C	23. B	24. A
25. B	26. C	27. D	28. D	29. A	30. B	31. B	32. D
33. B	34. C	35. D	36. B				

7.2.3 多项选择题标准答案

1. AD	2. CD	3. BD	4. CD	5. AD	6. ABCD	7. AB
8. CD	9. ABCD	10. CD	11. CD	12. CD	13. ABD	14. ABCD
15. ACD	16. ACD	17. ACD	18. ABCD	19. ABCD		

7.2.4 计算题习题详解

7.2.4.1 求下列函数的 z 变换

1. 解：函数 $f_1(t) = t$ 的 z 变换为

$$F_1(z) = \frac{Tz^{-1}}{(1 - z^{-1})^2} = \frac{Tz}{(z - 1)^2}$$

根据复位移定理有

$$F(z) = 2F_1(ze^{-2T}) = \frac{2e^{-2T}Tz}{(z - e^{-2T})^2}$$

2. 解：由 $f(t) = \sin\omega t$ ，应用欧拉公式

$$\sin\omega t = \frac{1}{2j}\left[e^{j\omega t} - e^{-j\omega t}\right]$$

按指数函数 z 变换为

$$Z(e^{-aT}) = \frac{z}{z - e^{-aT}}$$

因此可得

$$Z[\sin\omega t] = Z\left[\frac{e^{j\omega t} - e^{-j\omega t}}{2j}\right] = \frac{1}{2j}\left[\frac{z}{z - e^{j\omega T}} - \frac{z}{z - e^{-j\omega T}}\right]$$

$$= \frac{z(e^{j\omega t} - e^{-j\omega t})}{z^2 - z(e^{j\omega T} + e^{-j\omega T}) + 1}\frac{1}{2j} = \frac{z\sin\omega T}{z^2 - 2z\cos\omega T + 1}$$

3. 解：由 z 变换定义，有

$$F(z) = Z[1 - e^{-at}]$$

$$= \frac{1}{1 - z^{-1}} - \frac{1}{1 - e^{-aT}z^{-1}}$$

$$= \frac{z}{z - 1} - \frac{z}{z - e^{-aT}}$$

$$= \frac{z(1 - e^{-aT})}{(z - 1)(z - e^{-aT})}$$

4. 解：由 $f(t) = \cos\omega t$ 应用欧拉公式

$$\cos\omega t = \frac{1}{2}\left[\,e^{j\omega t} + e^{-j\omega t}\,\right]$$

$$Z[\cos\omega t] = Z\left[\frac{e^{j\omega t} + e^{-j\omega t}}{2}\right] = \frac{1}{2}\left[\frac{z}{z - e^{j\omega T}} + \frac{z}{z - e^{-j\omega T}}\right]$$

$$= \frac{1}{2}\frac{2z^2 - z(e^{j\omega T} + e^{-j\omega T})}{z^2 - z(e^{j\omega T} + e^{-j\omega T}) + 1} = \frac{z(z - \cos\omega T)}{z^2 - 2z\cos\omega T + 1}$$

应用复位移定理将 z 用 ze^{aT} 代换后得到函数 $e^{-at}\cos\omega t$ 的 z 变换为

$$Z(e^{-at}\cos\omega t) = \frac{ze^{-aT}(ze^{-aT} - \cos\omega T)}{(ze^{-aT})^2 - 2ze^{-aT}\cos\omega T + 1}$$

5. 解：由于 $f(t) = e^{-at}$，a 为实数，采样后 $f(kT) = e^{-akT}$，根据定义，z 变换为

$$F(z) = \sum_{k=0}^{\infty} e^{-akT}z^{-k} = 1 + e^{-aT}z^{-1} + e^{-2aT}z^{-2} + \dots$$

对上式等比级数求和有

$$F(z) = \frac{1}{1 - e^{-aT}z^{-1}} = \frac{z}{z - e^{-aT}}$$

7.2.4.2　求下例拉氏变换式的 z 变换 $F(z)$

1. 解：将 $F(s)$ 展开部分分式为

$$F(s) = \frac{1}{(s + a)(s + b)} = \frac{1}{b - a}\left(\frac{1}{s + a} - \frac{1}{s + b}\right)$$

作拉氏反变换得

$$f(t) = L^{-1}\left[\frac{1}{b - a}\left(\frac{1}{s + a} - \frac{1}{s + b}\right)\right] = \frac{1}{b - a}(e^{-at} - e^{-bt})$$

作 z 变换得到

$$F(z) = \frac{1}{b - a}Z[e^{-at} - e^{-bt}] = \frac{1}{b - a}\left[\frac{z}{z - e^{-aT}} - \frac{z}{z - e^{-bT}}\right]$$

$$= \frac{1}{b - a}\frac{z(e^{-aT} - e^{-bT})}{(z - e^{-aT})(z - e^{-bT})}$$

2. 解：将 $F(s)$ 展成部分分式为

$$F(s) = \frac{1}{s(s + 1)} = \frac{1}{s} - \frac{1}{s + 1}$$

作拉氏反变换得

$$f(t) = L^{-1}\left[\frac{1}{s} - \frac{1}{s + 1}\right] = 1(t) - e^{-t}$$

作 z 变换得到

$$F(z) = Z[1(t) - \mathrm{e}^{-t}] = \frac{1}{1 - z^{-1}} - \frac{1}{1 - z^{-1}\mathrm{e}^{-T}} = \frac{z(1 - \mathrm{e}^{-T})}{(z - 1)(z - \mathrm{e}^{-T})}$$

3. 解：由 $F(s) = \dfrac{(s + 3)}{(s + 1)(s + 2)} = \dfrac{2}{s + 1} - \dfrac{1}{s + 2}$ 可得

$$F(z) = \frac{2z}{z - \mathrm{e}^{-T}} - \frac{z}{z - \mathrm{e}^{-2T}}$$

$$F(z) = \frac{z(z + \mathrm{e}^{-T} - 2\mathrm{e}^{-2T})}{z^2 - (\mathrm{e}^{-T} + \mathrm{e}^{-2T})z + \mathrm{e}^{-3T}}$$

4. 解：将 $F(s)$ 展成部分分式为

$$F(s) = \frac{1 - \mathrm{e}^{-s}}{s^2(s + 1)} = (1 - \mathrm{e}^{-s})\left(\frac{1}{s^2} - \frac{1}{s} + \frac{1}{s + 1}\right)$$

作 z 变换得到

$$F(z) = Z\left[(1 - \mathrm{e}^{-s})\left(\frac{1}{s^2} - \frac{1}{s} + \frac{1}{s + 1}\right)\right]$$

$$= (1 - z^{-\frac{1}{T}})\left[\frac{Tz}{(z - 1)^2} - \frac{z}{z - 1} + \frac{z}{z - \mathrm{e}^{-T}}\right]$$

$$F(z) = \frac{(T - 1 + \mathrm{e}^{-T})z + 1 - (T + 1)\mathrm{e}^{-T}}{z^2 - (1 + \mathrm{e}^{-T})z + \mathrm{e}^{-T}}$$

7.2.4.3 求下列 z 变换 $F(z)$ 的 z 反变换

1. 解：采用部分分式法

$$F(z) = \frac{z}{(z - 1)(z - 2)} = -\frac{z}{(z - 1)} + \frac{z}{(z - 2)}$$

查 z 反变换表有

$$Z\left[-\frac{z}{(z - 1)}\right] = -1(n) , Z\left[\frac{z}{(z - 2)}\right] = 2^n$$

得到的 z 反变换为

$$Z^{-1}[F(z)] = -1(t) + 2^{\frac{t}{T}}$$

2. 解：用长除法解 $F(z) = 2\dfrac{z^2}{(z^2 - 0.9z + 0.08)} = 2F'(z)$

$$F'(z) = z^2 - 0.9z + 0.08 \overline{\smash{\big)}\,z^2} \quad \dfrac{1 + 0.9z^{-1} + 0.73z^{-2} + 0.585z^{-3} + \cdots}{}$$

$$\dfrac{-)z^2 - 0.9z + 0.08}{0.9z - 0.08}$$

$$\dfrac{-)0.9z - 0.81 + 0.072z^{-1}}{0.73 - 0.072z^{-1}}$$

$$\dfrac{-)0.73 - 0.657z^{-1} + 0.058z^{-2}}{0.585z^{-1} - 0.058z^{-2}}$$

$$\vdots$$

$$F(z) = 2F'(z) = 2(1 + 0.9z^{-1} + 0.73z^{-2} + 0.585z^{-3} + \cdots)$$

$$x^*(t) = 2[\delta(t) + 0.9\delta(t-T) + 0.73\delta(t-2T) + 0.585\delta(t-3T) + \cdots]$$

3. 解：分解部分分式

$$F(z) = \frac{z^3 - 4z^2 + 4z + z^2 - z}{(z-1)^2(z-2)} = \frac{z(z-2)^2 + z(z-1)}{(z-1)^2(z-2)} = \frac{z(z-2)}{(z-1)^2} - \frac{z}{(z-1)(z-2)}$$

$$= -\frac{z}{(z-1)^2} + \frac{z}{(z-1)} - \left[-\frac{z}{(z-1)} + \frac{z}{(z-2)} \right]$$

$$= -\frac{z}{(z-1)^2} + \frac{2z}{(z-1)} - \frac{z}{(z-2)}$$

$$x^*(t) = -\frac{t}{T} + 2 - 2^{\frac{t}{T}}$$

4. 解：（1）利用长除法计算。

$$F(z) = \frac{10z}{(z-1)(z-2)} = \frac{10z^{-1}}{1 - 3z^{-1} + 2z^{-2}}$$

$$1 - 3z^{-1} + 2z^{-2} \overline{\smash{\big)}\,10z^{-1}} \quad \dfrac{10z^{-1} + 30z^{-2} + 70z^{-3} + \cdots}{}$$

$$\dfrac{10z^{-1} - 30z^{-2} + 20z^{-3}}{30z^{-2} - 20z^{-3}}$$

$$\dfrac{30z^{-2} - 90z^{-3} + 60z^{-4}}{70z^{-3} - 60z^{-4}}$$

$$\vdots$$

$$F(z) = 10z^{-1} + 30z^{-2} + 70z^{-3} + \cdots$$

$$f^*(t) = Z^{-1}[F(z)] = 10\delta(t-T) + 30\delta(t-2T) + 70\delta(t-3T) + \cdots$$

（2）采用部分分式法。

$$F(z) = \frac{10z}{(z-1)(z-2)} = 10\left(\frac{z}{z-2} - \frac{z}{z-1} \right)$$

得到的 z 反变换为

$$Z\left[-\frac{z}{(z-1)}\right] = -1(n) \ , \ Z\left[\frac{z}{(z-2)}\right] = 2^n$$

所以

$$f(nT) = (-1 + 2^n) \times 10$$

即采样函数

$$f^*(t) = [f(0)\delta(t) + f(T)\delta(t-T) + \cdots] \times 10$$

其中 $f(0) = 0$, $f(T) = 10$, $f(2T) = 30$, $f(4T) = 70, \cdots$

$$f^*(t) = 10\delta(t-T) + 30\delta(t-2T) + 70\delta(t-3T) + \cdots$$

5. 解：因为

$$\frac{F(z)}{z} = \frac{1 - e^{aT}}{(z-1)(z-e^{-aT})} = \frac{1}{z-1} - \frac{1}{z-e^{-aT}}$$

所以

$$F(z) = \frac{z}{z-1} - \frac{z}{z-e^{-aT}}$$

$$f(nT) = 1 - e^{-anT}$$

$$f^*(t) = f(0)\delta(t) + f(T)\delta(t-T) + f(2T)\delta(t-2T) + f(3T)\delta(t-3T)\cdots$$

其中 $f(0) = 0$, $f(T) = 1 - e^{-aT}$, $f(2T) = 1 - e^{-2aT}$, $f(3T) = 1 - e^{-3aT}\cdots$

$$f^*(t) = (1 - e^{-aT})\delta(t-T) + (1 - e^{-2aT})\delta(t-2T) + (1 - e^{-3aT})\delta(t-3T)\cdots$$

7.2.4.4 求解下列差分方程，结果用 $c(nT)$ 表示

1. 解：对差分方程两边取 z 变换，得

$$[z^2 C(z) - z^2 c(0) - zc(1)] + 4[zC(z) - zc(0)] + 3C(z) = 2\frac{z}{(z-1)^2}$$

代入初始条件并整理 $(z^2 + 4z + 3)C(z) = 2\dfrac{z}{(z-1)^2}$

$$C(z) = \frac{1}{(z^2+4z+3)} \times \frac{2z}{(z-1)^2} = \frac{2z}{(z+1)(z+3)(z-1)^2}$$

用反变换公式法求得

$$c(nT) = \frac{n}{4} - \frac{3}{16} + \frac{1}{4}(-1)^n \times \frac{1}{16}(-3)^n \quad n = 0,1,2,3,\cdots$$

2. 解：对差分方程两边取 z 变换，得

$$[z^3 C(z) - z^3 c(0) - z^2 c(1) - zc(2)] + 6[z^2 C(z) - z^2 c(0) - zc(1)] +$$
$$11[zC(z) - zc(0)] + 6c(z) = 0$$

代入初始条件，并进行分解部分分式得

$$C(z)\left[z^3 + 6z^2 + 11z + 6\right] = z^3 + 7z^2 + 17z$$

$$C(z) = \frac{z^3 + 7z^2 + 17z}{z^3 + 6z^2 + 11z + 6}$$

$$C(z) = \frac{11}{2}\frac{z}{z+1} - 7\frac{z}{z+2} + \frac{5}{2}\frac{z}{z+3}$$

z 反变换得

$$c(nT) = \frac{11}{2}(-1)^n - 7(-2)^n + \frac{5}{2}(-3)^n \qquad n = 1,2,3,\cdots$$

7.2.4.5　确定下列函数的初值和终值

1. 解：由初值定理有

$$
\begin{aligned}
f(0) &= \lim_{t \to 0} f^*(t) = \lim_{z \to \infty} F(z) = \lim_{z \to \infty} \frac{z^2}{(z - 0.8)(z - 0.1)} \\
&= \lim_{z \to \infty} \frac{1}{\left(1 - \dfrac{0.8}{z}\right)\left(1 - \dfrac{0.1}{z}\right)} = 1
\end{aligned}
$$

由于 $F(z)$ 的极点都位于单位圆内，故由终值定理有

$$f(\infty) = \lim_{t \to \infty} f^*(t) = \lim_{z \to 1}(1 - z^{-1})F(z) = \lim_{z \to 1}\frac{z(z-1)}{(z - 0.8)(z - 0.1)} = 0$$

2. 解：由初值定理有

$$f(0) = \lim_{t \to 0} f^*(t) = \lim_{z \to \infty} F(z) = \lim_{z \to \infty} \frac{Tz^{-1}}{(1 - z^{-1})^2} = 0$$

由终值定理有

$$f(\infty) = \lim_{t \to \infty} f^*(t) = \lim_{z \to 1}(1 - z^{-1})F(z) = \lim_{z \to 1}\frac{Tz^{-1}}{(1 - z^{-1})} = \infty$$

3. 解：由初值定理有

$$f(0) = \lim_{t \to 0} f^*(t) = \lim_{z \to \infty} F(z) = \lim_{z \to \infty} \frac{2 + z^{-2}}{(1 - 0.5z^{-1})(1 - z^{-1})} = 2$$

将 $F(z)$ 整理

$$F(z) = \frac{2z^2 + 1}{(z - 0.5)(z - 1)}$$

显然 $F(z)$ 的极点都位于单位圆内，故由终值定理有

$$f(\infty) = \lim_{t \to \infty} f^*(t) = \lim_{z \to 1}(1 - z^{-1})F(z) = \lim_{z \to 1}\frac{z - 1}{z}\frac{2z^2 + 1}{(z - 0.5)(z - 1)} = 6$$

7.2.5　根据系统结构图计算

1. 解：法（一）由系统结构图有

$$C(z) = G_1(z)E(z)$$

$$E(z) = R(z) - H_1G_1(z)E(z) - H_2H_3(z)C(z)$$

$$E(z) = \frac{R(z) - H_2H_3(z)C(z)}{1 + H_1G_1(z)}$$

所以

$$C(z) = \frac{G_1(z)R(z) - H_2H_3(z)G_1(z)C(z)}{1 + H_1G_1(z)}$$

$$G_B(z) = \frac{C(z)}{R(z)} = \frac{G_1(z)}{1 + H_1G_1(z) + H_2H_3(z)G_1(z)}$$

法（二）直接应用梅森公式

$$G_B(z) = \frac{C(z)}{R(z)} = \frac{G_1(z)}{1 + H_1G_1(z) + H_2H_3(z)G_1(z)}$$

2. 解：由系统结构图

$$C(z) = RG_2G_5(z) + E(z)G_3G_4G_5(z)$$

$$E(z) = RG_1(z) - C(z)$$

$$C(z) = RG_2G_5(z) + G_3G_4G_5(z)[RG_1(z) - C(z)]$$

所以

$$C(z) = \frac{RG_2G_5(z) + G_3G_4G_5(z)RG_1(z)}{1 + G_3G_4G_5(z)}$$

3. 解：系统的开环脉冲传递函数为

$$G(z) = \frac{K(z + 0.76)}{(z - 1)(z - 0.45)}$$

系统的闭环特征方程为

$$z^2 + (K - 1.45)z + 0.76K + 0.45 = 0$$

令 $z = \dfrac{w + 1}{w - 1}$，代入后得到

$$1.76Kw^2 + (1.1 - 1.52K)w + 2.9 - 0.24K = 0$$

对于二阶系统，各项系数大于零，则系统稳定，因此

$$\begin{cases} 1.76K > 0 \\ 1.1 - 1.52K > 0 \\ 2.9 - 0.24K > 0 \end{cases}$$

则得系统稳定的 K 值范围为

$$0 < K < 0.724$$

4. 解：由图知，开环传递函数为

$$G(s) = \frac{10}{s(s+1)} = 10\left(\frac{1}{s} - \frac{1}{s+1}\right)$$

开环脉冲传递函数为

$$G(z) = 10\left(\frac{z}{z-1} - \frac{z}{z - e^{-T}}\right)$$

$$= \frac{10z(1 - e^{-T})}{(z-1)(z - e^{-T})}$$

因 $T = 0.1$，故有

$$G(z) = \frac{0.95z}{(z-1)(z - 0.905)}$$

由于 $r(t) = \delta(t)$，$R(s) = 1$，所以

$$GR(z) = Z\left[\frac{10}{s(s+1)}\right] = \frac{0.95z}{(z-1)(z - 0.905)}$$

输出 z 变换

$$C(z) = \frac{GR(z)}{1 + G(z)}$$

$$= \frac{0.95z}{(z-1)(z - 0.905) + 0.95z}$$

$$= \frac{0.95z}{z^2 - 0.955z + 0.905}$$

应用长除法，得

$$C(z) = 0.95z^{-1} + 0.907z^{-2} + 0.006z^{-3} + \ldots$$

故所求采样输出为

$$c(0) = 0，c(T) = 0.95\ c(2T) = 0.907，c(3T) = 0.006$$

5. 解：由图可知

$$G_1(s) = \frac{K}{s}，G_2(s) = \frac{1}{s^2 + 3s + 2} = \frac{1}{(s+1)(s+2)}$$

z 变换为

$$G_1(z) = Z\left[\frac{K}{s}\right] = \frac{Kz}{z-1}$$

$$G_2(s) = Z\left[\frac{1}{(s+1)(s+2)}\right] = Z\left[\frac{1}{s+1} - \frac{1}{s+2}\right]$$

$$= \frac{z}{z - e^{-T}} - \frac{z}{z - e^{-2T}}$$

$$= \frac{z(e^{-T} - e^{-2T})}{(z - e^{-T})(z - e^{-2T})}$$

系统开环脉冲传递函数

$$G(z) = G_1(z)G_2(z)$$
$$= \frac{Kz^2(e^{-T} - e^{-2T})}{(z - 1)(z - e^{-T})(z - e^{-2T})}$$

代入 $T = 1\mathrm{s}$，可得

$$G(z) = \frac{0.233Kz^2}{(z - 1)(z - 0.368)(z - 0.135)}$$
$$= \frac{0.233Kz^2}{z^3 - 1.503z^2 + 0.553z - 0.05}$$

闭环特征方程为

$$z^3 + (0.233K - 1.053)z^2 + 0.533z - 0.05 = 0$$

令 $z = (w + 1)/(w - 1)$，代入上式，得

$$(0.05 + 0.233K)w^3 + (0.944 + 0.233K)w^2 + (3.95 - 0.233K)w + (3 - 0.233K) = 0$$

列劳斯表如下

$$
\begin{array}{lll}
w^3 & 0.05 + 0.233\mathrm{K} & 3.95 - 0.233\mathrm{K} \\
w^2 & 0.944 + 0.233\mathrm{K} & 3 - 0.233\mathrm{K} \\
w^1 & \dfrac{3.58 + 0.013K}{0.944 + 0.233K} & \\
w^0 & 3 - 0.233\mathrm{K} &
\end{array}
$$

令劳斯表首列各项大于零，得使系统稳定的 K 值范围为

$$0 < K < 12.88$$

6. 解：（1）不考虑 $D(z)$

$$G_0(s) = \frac{2(1 + e^{-Ts})}{s^2(s + 2)}$$

则其拉氏变换为

$$G_0(z) = (1 - z^{-1})Z\left[\frac{2}{s^2(s + 2)}\right] = \frac{1}{2}\frac{z - 1}{z}Z\left[\frac{2}{s^2} - \frac{1}{s} + \frac{1}{(s + 2)}\right]$$
$$= \frac{1}{2}\frac{z - 1}{z}\left[\frac{2Tz}{(z - 1)^2} - \frac{z}{z - 1} + \frac{z}{z - e^{-2T}}\right]$$
$$= \frac{1}{2}\frac{z - 1}{z}\left[\frac{z}{(z - 1)^2} - \frac{z}{z - 1} + \frac{z}{z - 0.368}\right]$$
$$= \frac{0.184z + 0.132}{(z - 1)(z - 0.368)}$$

得

$$D(z) = \frac{1}{G_0(z)} \cdot \frac{G_B(z)}{1 - G_B(z)}$$

在 $r(t) = 1(t)$ 信号作输入时，实现最少拍无差系统，应满足 $G_B(z) = z^{-1}$，所以

$$D(z) = \frac{5.435(1 - 0.368z^{-1})}{1 + 0.717z^{-1}}$$

7. 解：（a）两个环节中间设有采样开关

$$Z\left(\frac{2}{s+2}\right) = \frac{2z}{z - \mathrm{e}^{-2T}}, Z\left(\frac{5}{s+5}\right) = \frac{5z}{z - \mathrm{e}^{-5T}}$$

$$\therefore G(z) = \frac{2z}{z - \mathrm{e}^{-2T}} \times \frac{5z}{z - \mathrm{e}^{-5T}} = \frac{10z^2}{(z - \mathrm{e}^{-2T})(z - \mathrm{e}^{-5T})}$$

（b）两个环节中间无采样开关

$$G(s) = \frac{2}{s+2} \times \frac{5}{s+5} = \frac{10}{3}\left(\frac{1}{s+2} - \frac{1}{s+5}\right)$$

$$\therefore G(Z) = Z\left[\frac{10}{3}\left(\frac{1}{s+2} - \frac{1}{s+5}\right)\right]$$

$$= \frac{10}{3}\left(\frac{z}{z - \mathrm{e}^{-2T}} - \frac{z}{z - \mathrm{e}^{-5T}}\right) = \frac{10z(\mathrm{e}^{-2T} - \mathrm{e}^{-5T})}{3(z - \mathrm{e}^{-2T})(z - \mathrm{e}^{-5T})}$$

8. 解：由题意可知

$$r(0) = 0, r(1) = 1, r(2) = 1, r(3) = 0$$

$$R(z) = \sum_{n=1}^{3} r(nT)z^{-n} = z^{-1} + z^{-2}$$

$$G(z) = Z\left[\frac{1}{s+1}\right] = \frac{z}{z - \mathrm{e}^{-1}} = \frac{1}{1 - 0.368z^{-1}}$$

$$C(z) = G(z)R(z) = z^{-1} + 1.368z^{-2} + 0.503z^{-3} + 0.185z^{-4} + \cdots$$

$$c^*(t) = \delta(t - T) + 1.368\delta(t - 2T) + 0.503\delta(t - 3T) + 0.185\delta(t - 4T) + \cdots$$

所以 $c(0) = 0, c(T) = 1, c(2T) = 1.368, c(3T) = 0.503$。

7.2.6　采样系统的稳定性分析

1. 解：因为系统的开环脉冲传递函数为

$$G(z) = Z\left[\frac{1}{s(0.1s+1)}\right] = Z\left[\frac{1}{s} - \frac{1}{s+10}\right] = \frac{z(1 - \mathrm{e}^{-1})}{(z-1)(z - \mathrm{e}^{-1})} = \frac{0.632z}{(z-1)(z-0.368)}$$

则系统闭环 z 特征方程为

$$1 + G(z) = 0$$

即

$$z^2 - 0.736z + 0.368 = 0$$

闭环极点

$$z_{1,2} = 0.368 \pm j0.482$$

闭环极点均在 z 平面单位圆内，故系统是稳定的，可利用终值定理求稳态误差。

$$e(\infty) = \lim_{z \to 1}(z-1)E(z) = \lim_{z \to 1}(z-1)\frac{1}{1+G(z)}R(z)$$

当 $r(t) = 1(t)$ 时，$R(z) = \dfrac{z}{z-1}$，故

$$e_1(\infty) = \lim_{z \to 1}(z-1)\frac{(z-1)(z-0.368)}{z^2-0.736z+0.368}\frac{z}{z-1} = 0$$

当 $r(t) = t$ 时，$R(z) = \dfrac{Tz}{(z-1)^2}$，有

$$e_2(\infty) = \lim_{z \to 1}(z-1)\frac{(z-1)(z-0.368)}{z^2-0.736z+0.368}\frac{Tz}{(z-1)^2} = T = 0.1$$

由于 $r(t) = 1(t) + 5t$，所以稳态误差为

$$e(\infty) = e_1(\infty) + 5e_2(\infty) = 0.5$$

2. 解：系统的开环脉冲传递函数为

$$G(z) = (1-z^{-1})Z\left[\frac{10(0.5s+1)}{s^3}\right] = \frac{z-1}{z}\left[\frac{5T^2z(z+1)}{(z-1)^3} + \frac{5Tz}{(z-1)^2}\right]$$

将 $T = 0.2\text{s}$ 代入上式，化简得

$$G(z) = \frac{1.2z - 0.8}{(z-1)^2}$$

系统的特征方程为

$$D(z) = 1 + G(z) = 0$$

即

$$z^2 - 0.8z + 0.2 = 0$$

特征根为 $z_{1,2} = 0.4 \pm j0.2$，均在单位圆内，所以系统稳定。

根据静态误差系数的定义可知

$$K_p = \lim_{z \to 1}G(z) = \lim_{z \to 1}\frac{1.2z-0.8}{(z-1)^2} = \infty$$

$$K_v = \lim_{z \to 1}[(z-1)G(z)] = \lim_{z \to 1}\left[(z-1)\frac{1.2z-0.8}{(z-1)^2}\right] = \infty$$

$$K_a = \lim_{z \to 1}[(z-1)^2 G(s)] = \lim_{z \to 1}\left[(z-1)^2\frac{1.2z-0.8}{(z-1)^2}\right] = 0.4$$

采样时刻的稳态误差为

$$e(\infty) = \frac{1}{1 + K_p} + \frac{T}{K_v} + \frac{T^2}{K_a} = 0.1$$

3. 解：系统的开环脉冲传递函数为

$$G(z) = Z\left[\frac{K(1 + 0.5s)}{s^2}\right] = Z\left[\frac{10(1 + 0.5s)}{s^2}\right]$$

$$= Z\left[\frac{10}{s^2} + \frac{5}{s}\right] = \left[\frac{10Tz}{(z-1)^2} + \frac{5z}{z-1}\right] = \frac{5z^2 - 3z}{(z-1)^2}$$

$$G_B(z) = \frac{Z\left[\dfrac{K}{s^2}\right]}{1 + G(z)} = \frac{\dfrac{2z}{(z-1)^2}}{1 + \dfrac{5z^2 - 3z}{(z-1)^2}} = \frac{2z}{6z^2 - 5z + 1}$$

$r(t) = 1$，$K_p = \lim\limits_{z \to 1} G(z) = \infty$，$e_{ss1} = 0$

$r(t) = t$，$K_v = \lim\limits_{z \to 1} (z-1)G(z) = \infty$，$e_{ss2} = 0$

$r(t) = 3t^2$，$K_a = \lim\limits_{z \to 1} (z-1)^2 G(z) = 2$，$e_{ss3} = \dfrac{6T^2}{K_a} = \dfrac{6 \times 0.04}{2} = 0.12$

系统的稳态误差为

$$e_{ss} = 0 + 0 + 0.12 = 0.12$$

4. 解：令 $D(z) = 0$，求出闭环系统特征根为

$$z_1 = 0.3，z_2 = -0.5，z_3 = 0.5，z_4 = -1.5$$

根据采样控制系统稳定的充分必要条件：$|z_i| < 1, i = 1, 2, \cdots n$，则相应的线性定常采样系统是稳定的，由于 z_4 位于单位圆外，故该闭环系统不稳定。

5. 解：（1）将 $z = \dfrac{w+1}{w-1}$ 代入方程作双线性变换得到

$$45\left(\frac{w+1}{w-1}\right)^3 - 117\left(\frac{w+1}{w-1}\right)^2 + 119\left(\frac{w+1}{w-1}\right)z - 39 = 0$$

整理化简后得

$$w^3 + 2w^2 + 2w + 40 = 0$$

（2）列劳斯表

w^3	1	2	0
w^2	2	40	0
w^1	−18	0	
w^0	40		

由于劳斯表第一列有元素变号，不全大于零，所以该采样系统是不稳定的。

6. 解：（1）系统开环脉冲传递函数为

$$G_a(z) = Z\left[\frac{1}{(s+1)^2}\right] = \frac{Tze^{-T}}{(z - e^{-T})^2}$$

稳态位置误差系数

$$K_p = \lim_{z \to 1} G_a(z) = \lim_{z \to 1} \frac{Tze^{-T}}{(z - e^{-T})^2} = \frac{Te^{-T}}{(1 - e^{-T})^2} = \frac{e^{-1}}{(1 - e^{-1})^2}$$

稳态位置误差

$$e(\infty) = \frac{1}{1 + K_p} \approx 0.52$$

（2）系统开环脉冲传递函数为

$$G_b(z) = Z\left[\frac{1}{(s+1)}\right] Z\left[\frac{1}{(s+1)}\right] = \frac{z^2}{(z - e^{-T})^2}$$

稳态位置误差系数

$$K_p = \lim_{z \to 1}[1 + G_b(z)] = \frac{1}{(1 - e^{-T})^2} = \frac{1}{(1 - e^{-1})^2} \approx 2.5$$

稳态位置误差

$$e(\infty) = \frac{1}{1 + K_p} = 0.29$$

7. 解：（1）系统的开环传递函数为

$$G(s) = \frac{K(1 - e^{-Ts})}{s^2(s+1)} = \frac{10(1 - e^{-s})}{s^2(s+1)}$$

对上式取 z 变换，得开环脉冲传递函数为

$$G(z) = \frac{10(0.368z + 0.264)}{z^2 - 1.368z + 0.368}$$

采样系统的闭环脉冲传递函数为

$$G_B(z) = \frac{C(z)}{R(z)} = \frac{G(z)}{1 + G(z)} = \frac{3.68z + 2.64}{z^2 + 2.31z + 3}$$

系统的特征式为

$$z^2 + 2.31z + 3 = 0$$

求解上述方程可得 $z_1 = -1.16 + j1.29$，$z_1 = -1.16 - j1.29$，显然分布在单位圆外，因此该系统是不稳定的。

（2）由系统开环脉冲传递函数

$$G(s) = \frac{K(0.368z + 0.264)}{z^2 - 1.368z + 0.368}$$

求得系统的特征方程为

$$z^2 - (1.368 - 0.368K)z + (0.368 + 0.264K) = 0$$

令 $z = \dfrac{w+1}{w-1}$ 代入特征方程作双线性变换得到

$$(2.736 - 0.104K)w^2 + (1.264 - 0.528K)w + 0.632K = 0$$

列劳斯表：

$$
\begin{array}{lll}
w^2 & 2.736 - 0.104\mathrm{K} & 0.632\mathrm{K} \\
w^1 & 1.264 - 0.528\mathrm{K} & 0 \\
w^0 & 0.632\mathrm{K} &
\end{array}
$$

要使系统临界稳定，系数为 $K = 2.39$。

7.2.7 求采样系统的单位阶跃响应

1. 解：闭环系统脉冲传递函数为：

$$G_B(z) = \frac{C(z)}{R(z)} = \frac{G(z)}{1 + G(z)}$$

$$G(z) = Z\left[\frac{1 - \mathrm{e}^{-Ts}}{s^2(s+1)}\right] = (1 - z^{-1})Z\left[\frac{1}{s^2(s+1)}\right] = (1 - z^{-1})Z\left[\frac{1}{s^2} - \frac{1}{s} + \frac{1}{(s+1)}\right]$$

$$= (1 - z^{-1})\left[\frac{z}{(z-1)^2} - \frac{z}{z-1} + \frac{z}{z - \mathrm{e}^{-1}}\right] G(z) = \frac{\mathrm{e}^{-1}z + 1 - 2\mathrm{e}^{-1}}{z^2 - (1 + \mathrm{e}^{-1})z + \mathrm{e}^{-1}}$$

$$= \frac{0.368z + 0.264}{z^2 - 1.368z + 0.368}$$

单位阶跃信号的 z 变换为

$$R(z) = Z\left[\frac{1}{s}\right] = \frac{z}{z-1}$$

所以输出的 z 变换为

$$C(z) = \frac{G(z)R(z)}{1 + G(z)} = \frac{\dfrac{0.368z + 0.264}{z^2 - 1.368z + 0.368}}{1 + \dfrac{0.368z + 0.264}{z^2 - 1.368z + 0.368}} \times \frac{z}{z-1}$$

$$= \frac{0.368z^2 + 0.264z}{z^3 - 2z^2 + 1.632z - 0.632}$$

采用长除法可得

$$C(z) = 0.368z^{-1} + z^{-2} + 1.34z^{-3} + 1.34z^{-4} + 1.147z^{-5} + 0.894z^{-6} + 802z^{-7} + 0.866z^{-8} + \cdots$$

对 $C(z)$ 进行反变换得

$$c^*(t) = 0.368\delta(t-T) + \delta(t-2T) + 1.34\delta(t-3T) + 1.34\delta(t-4T) + 1.147\delta(t-5T) +$$

$$0.894\delta(t-6T) + 802\delta(t-7T) + 0.866\delta(t-8T) + \cdots = \sum_{n=0}^{\infty} c(nT)\delta(t-nT)$$

其中：$c(0) = 0$，$c(1) = 0.368$，$c(2) = 1.000$，$c(3) = 1.340$，$c(4) = 1.340$，$c(5) = 1.147$，$c(6) = 0.894$，$c(7) = 0.802$，$c(8) = 866$，$\cdots$

2. 解：（1）开环脉冲传递函数为

$$G(z) = \frac{0.368z + 0.264}{z^2 - 1.368z + 0.368}$$

系统闭环特征方程为

$$D(z) = z^2 - z + 0.632 = 0$$

$$\therefore z_{1,2} = 0.5 \pm 0.618j$$

又 $\because$ $|z_{1,2}| = 0.795 < 1$，$\therefore$ 系统稳定。

（2）闭环脉冲传递函数

$$G_B(z) = \frac{C(z)}{R(z)} = \frac{0.368z + 0.264}{z^2 - z + 0.632}$$

所以输入输出的差分方程为

$$c(k+2) - c(k+1) + 0.632c(k) = 0.368r(k+1) + 0.264r(k)$$

（3）求 $c(2)$ 及 $c(3)$。

令 $k = 0$，又因为 $r(k) = 1$，对任意的 k，可得

$$c(2) = c(1) - 0.632c(0) + 0.386r(1) + 0.264r(0) = 1$$

令 $k = 1$，又因为 $r(k) = 1$，对任意的 k，可得：

$$c(3) = c(2) - 0.632c(1) + 0.368r(2) + 0.264r(1) = 1.399$$

3. 解：闭环系统脉冲传递函数为

$$G_B(z) = \frac{C(z)}{R(z)} = \frac{G(z)}{1 + G(z)}$$

$$G(z) = Z\left[\frac{2(1 - e^{-Ts})}{s(s+1)}\right] = 2(1 - z^{-1})Z\left[\frac{1}{s(s+1)}\right] = 2(1 - z^{-1})Z\left[\frac{1}{s} - \frac{1}{(s+1)}\right]$$

$$= 2\frac{z-1}{z}\left[\frac{z}{z-1} - \frac{z}{z - e^{-1}}\right] = 2\left[\frac{z}{z-1} - \frac{z}{z - e^{-1}}\right] = \frac{1.264}{z - 0.368}$$

单位阶跃信号的 z 变换为

$$R(z) = Z\left[\frac{1}{s}\right] = \frac{z}{z-1}$$

系统输出的 z 变换为

$$C(z) = \frac{G(z)R(z)}{1 + G(z)} = \frac{\dfrac{1.264}{z - 0.368}}{1 + \dfrac{1.264}{z - 0.368}} \times \frac{z}{z-1}$$

$$= \frac{1.264z}{z^2 - 0.1z - 0.9} = \frac{1.264z^{-1}}{1 - 0.1z^{-1} - 0.9z^{-2}}$$

采用长除法可得

$$C(z) = 1.264z^{-1} + 0.13z^{-2} + 1.237z^{-3} + \cdots$$

对 $C(z)$ 进行反变换得

$$c^*(t) = 1.264\delta(t - T) + 0.13\delta(t - 2T) + 1.237\delta(t - 3T) + \cdots = \sum_{n=0}^{\infty} c(nT)\delta(t - nT)$$

其中：$c(0) = 0$，$c(1) = 1.264$，$c(2) = 0.13$，$c(3) = 1.340$，$c(4) = 1.237$，$\cdots$

4. 解：（1）不考虑 $D(z)$

$$G_0(s) = \frac{1 + e^{-Ts}}{s^2(s+1)}$$

$$G_0(z) = (1 - z^{-1})Z\left[\frac{1}{s^2(s+1)}\right] = \frac{0.368z + 0.264}{z^2 - 1.368z + 0.368}$$

$$D(z) = \frac{1}{G_0(z)} \cdot \frac{G_B(z)}{1 - G_B(z)}$$

在单位阶跃信号作输入时实现最少拍无差系统，满足 $G_B(z) = z^{-1}$

$$D(z) = \frac{z^2 - 1.368z + 0.368}{0.368z + 0.264}\frac{z^{-1}}{1 - z^{-1}} = \frac{z - 0.368}{0.368z + 0.264}$$

（2）单位阶跃信号作输入，则系统输出的 z 变换为

$$C(z) = G_B(z)R(z) = z^{-1}\frac{z}{z - 1} = \frac{1}{z - 1} = \sum_{k=1}^{\infty} z^{-k}$$

对上式求 z 反变换得

$$c^*(t) = \delta(t - T) + \delta(t - 2T) + \delta(t - 3T) + \delta(t - 4T) + \cdots$$

输出响应如下图所示，根据图形可知系统经过 1 拍后输出完全跟踪输入变化

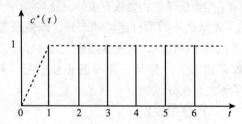

第 8 章　非线性控制系统分析法

8.1　非线性控制系统分析法题库

8.1.1　填空题

1. 非线性系统的研究方法有（　　　）三种。

2. 典型非线性特性有（　　　）四种。

3. 饱和非线性特性在铁磁元件及各种放大器中存在，当输入信号超出线性范围后，输出信号（　　　）输入信号的变化而变化。

4. 当输入信号在零值附近的某一小范围内变化时，死区非线性环节没有输出，只有当信号大于此范围时才有输出，并且输出与输入（　　　）关系。

5. 间隙非线性特性的特点之一是：在元件开始正向运动而输入信号小于间隙宽度时，元件（　　　）；在元件开始正向运动而输入信号大于间隙宽度后，元件的输出信号才随着输入信号的变化而呈线性变化。

6. 继电器非线性特性分为（　　　）等。

7. 在线性系统中，系统的稳定性只与其结构和参数有关，而与初始条件和外加输入信号无关；而非线性系统的稳定性除了与系统的结构参数有关外，还与（　　　）有关。

8. 在非线性系统中，除了发散或收敛两种运动状态外，即使没有外界作用存在，系统本身也会产生具有一定振幅和频率的振荡的情况，这种振荡称之为（　　　）等。

9. 对于非线性系统，如果输入信号为某一频率的正弦信号，其稳态输出一般并不是同频率的正弦信号，而是含有高次谐波分量的（　　　）。

10. 对于非线性系统（　　　）叠加原理。

11. 常用的分析非线性系统的工程方法有（　　　）两种。

12. 相平面法适用于（　　　）的分析。

13. 描述函数法只能用来研究系统的（　　　）。

14. 非线性环节的描述函数倒数的负值称为非线性环节的（　　　）。

15. 应用描述函数法时，应将非线性系统简化为（　　　）连接成的典型结构形式。

16. 当系统由多个非线性环节和多个线性环节组合而成时，可通过（　　　），化为典型结构形式。

17. 若两个非线性环节输入相同，输出相加减，则等效的非线性特性为两个非线性特性(　　　)。

18. 两个非线性环节串联，调换串联环节的先后次序，等效特性将会（　　　）。

19. 相平面法是一种求解二阶非线性常系数微分方程的（　　　）。

20. 如果在直角坐标系中以横坐标表示函数 $x(t)$，以纵坐标表示函数的导数 $\dot{x}(t)$，这样确定的平面称为（　　　）。

21. 相平面上的点随时间变化描绘出的曲线称为（　　　）。

22. 相平面可以（　　　）x、$\dot{x}$ 和原点。

23. 如果所有对称于 x 轴的点 $(x, \dot{x})$ 和 $(x, -\dot{x})$，相轨迹的斜率大小相等、符号相反，则相平面图对称于（　　　）。

24. 如果所有对称于 $\dot{x}$ 轴的点 $(x, \dot{x})$ 和 $(x, -\dot{x})$，相轨迹的斜率大小相等、符号相反，则相平面图对称于（　　　）。

25. 如果所有对称于原点的点 $(x, \dot{x})$ 和 $(-x, -\dot{x})$，相轨迹的斜率大小相等、符号相反，则相平面图对称于（　　　）。

26. 根据特征根的位置，奇点可以分为（　　　）6 种类型。

27. 在相平面中，一种孤立的封闭相轨迹称为（　　　）。

28. 极限环分为（　　　）三种。

29. 非线性系统的主要问题是（　　　）。

30. 消除自激振荡的途径有（　　　）两种。

8.1.2　单项选择题

1. 非线性系统的研究方法有（　　　）。
   A. 描述函数法　　　　　　B. 相平面法
   C. 逆系统法　　　　　　　D. 描述函数法、相平面法和逆系统法

2. 典型非线性特性有（　　　）。
   A. 饱和非线性特性
   B. 死区非线性特性
   C. 间隙非线性特性
   D. 饱和非线性特性、死区非线性特性、间隙非线性特性及继电器非线性特性

3. 饱和非线性特性在铁磁元件及各种放大器中存在，当输入信号超出线性范围后，输出信号（　　　）输入信号的变化而变化。
   A. 伴随　　　　　B. 不随　　　C. 成线性关系的随　　　D. A 对

4. 当输入信号在零值附近的某一小范围内变化时，死区非线性环节没有输出，只有当信号大于此范围时才有输出，并且输出与输入（　　　）关系。
   A. 成正比　　　　　B. 成反比　　　　　C. 呈线性　　　　　D. 都对

5. 间隙非线性特性的特点之一是：在元件开始正向运动而输入信号小于间隙宽度时，元件（　　　）；在元件开始正向运动而输入信号大于间隙宽度后，元件的输出信号才随着输入信号的变化而呈线性变化。
   A. 有信号输出　　　　　　　　B. 无信号输出
   C. 信号微弱　　　　　　　　　D. 信号强大

6. 继电器非线性特性分为（　　）等。

   A. 死区继电器特性

   B. 理想继电器特性

   C. 滞环继电器特性

   D. 死区继电器特性、理想继电器特性和滞环继电器特性

7. 在线性系统中，系统的稳定性只与其结构和参数有关，而与初始条件和外加输入信号无关；而非线性系统的稳定性除了与系统的结构参数有关外，还与（　　）有关。

   A. 结构和参数   B. 初始条件

   C. 输入信号   D. 初始条件和输入信号

8. 在非线性系统中，除了发散或收敛两种运动状态外，即使没有外界作用存在，系统本身也会产生具有一定振幅和频率的振荡的情况，这种振荡称之为（　　）等。

   A. 自激振荡或自振荡   B. 发散振荡

   C. 收敛振荡   D. A、B、C 都错

9. 对于非线性系统，如果输入信号为某一频率的正弦信号，其稳态输出一般并不是同频率的正弦信号，而是含有高次谐波分量的（　　）。

   A. 周期函数   B. 正弦函数

   C. 非正弦周期函数   D. A、B、C 都不对

10. 对于非线性系统（　　）叠加原理。

    A. 能使用   B. 不能使用

    C. 在一定条件下能使用   D. 在特定条件下能使用

11. 常用的分析非线性系统的工程方法有（　　）两种。

    A. 描述函数法和相平面法   B. 相平面法

    C. 校正法   D. 改变非线性特性法

12. 相平面法适用于（　　）的分析。

    A. 一、二阶非线性系统   B. 三阶系统

    C. 高阶系统   D. 都对

13. 饱和非线性特性的描述函数为（　　）。

    A. $N(X) = \dfrac{B_1}{X} = \dfrac{2K}{\pi}\Big[\arcsin\dfrac{S}{X}\sqrt{1-\Big(\dfrac{S}{X}\Big)^2}\,\Big]$

    B. $N(X) = \dfrac{B_1 + jA_1}{X} = \dfrac{K}{\pi}\Big[\dfrac{\pi}{2} + \arcsin\Big(1 - \dfrac{2b}{X}\Big) + 2\Big(1 - \dfrac{2b}{X}\Big)\sqrt{\dfrac{b}{X}\Big(1 - \dfrac{b}{X}\Big)}\,\Big] +$

        $j\dfrac{4Kb}{\pi X}\Big(\dfrac{b}{X} - 1\Big)$

    C. $N(X) = \dfrac{B_1 + jA_1}{X} = \dfrac{2M}{\pi X}\Big[\sqrt{1 - \Big(\dfrac{mh}{X}\Big)^2} + \sqrt{1 - \Big(\dfrac{b}{X}\Big)^2}\,\Big] + j\dfrac{2Mh}{\pi X^2}(m - 1)$

    D. 都对

14. 间隙非线性特性的描述函数为（　　）。

    A. $N(X) = \dfrac{B_1}{X} = \dfrac{2K}{\pi}\Big[\arcsin\dfrac{S}{X}\sqrt{1-\Big(\dfrac{S}{X}\Big)^2}\,\Big]$

B. $N(X) = \dfrac{B_1 + jA_1}{X} = \dfrac{K}{\pi}\left[\dfrac{\pi}{2} + \arcsin\left(1 - \dfrac{2b}{X}\right) + 2\left(1 - \dfrac{2b}{X}\right)\sqrt{\dfrac{b}{X}\left(1 - \dfrac{b}{X}\right)}\right] +$

$\qquad j\dfrac{4Kb}{\pi X}\left(\dfrac{b}{X} - 1\right)$

C. $N(X) = \dfrac{B_1 + jA_1}{X} = \dfrac{2M}{\pi X}\left[\sqrt{1 - \left(\dfrac{mh}{X}\right)^2} + \sqrt{1 - \left(\dfrac{b}{X}\right)^2}\right] + j\dfrac{2Mh}{\pi X^2}(m - 1)$

D. 都对

15. 继电器非线性特性的描述函数为（　　）

A. $N(X) = \dfrac{B_1}{X} = \dfrac{2K}{\pi}\left[\arcsin\dfrac{S}{X}\sqrt{1 - \left(\dfrac{S}{X}\right)^2}\right]$

B. $N(X) = \dfrac{B_1 + jA_1}{X} = \dfrac{K}{\pi}\left[\dfrac{\pi}{2} + \arcsin\left(1 - \dfrac{2b}{X}\right) + 2\left(1 - \dfrac{2b}{X}\right)\sqrt{\dfrac{b}{X}\left(1 - \dfrac{b}{X}\right)}\right] +$

$\qquad j\dfrac{4Kb}{\pi X}\left(\dfrac{b}{X} - 1\right) ; (X \geqslant b)$

C. $N(X) = \dfrac{B_1 + jA_1}{X} = \dfrac{2M}{\pi X}\left[\sqrt{1 - \left(\dfrac{mh}{X}\right)^2} + \sqrt{1 - \left(\dfrac{b}{X}\right)^2}\right] + j\dfrac{2Mh}{\pi X^2}(m - 1) ; (X \geqslant h)$

D. 都对

16. 若两个非线性环节输入相同，输出相加减，则等效的非线性特性为两个非线性特性（　　）。

A. 代数和　　　　　B. 叠加　　　　　C. 并联　　　　　D. 串联

17. 相平面法是一种求解二阶非线性常系数微分方程的（　　）。

A. 解析法　　　　　　　　　　B. 图解法

C. 分析法　　　　　　　　　　D. A、B、C 都不对

18. 相平面图的绘制方法有（　　）。

A. 解析法　　　　　　　　　　B. 图解法

C. 分析法　　　　　　　　　　D. 解析法和图解法

19. 如果所有对称于 x 轴的点 $(x, \dot{x})$ 和 $(x, -\dot{x})$，相轨迹的斜率大小相等、符号相反，则相平面图对称于（　　）。

A. x 轴　　　　B. $\dot{y}$ 轴　　　　C. 原点　　　　D. 以上都对

20. 如果所有对称于 $\dot{y}$ 轴的点 $(x, \dot{x})$ 和 $(x, -\dot{x})$，相轨迹的斜率大小相等、符号相反，则相平面图对称于（　　）。

A. x 轴　　　　B. $\dot{y}$ 轴　　　　C. 原点　　　　D. 以上都对

21. 如果所有对称于原点的点 $(x, \dot{x})$ 和 $(-x, -\dot{x})$，相轨迹的斜率大小相等、符号相反，则相平面图对称于（　　）。

A. x 轴　　　　B. $\dot{y}$ 轴　　　　C. 原点　　　　D. 以上都对

22. 根据特征根的位置，奇点可以分为（　　）几种类型。

A. 稳定焦点和不稳定焦点

B. 稳定节点和不稳定节点

C. 中心点和鞍点

D. 稳定焦点、不稳定焦点、稳定节点、不稳定节点、中心点和鞍点

23. 极限环分为（　　）几种类型。

A. 稳定极限环

B. 不稳定极限环

C. 半稳定极限环

D. 稳定极限环、不稳定极限环和半稳定极限环

24. 非线性系统的主要问题是（　　）。

A. 系统的稳定性　　　　　　　　B. 自激振荡

C. 系统的发散和收敛　　　　　　D. 非线性特性

25. 消除自激振荡的途径有（　　）两种。

A. 改变非线性特性和对线性部分进行校正

B. 改变非线性特性

C. 对线性部分进行校正

D. 都对

8.1.3　多项选择题

1. 非线性系统的研究方法，说法正确的是（　　）。
A. 描述函数法　　　　　　　　　B. 相平面法
C. 逆系统法　　　　　　　　　　D. 描述函数法、相平面法和逆系统法

2. 典型非线性特性，说法正确的是（　　）。
A. 饱和非线性特性
B. 死区非线性特性
C. 间隙非线性特性
D. 饱和非线性特性、死区非线性特性、间隙非线性特性及继电器非线性特性

3. 饱和非线性特性在铁磁元件及各种放大器中存在，当输入信号超出线性范围后，输出信号（　　）输入信号的变化而变化。
A. 伴随　　　　　　　　　　　　B. 不随
C. 成线性关系的随　　　　　　　D. B 对

4. 当输入信号在零值附近的某一小范围内变化时，死区非线性环节没有输出，只有当信号大于此范围时才有输出，并且输出与输入（　　）关系。
A. 成正比　　　B. 成反比　　　C. 呈线性　　　D. 都对

5. 非线性特性说法正确的是（　　）。
A. 死区继电器特性　　　　　　　B. 理想继电器特性
C. 滞环继电器特性　　　　　　　D. 都对

6. 在线性系统中，系统的稳定性只与其结构和参数有关，而与初始条件和外加输入信号无关；而非线性系统的稳定性除了与系统的结构参数有关外，还与（　　）有关。

　　　A. 结构和参数　　　　　　　　　　B. 初始条件

　　　C. 输入信号　　　　　　　　　　　D. 初始条件和输入信号

7. 在非线性系统中，除了发散或收敛两种运动状态外，即使没有外界作用存在，系统本身也会产生具有一定振幅和频率的振荡的情况，这种振荡称之为（　　）等。

　　　A. 自激振荡　　　　　　　　　　　B. 自振荡

　　　C. 自持振荡　　　　　　　　　　　D. A、B、C 都对

8. 对于非线性系统，如果输入信号为某一频率的正弦信号，其稳态输出一般并不是同频率的正弦信号，而是含有高次谐波分量的（　　）。

　　　A. 周期函数　　　　　　　　　　　B. 正弦函数

　　　C. 非正弦周期函数　　　　　　　　D. C 对

9. 对于非线性系统（　　）叠加原理。

　　　A. 能使用　　　　　　　　　　　　B. 不能使用

　　　C. 在一定条件下能使用　　　　　　D. B 对

10. 常用的分析非线性系统的工程方法有（　　）等。

　　　A. 描述函数法　　　　　　　　　　B. 相平面法

　　　C. 描述函数法和相平面法　　　　　D. 都对

11. 相平面法适用于（　　）的分析。

　　　A. 一阶非线性系统　　　　　　　　B. 二阶非线性系统

　　　C. 高阶系统　　　　　　　　　　　D. 都对

12. 说法正确的是（　　）等。

　　　A. 饱和非线性特性的描述函数为 $N(X) = \dfrac{B_1}{X} = \dfrac{2K}{\pi}\Big[\arcsin\dfrac{S}{X}\sqrt{1-\Big(\dfrac{S}{X}\Big)^2}\,\Big]$

　　　B. 间隙非线性特性的描述函数为 $N(X) = \dfrac{B_1 + jA_1}{X} = \dfrac{K}{\pi}\Big[\dfrac{\pi}{2} + \arcsin$

$\Big(1-\dfrac{2b}{X}\Big) + 2\Big(1-\dfrac{2b}{X}\Big)\sqrt{\dfrac{b}{X}\Big(1-\dfrac{b}{X}\Big)}\,\Big] + j\dfrac{4Kb}{\pi X}\Big(\dfrac{b}{X}-1\Big)$

　　　C. 继电器非线性特性的描述函数为 $N(X) = \dfrac{B_1 + jA_1}{tX} =$

$\dfrac{2M}{\pi X}\Big[\sqrt{1-\Big(\dfrac{mh}{X}\Big)^2} + \sqrt{1-\Big(\dfrac{b}{X}\Big)^2}\,\Big] + j\dfrac{2Mh}{\pi X^2}(m-1)$

　　　D. 都对

13. 若两个非线性环节输入相同，输出相加减，则等效的非线性特性为两个非线性特性（　　）。

　　　A. 代数和　　　　B. 叠加　　　　　C. 相加减　　　　D. 串联

14. 相平面法是一种求解二阶非线性常系数微分方程的（　　）。

　　　A. 解析法　　　　B. 图解法　　　　C. 分析法　　　　D. B 对

15. 相平面图的绘制方法有（　　）。

　　　A. 解析法　　　　B. 图解法　　　　C. 分析法　　　　D. 解析法和图解法

16. 相平面可以对称于（　　）。

    A. x 轴　　　　　B. $\dot{y}$ 轴　　　　　C. 原点　　　　　D. 以上都对

17. 根据特征根的位置，奇点可以分为（　　）几种类型。

    A. 稳定焦点和不稳定焦点

    B. 稳定节点和不稳定节点

    C. 中心点和鞍点

    D. 稳定焦点、不稳定焦点、稳定节点、不稳定节点、中心点和鞍点

18. 极限环分为（　　）几种类型。

    A. 稳定极限环

    B. 不稳定极限环

    C. 半稳定极限环

    D. 稳定极限环、不稳定极限环和半稳定极限环

19. 非线性系统的主要问题是（　　）。

    A. 自持振荡　　　B. 自激振荡　　　C. 自振荡　　　D. 都对

20. 消除自激振荡的途径有（　　）。

    A. 改变非线性特性和对线性部分进行校正

    B. 改变非线性特性

    C. 对线性部分进行校正

    D. 都对

8.1.4　计算题

1. 两个并联非线性环节如下图（a）所示，求等效的非线性特性。

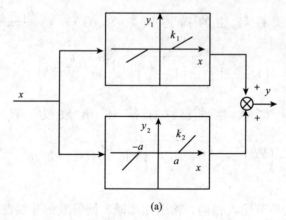

(a)

2. 设一非线性元件，其输入输出特性由 $y = b_1 x + b_2 x^3$ 确定。式中 $x = X\sin\omega t$ 为非线性元件的输入，y 为非线性元件的输出，试确定非线性元件的描述函数。

3. 设非线性元件的特性为

$$y = \frac{1}{2}x + \frac{1}{4}x^3$$

其中，$x = X\sin\omega t$ 为非线性元件的输入，y 为非线性元件的输出，试确定非线性元件的描述函数。

4. 将如下图所示非线性系统结构图简化成非线性部分 $N(X)$ 和等效的线性部分 $G(s)$ 相串联的单位反馈控制系统结构图。

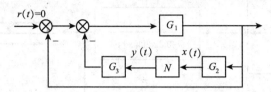

5. 设系统微分方程为 $\ddot{x} + \omega_n^2 x = 0$，初始条件为 $x(0) = x_0$，$\dot{x}(0) = \dot{x}_0$，试用消去时间变量 t 的办法求该系统的相轨迹。

6. 已知非线性系统微分方程为 $\ddot{x} + |x| = 0$，试用直接积分法求该系统的相轨迹。

7. 试用相平面法分析下图所示系统分别在 $\beta = 0, \beta < 0, \beta > 0$ 三种情况下，相轨迹的特点。

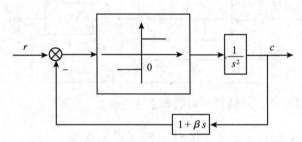

8. 非线性系统如下图所示，其中 $K = 1$，$M = 1$。试用描述函数法分析系统是否存在自振，若有自振，确定振幅和频率。图中非线性特性的描述函数为 $K + \dfrac{4M}{\pi X}$。

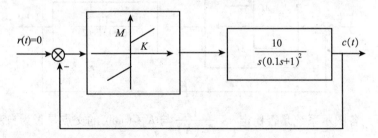

9. 非线性系统的结构图如下图所示，试用描述函数法求解：

（1）$k = 10$ 时系统产生自振荡的频率和振幅；

（2）k 为何值时系统处于稳定的边界。

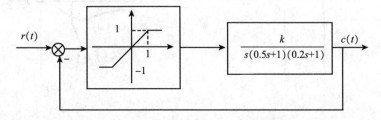

10. 非线性系统如下图（a）所示，非线性元件的负倒描述函数如下图（b）所示，讨论要产生自激振荡，h 和 M 应当取何值。

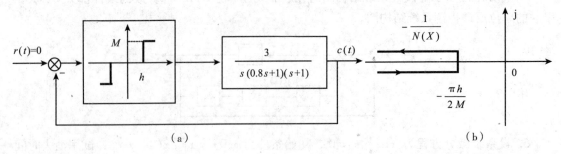

（a）　　　　　　　（b）

11. 非线性系统如下图所示，线性部分的传递函数为 $G(s) = \dfrac{K}{s(s+1)^2}$，试用描述函数法分析系统存在自振时 K 和 h 应满足的条件。

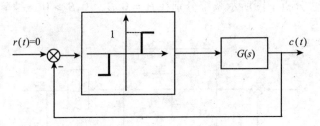

12. 求下列方程的奇点，并确定奇点类型。

$$\dddot{x} + 0.5\dot{x} + 2x + x^2 = 0$$

13. 非线性系统如下图所示，试分析系统的稳定性。

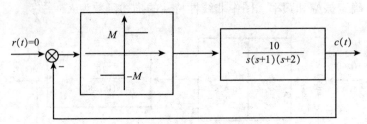

14. 判断下列各图示系统是否稳定？$-\dfrac{1}{N_0(X)}$ 与 $K_0 G(j\omega)$ 的交点是否为自激振荡点？

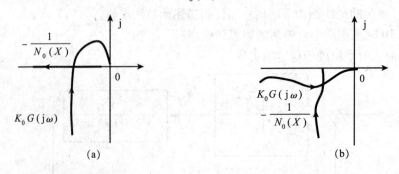

(a)　　　　　　　(b)

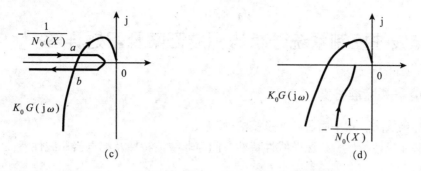

(c)　　　　　　　　　　　　　　　(d)

15. 用描述函数法分析图示系统的稳定性，并求自振荡的频率和幅值。

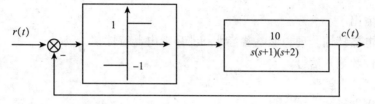

16. 求下列方程奇点，并确定奇点类型。

(1) $2\ddot{x} + 5\dot{x}^2 + x = 0$

(2) $\ddot{x} - (1 - x^2)\dot{x} + x = 0$

17. 设非线性控制系统的结构图如下图所示，试画出 $(e - \dot{e})$ 的相轨迹图；当系统输入为单位阶跃信号时，指出相轨迹路径。

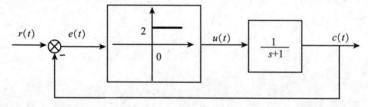

18. 已知二阶欠阻尼系统如下图所示。设系统开始时处于平衡状态，试画出系统在阶跃函数 $r(t) = R_0 \times 1(t)$ 及斜坡函数 $r(t) = V_0 t$ 作用下的相轨迹。

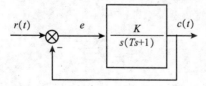

19. 设非线性系统如下图所示，试大致画出 $c(0) = -3$，$\dot{c}(0) = 0$，$r(t) = 1(t)$ 的相平面图。

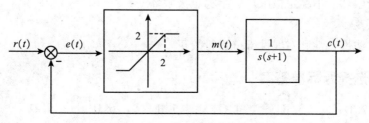

8.2 非线性控制系统分析法标准答案及习题详解

8.2.1 填空题标准答案

1. 描述函数法、相平面法和逆系统法
2. 饱和非线性特性、死区非线性特性、间隙非线性特性及继电器非线性特性
3. 不随
4. 呈线性
5. 无信号输出
6. 死区继电器特性、理想继电器特性和滞环继电器特性
7. 初始条件和输入信号
8. 自激振荡或自振荡
9. 非正弦周期函数
10. 不能使用
11. 描述函数法和相平面法
12. 一、二阶非线性系统
13. 频率响应特性
14. 负倒数描述函数
15. 一个非线性环节和一个线性部分
16. 等效变换
17. 叠加
18. 不同
19. 图解法
20. 相平面或状态平面
21. 相轨迹
22. 对称于
23. x 轴
24. $\dot{x}$ 轴
25. 原点
26. 稳定焦点、不稳定焦点、稳定节点、不稳定节点、中心点和鞍点
27. 极限环
28. 稳定极限环、不稳定极限环、半稳定极限环
29. 自激振荡
30. 改变非线性特性和对线性部分进行校正

8.2.2 单项选择题标准答案

| 1. D | 2. D | 3. B | 4. C | 5. B | 6. D | 7. D | 8. A |

9. C　　10. B　　11. A　　12. A　　13. A　　14. B　　15. C　　16. B
17. B　　18. D　　19. A　　20. B　　21. C　　22. D　　23. D　　24. B
25. A

8.2.3　多项选择题标准答案

1. ABCD　2. ABCD　3. BD　　4. AC　　5. ABCD　6. BCD　　7. ABCD　8. CD
9. BD　　10. ABCD　11. AB　　12. ABCD　13. ABC　14. BD　　15. ABD　16. ABCD
17. ABCD　18. ABCD　19. ABCD　20. ABCD

8.2.4　计算题习题详解

1. 解：两个非线性环节的表达式分别为

$$y_1 = \begin{cases} 0 & 0 \leqslant x < \Delta \\ k_1(x - \Delta) & x \geqslant \Delta \end{cases}$$

$$y_2 = \begin{cases} 0 & 0 \leqslant x < a \\ k_2(x - a) & x \geqslant a \end{cases}$$

等效输出表达式为

$$y = y_1 + y_2 = \begin{cases} 0 + 0 = 0 & 0 \leqslant x < \Delta \\ k_1(x - \Delta) + 0 = k_1(x - \Delta) & \Delta < x < a \\ k_1(x - \Delta) + k_2(x - a) = (k_1 + k_2)x - k_1\Delta - k_2 a & x \geqslant a \end{cases}$$

2. 解：由于非线性特性是单值奇函数，所以 $A_1 = 0, \varphi_1 = 0$，输出的正弦项基波分量的幅值为

$$B_1 = \frac{2}{\pi}\int_0^\pi y(t)\sin\omega t\,\mathrm{d}(\omega t)$$

$$= \frac{2}{\pi}\int_0^\pi (b_1 X\sin\omega t + b_2 X^3\sin^3\omega t)\sin\omega t\,\mathrm{d}(\omega t)$$

$$= b_1 X + \frac{3}{4}b_2 X^3$$

描述函数

$$N(X) = \frac{\sqrt{A_1^2 + B_1^2}}{X}\angle\arctan\frac{A_1}{B_1} = b_1 + \frac{3}{4}b_2 X^2$$

3. 解：由于非线性特性是单值奇函数，所以 $A_1 = 0, \varphi_1 = 0$，输出的正弦项基波分量的幅值为

$$B_1 = \frac{2}{\pi}\int_0^\pi y(t)\sin\omega t\,\mathrm{d}(\omega t)$$

$$= \frac{2}{\pi}\int_0^\pi \left(\frac{1}{2}X\sin\omega t + \frac{1}{4}X^3\sin^3\omega t\right)\sin\omega t\,\mathrm{d}(\omega t)$$

$$= \frac{X}{2} + \frac{3X^3}{16}$$

描述函数

$$N(X) = \frac{\sqrt{A_1^2 + B_1^2}}{X} \angle \arctan \frac{A_1}{B_1} = \frac{1}{2} + \frac{3}{16}X^2$$

4. 解：采用结构图等效变换法，简化过程如下图所示。

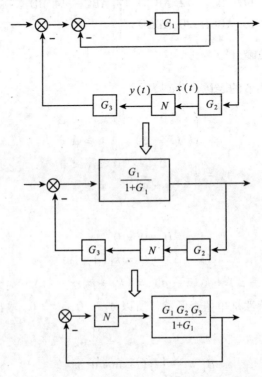

5. 解：因为 $\ddot{x} + \omega_n^2 x = 0$ ，所以特征根 $\lambda_{1,2} = \pm j\omega_n$

$$x(t) = A\sin(\omega_n t + \varphi)$$

$$\dot{x}(t) = A\omega_n\cos(\omega_n t + \varphi)$$

因为 $x(0) = A\sin\varphi = x_0$, $\dot{x}(0) = A\omega_n\cos\varphi = \dot{x}_0$
所以

$$A = \sqrt{x_0^2 + \left(\frac{\dot{x}_0}{\omega_n}\right)^2} , \quad \varphi = \arctan\omega_n \frac{x_0}{\dot{x}_0}$$

由此得

$$x^2 + \left(\frac{\dot{x}}{\omega_n}\right)^2 = A^2\sin^2(\omega_n t + \varphi) + A^2\cos^2(\omega_n t + \varphi) = A^2$$

相轨迹如下图所示，为一簇同心椭圆。椭圆的大小与初始条件有关，每一个椭圆对应着一个简谐运动。

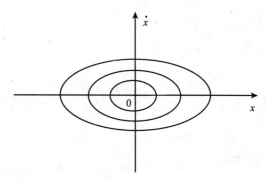

6. 解：（1）分段微分方程：$\ddot{x} = \begin{cases} -x, x > 0 \\ x, x < 0 \end{cases}$

（2）求开关线：$x = 0$

（3）分段求解微分方程：当 $x > 0$ 时

$$\ddot{x} = -x, \quad \frac{\dot{x}\mathrm{d}\dot{x}}{\mathrm{d}x} = -x, \quad \dot{x}\mathrm{d}\dot{x} = -x\mathrm{d}x$$

$$\int_{\dot{x}_{01}}^{\dot{x}} \dot{x}\mathrm{d}\dot{x} = -\int_{x_{01}}^{x} x\mathrm{d}x, \quad \dot{x}^2 + x^2 = \dot{x}_{01}^2 + x_{01}^2$$

$(x_{01}, \dot{x}_{01})$ 为左半面相轨迹与开关线交点或初始条件。由相轨迹方程可见，在相平面的右半面（$x > 0$），相轨迹是以原点为圆心、$\sqrt{\dot{x}_{01}^2 + x_{01}^2}$ 为半径的半圆弧。

当 $x < 0$ 时，解法同上。相轨迹方程为

$$\dot{x}^2 - x^2 = \dot{x}_{02}^2 - x_{02}^2$$

$(x_{02}, \dot{x}_{02})$ 为右半面相轨迹与开关线交点或初始条件。由相轨迹方程可见，在相平面的左半面（$x < 0$），相轨迹是方程是双曲线方程。当 $\dot{x}_{02}^2 = x_{02}^2$ 时，相轨迹为 Ⅱ、Ⅲ象限的对角线。

（4）画相轨迹：相轨迹如下图所示。由相轨迹可见，当初始点落在第 Ⅱ 象限的对角线上时，系统的运动才可以达到平衡位置（0，0）。该非线性系统是不稳定的。

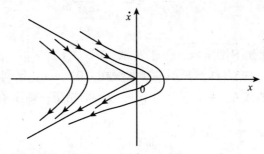

7. 解：由 8.1.4（7 题）图可得到

$$\ddot{c} = \begin{cases} M & c + \beta\dot{c} < 0 \\ -M & c + \beta\dot{c} > 0 \end{cases}$$

因此，$c + \beta\dot{c} = 0$ 为开关线

分别求解 $\ddot{c} = \pm M$ 可得

$$\dot{c}^2 = 2Mc + A_1 \qquad (c + \beta\dot{c} < 0)$$

相轨迹为开口向右的抛物线

$$\dot{c}^2 = -2Mc + A_2 \qquad (c + \beta\dot{c} > 0)$$

相轨迹为开口向左的抛物线

（1）当 $\beta = 0$ 时，开关线为 $\dot{c}$ 轴，相轨迹如图（a），为一簇封闭曲线，奇点在坐标原点，为中心点。

（2）当 $\beta < 0$ 时，开关线沿坐标原点向右旋转，相轨迹如图（b），奇点在坐标原点，为不稳定的焦点。

（3）当 $\beta > 0$ 时，开关线沿坐标原点向左旋转，相轨迹如图（c），奇点在坐标原点，为稳定的焦点。

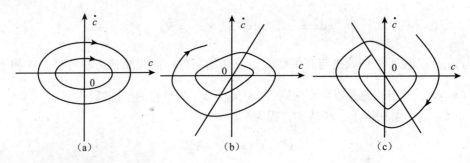

8. 解：已知该非线性环节的描述函数为

$$N(X) = K + \frac{4M}{\pi X}$$

则其负倒描述函数为

$$-\frac{1}{N(X)} = -\frac{1}{K + \dfrac{4M}{\pi X}}$$

其负倒描述函数特性如下图所示，位于实轴（0，−1）区间。线性部分传递函数为 3 阶，$G(j\omega)$ 曲线必与负实轴有交点。若 $G(j\omega)$ 曲线在 $[0，-1]$ 区间与实轴相交，则产生稳定的自振荡；若 $G(j\omega)$ 曲线在 $[-1，-\infty]$ 区间与实轴相交，则该系统是不稳定的

$$G(j\omega) = \frac{10}{j\omega(0.1j\omega + 1)^2}$$

令虚部为零，求出 $\omega = 10$，$|G(j\omega)| = 0.5$。

因此，产生稳定的自振荡，根据

$$-N(X) = -K - \frac{4M}{\pi X} = -1 - \frac{4}{\pi X} = -\frac{1}{0.5}$$

解出 $X = \dfrac{4}{\pi}$。即自振频率为 10，振幅为 $\dfrac{4}{\pi}$。

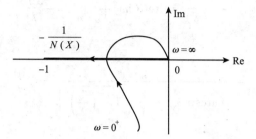

9. 解：（1）查表得饱和特性的描述函数为

$$N(X) = \frac{2K}{\pi}\Big[\arcsin\frac{S}{X} + \frac{S}{X}\sqrt{1 - \Big(\frac{S}{X}\Big)^2}\,\Big]$$

由上图可知，非线性元件的参数 $S = 1, K = 1$。负倒描述函数为

$$-\frac{1}{N(X)} = -\frac{\pi}{2\Big[\arcsin\dfrac{1}{X} + \dfrac{1}{X}\sqrt{1 - \Big(\dfrac{1}{X}\Big)^2}\,\Big]}$$

因为饱和特性为单值特性，$N(X)$ 和 $-\dfrac{1}{N(X)}$ 为实函数。当 $X = 1 \sim \infty$ 时，$-\dfrac{1}{N(X)} = -1 \sim -\infty$。$-\dfrac{1}{N(X)}$ 曲线如下图所示。

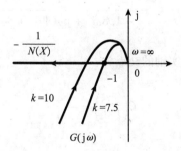

线性部分的频率特性为

$$
\begin{aligned}
G(j\omega) &= \frac{k}{j\omega(1 + j0.5\omega)(1 + j0.2\omega)} \\
&= \frac{-7}{(1 + 0.25\omega^2)(1 + 0.04\omega^2)} + \\
&\quad j\frac{-10(1 - 0.1\omega^2)}{\omega(1 + 0.25\omega^2)(1 + 0.04\omega^2)}
\end{aligned}
$$

令 $\mathrm{Im}G(j\omega) = 0$ 得 $\omega = \sqrt{10}$。代入 $\mathrm{Re}G(j\omega)$，求得 $\mathrm{Re}G(j\omega) = -\dfrac{10}{7}$，则 $\Big(-\dfrac{10}{7}, j0\Big)$ 点为 $G(j\omega)$ 曲线与负实轴的交点，也就是 $-\dfrac{1}{N(X)}$ 与 $G(j\omega)$ 的交点。由上图可以判断交点是

自激振荡点。自振频率 $\omega = \sqrt{10}$，振幅由下列方程求得

$$-\frac{1}{N(X)} = \mathrm{Re}G(\mathrm{j}\omega)\Big|_{\omega=\sqrt{10}} = -\frac{10}{7}$$

即

$$-\frac{\pi}{2\left[\arcsin\frac{1}{X} + \frac{1}{X}\sqrt{1-\left(\frac{1}{X}\right)^2}\right]} = -\frac{10}{7}$$

解得

$$X = 1.7$$

（2）为使系统不产生自振，可减小线性部分的 K 值，使得 $G(\mathrm{j}\omega)$ 与 $-\dfrac{1}{N(X)}$ 不相交，即 $\mathrm{Re}G(\mathrm{j}\omega) < -1$。则临界稳定时的 K 值可由

$$\mathrm{Re}\frac{K}{\mathrm{j}\omega(1+\mathrm{j}0.5\omega)(1+\mathrm{j}0.2\omega)}\Big|_{\omega=\sqrt{10}} = -1$$

解得 $\qquad\qquad\qquad K(临界) = 7$

10. 解：线性部分的频率特性为

$$G(\mathrm{j}\omega) = \frac{3}{\mathrm{j}\omega(1+\mathrm{j}0.8\omega)(1+\mathrm{j}\omega)}$$

$$= \frac{3}{-1.8\omega^2 + \mathrm{j}\omega(1-0.8\omega^2)}$$

当 $\omega = \dfrac{\sqrt{5}}{2}$ 时，$G(\mathrm{j}\omega)$ 与负实轴的交点为

$$G\left(\mathrm{j}\frac{\sqrt{5}}{2}\right) = -\frac{4}{3}$$

令

$$\frac{\pi h}{2M} = \frac{4}{3}$$

求出 h 和 M 的关系为

$$h = \frac{8M}{3\pi}$$

11. 解：该继电特性的描述函数为

$$N(X) = \frac{4}{\pi X}\sqrt{1-\left(\frac{h}{X}\right)^2} \qquad (X \geqslant h)$$

负倒描述函数为

$$-\frac{1}{N(X)} = -\frac{\pi X}{4\sqrt{1 - \left(\frac{h}{X}\right)^2}}$$

当 $X \to h$ 时，有 $-\dfrac{1}{N(X)} \to \infty$；当 $X \to \infty$ 时，有 $-\dfrac{1}{N(X)} \to \infty$。所以在 $h \leqslant X < \infty$ 时，$-\dfrac{1}{N(X)}$ 必存在极值。令

$$\frac{\mathrm{d}}{\mathrm{d}X}\left[-\frac{1}{N(X)}\right] = 0$$

解得

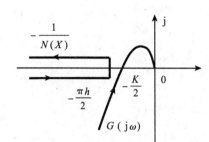

$$X = \sqrt{2}h, \quad -\frac{1}{N(X)} = -\frac{\pi h}{2}$$

线性部分的频率特性为

$$G(\mathrm{j}\omega) = \frac{K}{\mathrm{j}\omega(1 + \mathrm{j}\omega)^2} = \frac{K}{-2\omega^2 + \mathrm{j}\omega(1 - \omega^2)}$$

其与负实轴的交点为

$$\omega = 1, \quad G(\mathrm{j}1) = -\frac{K}{2}$$

系统稳定性分析曲线如图所示。由图知，若系统存在自振，则应有

$$\frac{K}{2} \geqslant \frac{\pi h}{2}$$

即参数 K 和 h 应满足上式关系。

12. 解：根据奇点定义，令 $\ddot{x} = \dfrac{\mathrm{d}\dot{x}}{\mathrm{d}x}\dot{x}$，则该方程可写为

$$\frac{\mathrm{d}\dot{x}}{\mathrm{d}x} = \frac{-0.5\dot{x} - 2x - x^2}{\dot{x}} = \frac{0}{0}$$

该系统的奇点为

$$x = 0, \dot{x} = 0 \text{ 和 } x = -2, \dot{x} = 0$$

（1）在奇点 $x = 0, \dot{x} = 0$ 附近，上述方程可以线性化为

$$\ddot{x} + 0.5\dot{x} + 2x = 0$$

特征方程

$$\lambda^2 + 0.5\lambda + 2 = 0$$

特征根

$$\lambda_{1,2} = -0.25 \pm \mathrm{j}1.39$$

因此这个奇点是稳定焦点。

（2）在奇点 $x = -2, \dot{x} = 0$ 处

令 $y = x + 2$，即 $x = y - 2$，代入原方程，得

$$\ddot{y} + 0.5\dot{y} - 2y + y^2 = 0$$

在 $x = -2, \dot{x} = 0$（相应于 $y = 0, \dot{y} = 0$）附近，可用下列方程近似表示

$$\ddot{y} + 0.5\dot{y} - 2y = 0$$

特征方程

$$s^2 + 0.5s - 2 = 0$$

特征根

$$s_1 = 1.19, s_2 = -1.69$$

因此奇点（-2，0）为鞍点。

13. 解：继电特性的描述函数为

$$N(X) = \frac{4M}{\pi X}$$

$-\dfrac{1}{N(X)}$ 特性如下图所示，由于系统是三阶系统，$-\dfrac{1}{N(X)}$ 和 $G(j\omega)$ 曲线在负实轴上必有交点，则

$$-\frac{1}{N(X)} = G(j\omega)$$

$$-N(X) = \frac{1}{G(j\omega)} = \frac{-3\omega^2 + j(2\omega - \omega^3)}{10} = -\frac{4M}{\pi X}$$

解出

$$\omega = \sqrt{2}, \ X = \frac{20M}{3\pi}$$

故自振荡频率为 $\omega = \sqrt{2}$，振幅为 $X = \dfrac{20M}{3\pi}$

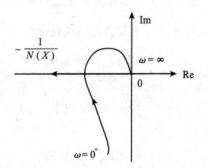

14. 解：由图（a）可知，$-\dfrac{1}{N_0(X)}$ 与 $K_0G(j\omega)$ 有一个交点。当 $-\dfrac{1}{N_0(X)}$ 特性曲线位于 $K_0G(j\omega)$ 之外时，系统将处于减幅振荡状态，振幅逐渐减小，直至 $-\dfrac{1}{N_0(X)}$ 与 $K_0G(j\omega)$ 相交；反之，当 $-\dfrac{1}{N_0(X)}$ 特性曲线位于 $K_0G(j\omega)$ 之内时，系统将处于增幅振荡状态，振幅逐渐增加，直至 $-\dfrac{1}{N_0(X)}$ 与 $K_0G(j\omega)$ 相交。因此，$-\dfrac{1}{N_0(X)}$ 与 $K_0G(j\omega)$ 的交点是自激振荡点，即无论初始振幅为何值，系统都将以交点处的幅值和频率作等幅振荡。

图（b）中，$-\dfrac{1}{N_0(X)}$ 与 $K_0G(j\omega)$ 有一个交点，与图（a）分析方法相同，交点是自激振荡点。

图（c）中，$-\dfrac{1}{N_0(X)}$ 与 $K_0G(j\omega)$ 有两个交点，交点 b 是稳定的工作点，即自激振荡点；交点 a 是不稳定的工作点。

图（d）中，$-\dfrac{1}{N_0(X)}$ 被 $K_0G(j\omega)$ 曲线包围，因此该系统是不稳定的。

15. 解：继电特性的描述函数为

$$N(X) = \frac{4M}{\pi X}$$

其负倒描述函数为

$$-\frac{1}{N(X)} = -\frac{\pi X}{4M} = -\frac{\pi X}{4}$$

当 $X = 0 \to \infty$ 时，$-\dfrac{1}{N(X)} = 0 \to -\infty$ ，如下图所示。

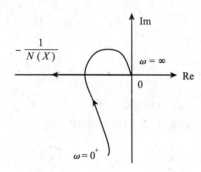

由于系统是三阶系统，$-\dfrac{1}{N(X)}$ 和 $G(j\omega)$ 曲线在负实轴上必有交点，则

$$-\frac{1}{N(X)} = G(j\omega)$$

$$-N(X) = \frac{1}{G(j\omega)} = \frac{-3\omega^2 + j(2\omega - \omega^3)}{10} = -\frac{4}{\pi X}$$

解出 $\omega = \sqrt{2}$, $X = \dfrac{20}{3\pi}$

故自振荡频率为 $\omega = \sqrt{2}$, 振幅为 $X = \dfrac{20}{3\pi}$

$$K \geqslant \pi h$$

16. 解：（1）由奇点定义，有

$$\frac{\overset{..}{x}}{\overset{.}{x}} = \frac{-\dfrac{5}{2}\overset{.}{x}^2 - \dfrac{1}{2}x}{\overset{.}{x}} = \frac{0}{0}$$

因此奇点坐标为 $\overset{.}{x} = 0$, $x = 0$

$$f(x,\overset{.}{x}) = \frac{5}{2}\overset{.}{x}^2 + \frac{1}{2}x$$

将 $f(x,\overset{.}{x})$ 在奇点（0，0）处展开并保留一次项，有

$$f(x,\overset{.}{x}) = \frac{\partial f}{\partial \overset{.}{x}}\bigg|_{\substack{\overset{.}{x}=0 \\ x=0}} (\overset{.}{x} - 0) + \frac{\partial f}{\partial x}\bigg|_{\substack{\overset{.}{x}=0 \\ x=0}} (x - 0)$$

$$= \frac{1}{2}x$$

所以在奇点（0，0）处的线性化微分方程为

$$\overset{..}{x} + \frac{1}{2}x = 0$$

其特征根为 $\lambda_{1,2} = \pm j\sqrt{\dfrac{1}{2}}$

因此奇点（0，0）是中心点。

（2）由奇点定义，有

$$\frac{\overset{..}{x}}{\overset{.}{x}} = \frac{(1 - x^2)\overset{.}{x} - x}{\overset{.}{x}} = \frac{0}{0}$$

因此奇点坐标为 $\overset{.}{x} = 0$, $x = 0$

$$f(x,\overset{.}{x}) = -(1 - x^2)\overset{.}{x} + x$$

将 $f(x,\overset{.}{x})$ 在奇点（0，0）处展开并保留一次项，有

$$f(x,\overset{.}{x}) = \frac{\partial f}{\partial \overset{.}{x}}\bigg|_{\substack{\overset{.}{x}=0 \\ x=0}} (\overset{.}{x} - 0) + \frac{\partial f}{\partial x}\bigg|_{\substack{\overset{.}{x}=0 \\ x=0}} (x - 0)$$

$$= -\overset{.}{x} + x$$

所以在奇点（0，0）处的线性化微分方程为

$$\overset{..}{x} - \overset{.}{x} + x = 0$$

其特征根为 $\lambda_{1,2} = \dfrac{1}{2} \pm j\dfrac{\sqrt{3}}{2}$

因此奇点 $(0, 0)$ 是不稳定焦点。

17. 解：（1）当 $r(t) = 0$ 时，$e(t) = -c(t)$：若 $e > 0$，$u = 2$，由线性部分传递函数知

$$\dot{c} + c = u$$

可得

$$\dot{e} + e = -2$$

若 $e < 0$，$u = 0$，同理得

$$\dot{e} + e = 0$$

相轨迹方程为

$$\begin{cases} \dot{e} + e = 2, e > 0 \\ \dot{e} + e = 0, e < 0 \end{cases}$$

相轨迹及其走向如下图（a）所示。

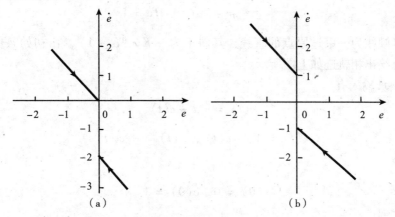

　　　　　　　　　　（a）　　　　　　　　　　　　　　（b）

（2）当 $r(t) = 1(t)$ 时，$c(t) = 1 - e(t)$：若 $e > 0$，则 $u = 2$，$\dot{c} + c = u$，故 $\dot{e} + e = -1$；若 $e < 0$，则 $u = 0$，$\dot{c} + c = u$，故 $\dot{e} + e = 1$。相轨迹方程如下：

$$\begin{cases} \dot{e} + e = -1, e > 0 \\ \dot{e} + e = 1, e < 0 \end{cases}$$

相轨迹及其走向如上图（b）所示。

18. 解：（1）由下图可知

$$e(t) = r(t) - c(t)$$

阶跃输入

$$r(t) = R_0 \times 1(t), \dot{r}(t) = \ddot{r}(t) = 0$$

因为

$$\dot{e} = -\dot{c}, \ddot{e} = -\ddot{c}$$

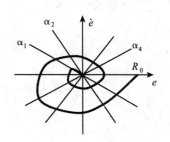

初始条件

$$e(0) = R_0 , \dot{e}(0) = 0$$

由图知

$$Ke = T\ddot{c} + \dot{c}$$

所以有

$$T\ddot{e} + \dot{e} + Ke = 0$$

$$\frac{\mathrm{d}\dot{e}}{\mathrm{d}e} = -\frac{\dot{e} + Ke}{T\dot{e}}$$

令 $\dfrac{\mathrm{d}\dot{e}}{\mathrm{d}e} = \alpha$ ，得等倾线方程为

$$\alpha = -\frac{\dot{e} + Ke}{T\dot{e}} , \quad \dot{e} = -\frac{K}{T\alpha + 1}e$$

可见，等倾线为一束过原点的直线，其斜率为 $-K/(T\alpha + 1)$。由初始条件及等倾线，可在相平面上绘出相轨迹如上图所示。

（2）对斜坡输入有

$$e(t) = V_0 t - c(t)$$

$$\dot{e}(t) = V_0 - \dot{c}(t) , \quad \ddot{e}(t) = -\ddot{c}(t)$$

初始条件

$$e(0) = 0 , \dot{e}(0) = V_0$$

相轨迹方程

$$Ke = T\ddot{c} + \dot{c} = -T\ddot{e} + V_0 - \dot{e}$$

整理得

$$T\ddot{e} + \dot{e} + Ke = V_0$$

$$\frac{\mathrm{d}\dot{e}}{\mathrm{d}e} = -\frac{\dot{e} + Ke - V_0}{T\dot{e}} = \alpha$$

等倾线方程为

$$\dot{e} = \frac{V_0 - Ke}{T\alpha + 1}$$

令 $\dfrac{\mathrm{d}\dot{e}}{\mathrm{d}e} = \dfrac{0}{0}$ ，求出奇点为

$$\dot{e} = 0 , e = \frac{V_0}{K}$$

在奇点 $\left(0, \dfrac{V_0}{K}\right)$ 处的线性化微分方程为

$$\ddot{e} + \frac{1}{T}\dot{e} + \frac{K}{T}e = 0$$

其特征根为

$$\lambda_{1,2} = -\frac{1}{2T} \pm \frac{1}{2T}\sqrt{1 - 4KT}$$

由题知，系统为欠阻尼，所以特征根为共轭复根，故奇点为稳定焦点。相轨迹如下图所示。

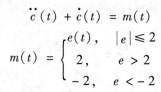

19. 解：由图知

$$\ddot{c}(t) + \dot{c}(t) = m(t)$$

$$m(t) = \begin{cases} e(t), & |e| \leqslant 2 \\ 2, & e > 2 \\ -2, & e < -2 \end{cases}$$

且有

$$e(t) = r(t) - c(t) = 1 - c(t)$$

$$\dot{e}(t) = -\dot{c}(t), \quad \ddot{e}(t) = -\ddot{c}(t)$$

可得系统分段线性微分方程为

$$\begin{cases} \ddot{e}(t) + \dot{e}(t) + e(t) = 0, & |e| \leqslant 2 \\ \ddot{e}(t) + \dot{e}(t) + 2 = 0, & e > 2 \\ \ddot{e}(t) + \dot{e}(t) - 2 = 0, & e < -2 \end{cases}$$

当 $|e| \leqslant 2$ 时

$$\dot{e}\frac{d\dot{e}}{de} + \dot{e} = -e$$

$$\frac{d\dot{e}}{de} = \frac{-e - \dot{e}}{\dot{e}}$$

令 $\dfrac{d\dot{e}}{de} = \dfrac{0}{0}$，求得奇点为 $e = \dot{e} = 0$。在该区域内，特征方程为

$$\lambda^2 + \lambda + 1 = 0$$

特征根为 $\lambda_{1,2} = -\dfrac{1}{2} \pm j\dfrac{\sqrt{3}}{2}$，故该奇点为稳定焦点

令 $\dfrac{d\dot{e}}{de} = \alpha$，得等倾线方程为

$$\dot{e} = -\frac{e}{1 + \alpha}$$

可知，等倾线为一簇过原点的直线

当 $e > 2$ 时

$$\frac{\mathrm{d}\dot{e}}{\mathrm{d}e} = \frac{-\dot{e}-2}{\dot{e}}$$

显然无奇点。等倾线方程为

$$\dot{e} = -\frac{2}{1+\alpha}$$

等倾线为一簇平行于横轴的直线。在 $\alpha = 0$ 时，有 $\dot{e} = -2$

当 $e < 2$ 时

$$\frac{\mathrm{d}\dot{e}}{\mathrm{d}e} = \frac{-\dot{e}+2}{\dot{e}}$$

无奇点，等倾线 $\dot{e} = \dfrac{2}{1+\alpha}$ 为一簇平行于横轴的直线。在 $\alpha = 0$ 时，有 $\dot{e} = 2$

由于 $c(0) = -3,\ \dot{c}(0) = 0$，故

$$e(0) = r(0) - c(0) = 1 - (-3) = 4$$

$$\dot{e}(t) = \dot{r}(0) - \dot{c}(0) = 0$$

在 $e - \dot{e}$ 平面上，起始于 $(4, 0)$ 的相平面图如下图所示。

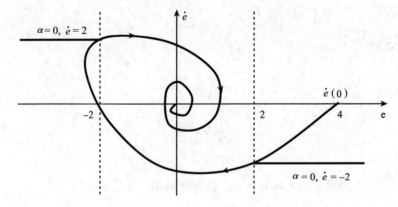

参 考 文 献

[1] 王艳秋, 王立红, 杨汇军. 自动控制理论. 北京: 北京交通大学出版社, 2008.

[2] 王艳秋, 王立红, 杨汇军. 自动控制理论习题详解. 北京: 北京交通大学出版社, 2008.

[3] 王艳秋, 王德江, 王立红. 自动控制理论学习指导. 2 版. 沈阳: 东北大学出版社, 2005.

[4] 顾树生, 王建辉. 自动控制原理. 3 版. 北京: 冶金工业出版社, 2005.

[5] 胡寿松. 自动控制原理. 4 版. 北京: 科学出版社, 2001.

[6] 胡寿松. 自动控制原理习题集. 4 版. 北京: 科学出版社, 2001.

[7] 胡寿松. 自动控制原理题海大全. 北京: 科学出版社, 2008.

[8] 黄坚. 自动控制原理及其应用. 北京: 高等教育出版社, 2004.

[9] 李友善, 梅晓榕, 王彤. 自动控制原理 360 题. 哈尔滨: 哈尔滨工业大学出版社, 2002.

[10] 孟浩, 王芳. 自动控制原理全程辅导. 4 版. 大连: 辽宁师范大学出版社, 2004.

[11] 王建辉. 自动控制原理习题详解. 北京: 机械工业出版社, 2005.

[12] 史忠科, 卢京湖. 自动控制原理常见题型解析及模拟题. 西安: 西北工业大学出版社, 1999.

[13] 文锋, 贾光辉. 自动控制理论解题指导. 北京: 中国电力出版社, 2000.

[14] 王划一. 自动控制原理. 北京: 国防工业出版社, 2004.

[15] 袁冬莉. 自动控制原理解题题典. 西安: 西北工业大学出版社, 2003.

[16] 夏德钤. 自动控制理论. 北京: 机械工业出版社, 2003.

[17] 程鹏. 自动控制原理. 北京: 高等教育出版社, 2003.

[18] 冯江, 王晓燕. 自动控制原理解题指南. 广州: 华南理工大学出版社, 2004.

21 世纪高等学校电子信息类专业规划教材

书　名	版　次	课件	出版日期(首印)	ISBN	单价
离散数学	1-2	有	2009-05-18	978-7-81123-541-8	24
Java 语言实用教程	1-1	有	2008-10-13	978-7-81123-402-2	35
Java 程序设计	1-1	有	2008-11-03	978-7-81123-416-9	35
Java 语言学习指导与习题解答	1-1	有	2008-12-25	978-7-81123-481-7	23
ASP 程序设计基础	1-1	有	2009-05-04	978-7-81123-539-5	29
Web 程序设计及应用	1-1	有	2009-04-30	978-7-81123-540-1	36
Photoshop CS3 基础与实例教程	1-3	有	2009-05-19	978-7-81123-585-2	36
网络技术基础与 Internet 应用	1-2	有	2009-09-04	978-7-81123-596-8	42
计算机应用基础教程——Windows XP＋Office 2007	1-2	有	2010-05-05	978-7-81123-665-1	36
计算机应用基础实验指导与习题	1-1	有	2010-01-01	978-7-81123-649-1	28
ASP. NET 案例教程(修订版)	1-1	有	2011-05-14	978-7-5121-0565-2	38
ASP. NET 案例教程实训指导	1-1	有	2009-12-22	978-7-81123-700-9	24
多媒体计算机技术	1-1	有	2010-01-22	978-7-81123-862-4	34
Visual C++程序设计案例教程	1-1	有	2010-04-19	978-7-81123-961-4	36
数据结构(C/C++版)	1-1	有	2010-05-11	978-7-5121-0082-4	39
C/C++程序设计教程	1-1	有	2010-04-14	978-7-5121-0092-3	34
C/C++程序设计学习指导与实训	1-1	有	2010-09-16	978-7-5121-0328-3	23
PHP 程序设计	1-2	有	2011-05-10	978-7-81123-725-2	33
Linux C 程序设计基础	1-1	有	2011-06-08	978-7-5121-0549-2	38
Linux C 程序设计——实例详解与上机实验	1-1	有	2011-07-15	978-7-5121-0668-0	23
基于 CMMI 的软件工程及实训指导	1-2	有	2011-08-15	978-7-5121-0690-1	37
C♯ 程序设计实践教程	1-1	有	2012-06-20	978-7-5121-1016-8	39
自然语言处理初步	1-1	有	2013-03-05	978-7-5121-1269-8	27
Visual FoxPro9. 0 数据库应用技术与程序设计	1-1	有	2008-05-10	978-7-81123-319-3	28

下载地址：http://press. bjtu. edu. cn

教学支持：guodongqing@126. com

读者信箱：guodongqing@126. com

投稿信箱：guodongqing@126. com